国家出版基金项目
NATIONAL PUBLICATION FOUNDATION

"十二五"国家重点出版规划项目

高性能纤维技术丛书

# 聚酰亚胺纤维

高连勋　编著

国防工业出版社

·北京·

# 内 容 简 介

聚酰亚胺纤维作为高性能有机纤维的重要品种之一,在国防军工以及民用领域的应用备受关注。本书简要回顾了聚酰亚胺纤维的国内外研究历程与发展趋势,重点介绍聚酰亚胺纤维的纺制方法以及纤维化学结构与纤维综合性能的相关性。在纤维的纺制方法中,着重介绍一步法和两步法纺丝工艺过程及其优缺点;在纤维结构与性能相关性方面,对已经报道的纤维化学结构与性能进行了比较详尽的梳理和对比分析。同时对聚酰亚胺纤维的应用开发进行了简要评述。

本书可供高分子材料、高性能纤维以及特种纤维纺织品研究与生产领域的研发人员和工程技术人员阅读参考。

**图书在版编目(CIP)数据**

聚酰亚胺纤维 / 高连勋编著 . —北京:国防工业出版社,2017.5

(高性能纤维技术丛书)

ISBN 978 - 7 - 118 - 11130 - 9

Ⅰ. ①聚…  Ⅱ. ①高…  Ⅲ. ①聚酰亚胺纤维—研究

Ⅳ. ①TQ342

中国版本图书馆 CIP 数据核字(2017)第 068827 号

※

*国防工业出版社*出版发行

(北京市海淀区紫竹院南路 23 号  邮政编码 100048)

国防工业出版社印刷厂印刷

新华书店经售

*

开本 710×1000  1/16  印张 12¾  字数 243 千字

2017 年 5 月第 1 版第 1 次印刷  印数 1—2000 册  定价 68.00 元

**(本书如有印装错误,我社负责调换)**

国防书店:(010)88540777          发行邮购:(010)88540776

发行传真:(010)88540755          发行业务:(010)88540717

# 序

Foreword

从 2000 年起,我开始关注和推动碳纤维国产化研究工作。究其原因是,高性能碳纤维对于国防和经济建设必不可缺,且其基础研究、工程建设、工艺控制和质量管理等过程所涉及的科学技术、工程研究与应用开发难度非常大。当时,我国高性能碳纤维久攻不破,令人担忧,碳纤维国产化研究工作迫在眉睫。作为材料工作者,我认为我有责任来抓一下。

国家从 20 世纪 70 年代中期就开始支持碳纤维国产化技术研发,投入了大量的资源,但效果并不明显,以至于科技界对能否实现碳纤维国产化形成了一些悲观情绪。我意识到,要发展好中国的碳纤维技术,必须首先克服这些悲观情绪。于是,我请老三委(原国家科学技术委员会、原国家计划委员会、原国家国防科学技术工业委员会)的同志们共同研讨碳纤维国产化工作的经验教训和发展设想,并以此为基础,请中国科学院化学所徐坚副所长、北京化工大学徐樑华教授和国家新材料产业战略咨询委员会李克建副秘书长等同志,提出了重启碳纤维国产化技术研究的具体设想。2000 年,我向当时的国家领导人建议要加强碳纤维国产化工作,中央前后两任总书记均对此予以高度重视。由此,开启了碳纤维国产化技术研究的一个新阶段。

此后,国家发改委、科技部、国防科工局和解放军总装备部等相关部门相继立项支持国产碳纤维研发。伴随着改革开放后我国经济腾飞带来的科技实力的积累,到"十一五"初期,我国碳纤维技术和产业取得突破性进展。一批有情怀、有闯劲儿的企业家加入到这支队伍中来,他们不断投入巨资开展碳纤维工程技术的产业化研究,成为国产碳纤维产业建设的主力军;来自大专院校、科研院所的众多科研人员,不仅在实验室中专心研究相关基础科学问题,更乐于将所获得的研究成果转化为工程技术应用。正是在国家、企业和科技人员的共同努力下,历经近十五年的奋斗,碳纤维国产化技术研究取得了令人瞩目的成就。其标志:一是我国先进武器用 T300 碳纤维已经实现了国产化;二是我国碳纤维技术研究已经向最高端产品技术方向迈进并取得关键性突破;三是国产碳纤维的产业化制备与应用基础已初具规模;四是形成了多个知识基础坚实、视野开阔、分工协作、拼搏进取的"产学研用"一体化科研团队。因此,可以说,我国的碳纤维工程技术和产业化建设已经取得了决定性的突破！

同一时期，由于有着与碳纤维国产化取得突破相同的背景与缘由，芳纶、芳杂环纤维、高强高模聚乙烯纤维、聚酰亚胺纤维和聚对苯撑苯并二噁唑(PBO)纤维等高性能纤维的国产化工程技术研究和产业化建设均取得了突破，不仅满足了国防军工急需，而且在民用市场上开始占有一席之地，令人十分欣慰。

在国产高性能纤维基础科学研究、工程技术开发、产业化建设和推广应用等实践活动取得阶段性成就的时候，学者专家们总结他们所积累的研究成果、著书立说、共享知识、教诲后人，这是对我国高性能纤维国产化工作做出的又一项贡献，对此，我非常支持！

感谢国防工业出版社的领导和本套丛书的编辑，正是他们对国产高性能纤维技术的高度关心和对总结我国该领域发展历程中经验教训的执着热忱，才使得丛书的编著能够得到国内本领域最知名学者专家们的支持，才使得他们能从百忙之中静下心来总结著述，才使得全体参与人员和出版社有信心去争取国家出版基金的资助。

最后，我期望我国高性能纤维领域的全体同志们，能够更加努力地去攻克科学技术、工程建设和实际应用中的一个个难关，不断地总结经验、汲取教训，不断地取得突破、积累知识，不断地提高性能、扩大应用，使国产高性能纤维达到世界先进水平。我坚信中国的高性能纤维技术一定能在世界强手的行列中占有一席之地。

师昌绪

2014 年 6 月 8 日于北京

---

师昌绪先生因病于 2014 年 11 月 10 日逝世。师先生生前对本丛书的立项给予了极大支持，并欣然做此序。时隔三年，丛书的陆续出版也是对先生的最好纪念和感谢。——编者注

# 前言

Preface

　　聚酰亚胺纤维是高性能有机纤维的主要品种之一,由于其具有高强、高模和耐热、耐紫外线等优良性能,因此在高温滤材、航空航天等诸多领域具有广泛的应用前景。本书作为"高性能纤维技术丛书"的独立分册,力图总结聚酰亚胺纤维的研究发展历程和现状,探讨聚酰亚胺纤维研究的理论和实验方法,呈现聚酰亚胺纤维的研究思想。如果能为聚酰亚胺纤维的研究和发展提供借鉴,则达到了本书撰写的初衷。

　　本书重点介绍聚酰亚胺纤维的纺制方法及聚酰亚胺结构与纤维综合性能的相关性。聚酰亚胺因其化学结构的多样性,而出现了众多不同化学结构的均聚或共聚型纤维,其综合理化性能也各不相同。本书总结了聚酰亚胺纤维纺制的几种方法,阐述了每种方法的一般技术特征;着重阐述了聚酰亚胺化学结构与纤维性能的相关性,特别是杂环单体对纤维综合性能提升所起到的关键作用;简要介绍了聚酰亚胺纤维的改性、产业化进程及其应用领域。聚酰亚胺纤维研究的理论和实验方法也融汇在各方面内容之中。

　　本书由中国科学院长春应用化学研究所高连勋研究员编著,参加本书撰写的还有 丁孟贤 研究员、张清华教授(东华大学)、邱雪鹏研究员、康传清博士、刘芳芳博士、马晓野博士、董志鑫博士和董洁博士(东华大学)。参加本书撰写的各位科研人员为本书的完成付出了巨大努力,康传清博士还协助了全书的统稿,作者在此一并表示诚挚的感谢!

　　限于作者水平,书中疏漏之处在所难免,欢迎广大读者批评指正。

作者

2016 年 5 月

# 目录

Contents

# 第1章

# 绪　论

纤维作为与人类生活密切相关的高分子材料,其发展与科学技术发展水平紧密相关。随着科学技术的飞速发展,许多尖端行业,如微电子、航空航天等都需要耐辐射、耐高温、强度高的高性能纤维材料。同时,随着高科技产业的兴起,海洋开发、环境保护、体育和休闲业的发展,也需要多种高性能纤维材料。目前,主要的有机高性能纤维的代表品种有芳纶(PBI)纤维、超高分子量聚乙烯(PBT)纤维、聚对苯撑苯并二噁唑(PBO)纤维、聚苯硫醚纤维等。但这些纤维也存在着一些缺点,例如:聚乙烯纤维由于本身热变形温度低,不能作为耐高温纤维来使用;芳纶纤维分子链中存在易热氧化、易水解的酰胺键,因此其环境稳定性差;PBO 纤维尽管具有高强高模的特点,但耐紫外线稳定性较差。综合而言,聚酰亚胺纤维具有高强高模、耐紫外线、优良的热氧化稳定性、较低的吸水率等优点。同时由于聚酰亚胺在分子结构设计上的灵活性,通过改变二酐或二胺结构或通过共聚,可以得到性价比合理、满足国防军工特殊需求以及普通民用需求的差别化纤维,其发展空间巨大。

虽然聚酰亚胺纤维的产业化起步较晚,但却发展迅速,并且国家对聚酰亚胺纤维的发展高度重视。国务院 2009 年 4 月发布的《纺织工业调整和振兴规划》中明确提出,要大力推进高新技术纤维产业化及应用的发展,加速实现高性能碳纤维、聚酰亚胺等高新技术纤维和复合材料的产业化。国家发展改革委员会、商务部、财政部 2009 年联合发布的《关于发布鼓励进口技术和产品目录的通知》中,将聚酰亚胺耐高温纤维成套装备的设计制造技术和成套装备分别列为国家鼓励引进的先进技术及国家鼓励进口的重要装备,并提出加快推进高新技术纤维产业化及应用的发展,加速实现聚酰亚胺纤维等高新技术纤维的产业化,因此聚酰亚胺纤维已成为未来重点研究开发的高性能纤维之一,将迎来一个新的发展机遇。

# 1.1 聚酰亚胺纤维的结构特征

聚酰亚胺是一类以酰亚胺环(图 1-1(a))为结构特征的高性能聚合物材料,其中以含有酞酰亚胺结构的聚合物尤为重要。这类聚合物具有高的力学性能、电性能、优异的耐温和耐辐照等一系列优良性能。聚酰亚胺可作为特种工程塑料、高性能纤维、选择性透过膜、高温涂料及高温复合材料等应用于国防军工工业、民生诸多领域[1]。

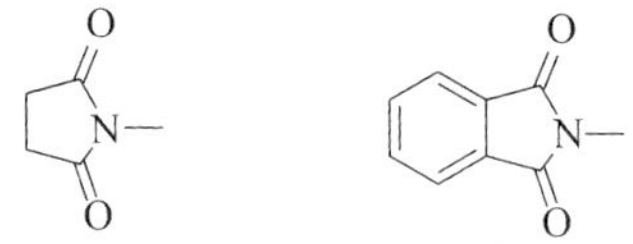

图 1-1 酰亚胺结构单元和酞酰亚胺结构单元

早期与聚酰亚胺相关的研究工作多集中于塑料、薄膜等材料形式,并以多种商品牌号实现了产业化,相比塑料与薄膜,聚酰亚胺纤维研究起步较晚,但与其他高性能有机纤维相比,其发展速度却很快。

# 1.2 聚酰亚胺纤维的性能

在聚酰亚胺纤维的大分子链中,其主体化学结构为酰亚胺环、苯环或其他五元及六元杂环结构。这样的化学结构不仅主链键能大,而且通过芳环间的 $\pi-\pi$ 作用,大大提高了大分子链间的分子间作用力。因此,当聚酰亚胺纤维受到热、高能辐射以及外力作用时,纤维大分子吸收的能量很难大于使分子链断裂所需的能量,而使纤维表现出许多优良的性能。除了具有高强高模的特点,聚酰亚胺纤维还具有如耐辐射、耐高温以及优良的电绝缘性等特点。与其他有机纤维相比,聚酰亚胺纤维具有如下特殊性能[1]。

(1)高强高模性能。与其他高性能纤维相比,许多聚酰亚胺纤维都具有更高的强度和模量,强度最高可达 5.8~6.3GPa,模量最高可达 280~340GPa,其断裂强度超过了 Kevlar 29 和 Kevlar 49,甚至与聚对苯撑苯并二噁唑(PBO)纤维相当。仅从力学性能方面考虑,聚酰亚胺纤维在高性能纤维领域已具有很强的竞争优势。

(2)热稳定性。聚酰亚胺纤维的耐热性非常好,全芳香族聚酰亚胺开始分解温度一般都在500℃左右。由联苯二酐和对苯二胺合成的聚酰亚胺,热分解温度达到600℃,是迄今聚合物热稳定性最高的品种之一,它能在短时间耐受555℃高温而基本保持其各项物理性能不变。

（3）耐低温性。聚酰亚胺纤维可以耐极低的温度,如在 -269℃ 的液氮中仍不会脆裂,可作为低温条件下工作的纤维材料。

（4）耐辐照性。聚酰亚胺纤维在 80 ~ 100℃ 紫外线辐照 24h 后强度保持 80%,而经 $1 \times 10^{10}$ rad 电子辐照后其强度保持率 90%。

（5）耐水解性。在 85℃ 的 40% 硫酸中处理聚酰亚胺纤维 250h,其强度保持 93%,而在 200℃ 水蒸气中 12h,其强度保持 60%。

（6）低吸水性。与 Kevlar 纤维相比,聚酰亚胺干纤维在 20℃ 吸湿仅为 0.65%,而前者为 4.56%。

（7）介电性。聚酰亚胺纤维中虽然存在一定数量的极性基团,但结构对称且大分子主链刚性,限制了极性基团的活动性,故具有良好的电绝缘性,其介电常数为 3.4 左右。含氟的聚酰亚胺纤维其介电常数可降到 2.5 左右。

（8）阻燃及耐化学试剂稳定性。聚酰亚胺纤维为自熄性材料,发烟率低,如由二苯酮四酸二酐（BTDA）和 4,4′ - 二异氰酸二苯甲烷酯（MDI）纺制的聚酰亚胺纤维的极限氧指数（LOI）为 38。同时纤维对有机溶剂相对较为稳定,具有优良的耐化学腐蚀性。

表 1-1 为聚酰亚胺纤维与其他几种高性能纤维的性能指标,表 1-2 为聚酰亚胺纤维与 Kevlar 49 的性能比较。

表 1-1 主要高性能纤维的性能指标

| 纤维名称 | 密度/（g/cm³） | 拉伸强度/GPa | 拉伸模量/GPa | 断裂伸长率/% | LOI |
|---|---|---|---|---|---|
| 碳纤维 T700 | 1.80 | 4.9 | 230 | 2.1 | |
| Kevlar 49 | 1.45 | 2.9 | 124 | 2.8 | 29 |
| PBO 纤维 | 1.59 | 4.8 ~ 5.8 | 211 ~ 280 | 2.5 | 68 |
| 聚乙烯（PE）纤维 | 0.98 | 3.4 | 168 | | |
| 聚酰亚胺纤维 | 1.45 | 5.8 ~ 6.3 | 280 ~ 340 | 2 | 38 ~ 40 |

表 1-2 聚酰亚胺纤维与 Kevlar 49 的性能比较

| 性能 | 聚酰亚胺纤维 | Kevlar 49 |
|---|---|---|
| 模量 | 可以达到 1400g/天 | 不到 1000g/天 |
| 热氧化稳定性 | 300℃ 空气中强度保持 90% | 强度保持 60% |
| 吸水性 | 0.65% | 4.56% |
| 在 85℃40% 硫酸中的耐水解性 | 250h 强度保持 93% | 40h 强度保持 60% |
| 在 200℃ 水蒸气中的耐水解性 | 12h 强度保持 60% | 8h 强度保持 35% |
| 85℃10% NaOH 中的耐水解性 | 1h 强度下降 40% | 50h 强度下降 50% |
| 80 ~ 100℃ 紫外线辐照 | 24h 强度保持 90% | 8h 强度保持 20% |
| LOI | 38 ~ 40 | 29 |

聚酰亚胺纤维所具有的优异性能,不仅与其特殊的化学结构有关,而且与分子链沿纤维轴方向的高度取向及横向的二维有序排列密切相关。聚酰亚胺纤维一般为半结晶型聚合物,通过热拉伸处理,结晶区和无定型区都会沿纤维轴方向进行取向,但要得到高性能的纤维,则需要高的结晶度和取向度。Harris 认为[2],要得到高性能的聚酰亚胺纤维,必须对纤维在拉伸过程中的结晶速率进行控制,结晶速率太快,不利于纤维的拉伸,从而不利于微晶的取向。同时,纤维在热拉伸过程中工艺条件的差别还会直接引起结晶度的改变,导致晶区尺寸和形态的变化。

Cheng 等[3]研究了 ODPA – DMB 聚酰亚胺纤维的结晶结构,通过广角 X 射线(WAXD)衍射的测试,计算得到纤维的晶胞参数,其晶体结构为三斜晶系,棱长 $a$、$b$、$c$ 分别为 1.05nm、0.871nm、2.14nm,键角 $\alpha$、$\beta$、$\gamma$ 分别为 45.6°、53.7°、61.4°。随着纤维拉伸比的增加,结晶度和取向度都增加,在高的拉伸比区域,结晶区取向的变化是不同的。在这一拉伸比下,拉伸性能的改善归因于纤维非晶区取向的增加。

Zhang 等[4]采用分子动力学的方法研究了两种新型聚酰亚胺纤维 PMDA – PFMB 和 BPDA – PFMB 的链长度。在实验过程中,光散射是用来测量聚合物链长度的有效方法。但在研究中,由于没有找到聚酰亚胺纤维适合的溶剂,因此只对纤维链长度进行了理论估算。通过动力学研究,得到高性能聚酰亚胺纤维 PMDA – PFMB 的动力学链长为 496Å($1Å = 10^{-10}m$),而 BPDA – PFMB 的动力学链长为 66Å。这主要是由于 PMDA – PFMB 体系分子链为共平面,而 BPDA – PFMB 的分子链为非共平面。库仑相互作用对于链长度的影响很小。

必须指出的是,纤维纺制过程的各个环节高度影响纤维的最终表观形态与微观结构,这部分内容将在第 2 章中详述。

# 1.3  聚酰亚胺纤维的发展历史与现状

20 世纪 60 年代中期,以美国杜邦公司和苏联的科研机构为主,开展了比较基础的研究工作。由于聚酰亚胺通常以其前体聚酰胺酸的形式纺丝,在由聚酰胺酸纤维向聚酰亚胺纤维的转变过程中存在脱水问题,给纤维的纺制带来较多困难,并且由于结构变化不多,性能并不突出,尤其在 Kevlar 商品化之后,聚酰亚胺纤维研究走向低谷。20 世纪 70 年代苏联科学家继续进行聚酰亚胺纤维的研究,到 80 年代中期,美国和日本的研究工作又开始活跃起来。第一个聚酰亚胺纤维的专利是由杜邦公司的 Irwin 在 1968 年发表的[5],这是由均苯二酐和 4,4′ – 二氨基二苯醚(ODA)及 4,4′ – 二氨基二苯硫醚在 $N$,$N$ – 二甲基乙酰胺

（DMAc）中聚合得到聚酰胺酸，干法纺制成聚酰胺酸纤维后，再在一定的张力下转化为聚酰亚胺，最后再在550℃拉伸得到聚酰亚胺纤维。PMDA/ODA 也可以通过湿纺在吡啶溶液中成纤，然后热处理转化为聚酰亚胺。

苏联在20世纪70年代开始聚酰亚胺纤维的小规模试生产，并且有产品供应军工需求但没有推向国际市场。半商品化的纤维有 Arimid T( Arimid PM)，结构为均苯二酐/二苯醚二胺，以及高强度的 Arimid VM，结构为均苯二酐/含苯并咪唑结构的二胺。2000年以来，圣彼得堡高分子化合物研究所连续报道了含嘧啶二胺结构的均聚（Ivsan）和共聚聚酰亚胺纤维（图1-2），其中最新报道的一种含对苯二胺/间苯二胺/嘧啶二胺结构的聚酰亚胺纤维的强度为7.16GPa，模量达到260GPa[6]。

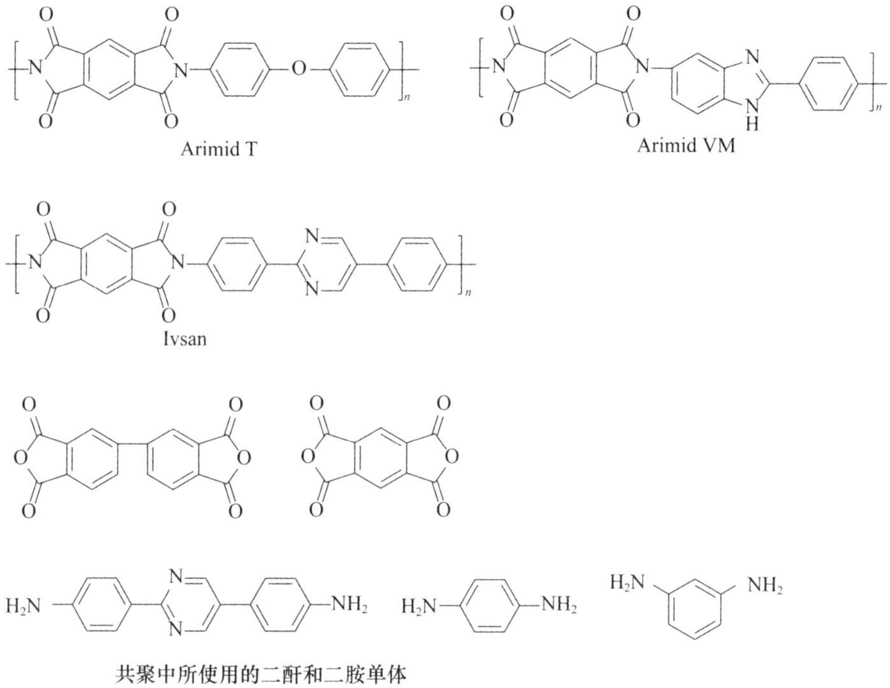

共聚中所使用的二酐和二胺单体

图1-2　商品化的聚酰亚胺纤维及共聚用的二酐和二胺单体

另外，位于莫斯科近郊的利尔索特公司（Lirsot Scientific Production Co. 建立于1992年），以 PMDA/ODA 聚酰胺酸溶液湿法纺丝生产聚酰亚胺长丝，主要应用于军用飞机电缆屏蔽护套，起到减重作用，其产品无商业化的品牌或代号可能与此有关。

1984年奥地利兰精（Lenzing）公司实现了一种耐热聚酰亚胺纤维的工业化生产，纤维商品为 P84，当时生产能力为300～400t/年。该公司1996年由英国

Ispec 公司接手,1998 年转入英国的 Laporte 旗下,2001 年又被 Degussa 所收购,现公司名称为 Evonik。P84 在 2005 年的产量为 800t,2010 年产量为 1200t。该纤维的主要特点是密度低、抱合性好,但强度一般,主要应用于高温滤袋、军服、消防服等。另据网上报道,美国通用电气(GE)公司 2008 年 3 月与光纤创新技术股份有限公司(Fiber Innovation Technology,FIT)达成合作协议,对 GE 公司的 Ultem 树脂进行熔融纺丝,开发耐热聚酰亚胺纤维,计划生产规模为 2000t/年。这种纤维原来打算利用其阻燃性用于床上用品,可以满足加利福尼亚技术通报(TB)603 标准关于床上用品阻燃的要求。

我国从事聚酰亚胺纤维的研究同样开始于 20 世纪 60 年代,华东化工学院和上海合成纤维研究所合作,由均苯二酐(PMDA)和二苯醚二胺的聚酰胺酸干纺得到聚酰亚胺纤维,可惜没有更多的资料留下来。

中国科学院长春应用化学研究所的聚酰亚胺纤维研究工作起始于 2002 年,先后开展了聚酰亚胺溶液一步法纺丝技术和聚酰胺酸溶液两步法纺丝技术的研究。先期在建立的干 – 湿法纺丝的小型试验装置上,利用两步法纺丝,实现了强度和模量超过 Kevlar 49 的聚酰亚胺纤维的纺制。此后,该技术在长春高琦聚酰亚胺材料有限公司获得应用,实现了聚酰亚胺纤维的产业化,到 2011 年,生产能力已经达到千吨级规模。

东华大学自 21 世纪初开展聚酰亚胺的合成和纺丝成型等基础研究,先后得到国家自然科学基金、科技部、上海市科委、上海市教委等部门的资助。采用干法纺丝成型方法,使纺丝溶液在高温甬道中快速成型为纤维,克服了前驱体纤维的不稳定问题,解决了聚酰亚胺纤维制备过程中的多个难题。2009 年,东华大学与江苏奥神集团合作,进行工程化研究;2011 年开展产业化研究,并获国家发展和改革委员会国家战略新兴产业专项资助,"年产 1000t 高性能耐热型聚酰亚胺纤维"生产线于 2013 年建成投产。经过 10 余年的基础化 – 工程化 – 产业化的持续研究,形成了具有自主知识产权的聚酰亚胺纤维工艺集成和成套设备关键技术,成为国际上第一条干法纺聚酰亚胺纤维生产线。

国内还有北京化工大学、四川大学和苏州大学等研究单位相继开展了聚酰亚胺纤维的研究工作。

## 1.4 聚酰亚胺纤维的纺制方法

从聚合物结构形态出发,可将纺制聚酰亚胺纤维的方法分为两种:一是由聚酰胺酸溶液纺制成聚酰胺酸原丝,然后高温酰亚胺化得到聚酰亚胺纤维,通称两步法纺丝;二是由聚酰亚胺溶液直接纺丝或由聚酰亚胺树脂进行熔融纺丝,再经相应的后处理过程得到聚酰亚胺纤维,称作一步法纺丝。研究初期多采用聚酰胺酸溶液进行干法或湿法纺丝,酰亚胺化在纤维的热处理过程中进行,但出现的问题是由于酰亚胺化不完全而造成分子量降低,并且酰亚胺化产生的水分子容易在纤维中造成缺陷,影响成品纤维的性能。聚酰亚胺溶液纺丝多以酚类为溶剂,所得到的纤维具有高强高模的特性,但可溶性的聚酰亚胺在结构上受限制较大,使一些可以作为高强高模纤维的产品因无法找到合适的溶剂而无法纺制。

**1. 一步法纺制聚酰亚胺纤维**

随着聚酰亚胺合成技术的不断发展,部分聚酰亚胺能够溶解在酚类溶剂中,为采用一步法制备高强高模聚酰亚胺纤维提供了机会。1975 年,奥地利兰精公司由二苯酮四羧酸二酐(BTDA)和二异氰酸酯(其中 MDI 20%,甲苯二异氰酸酯80%)采用一步法纺得聚酰亚胺纤维 P84,由于纤维的力学性能一般,通常只用作耐热或耐辐射的滤布或防火织物。20 世纪八九十年代,美国阿克伦(Arkon)大学的 S. Z. D. Cheng 等[7] 用间甲酚为溶剂,以 3,3′,4,4′-联苯四甲酸二酐(BPDA)和 2,2′-二(三氟甲基)-4,4′-联二苯胺(TFMB)为单体合成了聚酰亚胺溶液,采用干-湿法纺丝工艺,纺制了聚酰亚胺纤维,其强度达到 3.2GPa,初始模量超过 130GPa。在同一时期,日本的 Kaneda 研究组[8] 也开展了类似的研究工作。由于多数聚酰亚胺很难溶于一般的有机溶剂,其聚合物结构选择受限,一些刚性的聚酰亚胺结构由于找不到合适的溶剂而无法进行纤维纺制。同时,由于普遍使用酚类溶剂(如甲酚、对氯苯酚),不仅毒性较大,而且残留在纤维中的微量溶剂难以去除,工业化生产难以实现。

一步法纺丝不需后续亚胺化过程,工艺简单且不会出现亚胺化不完全给纤维带来的结构缺陷,因此对于相同结构的聚酰亚胺而言,容易获得性能优异的纤维。但聚酰亚胺的结构特点使其很难溶于一般的有机溶剂,其结构选择的受限性很大。另外,一步法纺丝通常使用酚类溶剂(如间甲酚、对氯苯酚),不仅毒性大,而且在纤维中的残余量较大,很难去除干净,难以实现工业化生产。

**2. 两步法纺制聚酰亚胺纤维**

两步法纺制聚酰亚胺纤维是先将聚酰胺酸纺丝原液经湿法或干-湿法喷丝得到聚酰胺酸初生纤维,然后聚酰胺酸初生纤维经化学环化或热环化得到的聚酰亚胺纤维。聚酰胺酸纺丝原液常用的溶剂有二甲基甲酰胺(DMF)、二甲基乙酰胺(DMAc)、二甲基亚砜(DMSO)、$N$-甲基-2-吡咯烷酮(NMP)等非质子极性溶剂,因此聚酰胺酸纤维中残留的溶剂比较容易洗净,有利于后期的酰亚胺化和拉伸工序的进行。两步法纺丝基本成为目前聚酰亚胺纤维制备的主流方法,其最主要原因就在于可以灵活进行聚合物结构设计,以获得综合性能优异的聚酰亚胺纤维。

两步法纺丝的最大优点在于多数聚合物在聚酰胺酸阶段可溶,可以实现聚合物结构设计的多样化。但由于在纺丝过程中增加一步酰亚胺化步骤,过程相对复杂,影响纤维综合性能的因素增加,纺丝工艺过程控制难度较大。

与一步法纺丝相比,两步法纺丝的缺点在于:①整体工艺过程多出一步后酰亚胺化过程;②通常酰亚胺化程度难以达到100%,从而给纤维的微结构带来一定缺陷;③酰亚胺化过程中有水分子溢出,也可能给纤维结构带来缺陷,进而影响纤维性能。

3. 熔融纺丝方法

多数全芳香聚酰亚胺是不熔融或具有很高的熔点,而有机高分子在400℃以上都会发生分解或交联,因此聚酰亚胺的熔融纺丝受到较大限制。在聚酰亚胺主链上引入柔性链段或脂肪族取代基团,降低其熔点,使之在聚合物分解温度以下具有足够低的熔体黏度,使熔融纺丝成为可能。一般而言,熔融纺丝得到的聚酰亚胺纤维强度通常较低,但仍具有聚酰亚胺的耐高温、耐腐蚀等特性,可用作过滤材料、耐火毡及通过混编制备复合材料。

## 1.5 聚酰亚胺纤维的改性

纤维改性是获得差别化纤维的最直接和有效方法之一,其目的是根据特殊应用要求,赋予聚酰亚胺纤维某些特殊的功能,如提高阻燃性、耐原子氧特性,以及赋予其导电性能等。其改性方法包括表面处理或在纺丝原液中加入改性剂,然后进行纤维的纺制。相关基础性研究结果很多,但具有实际应用价值的结果尚不多见,具体研究进展将在第5章中详述。

## 1.6 聚酰亚胺纤维的应用

如前所述,聚酰亚胺纤维不仅具有高强高模的特性,而且具有耐高温、耐化学腐蚀、耐辐射、阻燃等优异性能,使其成为现代最具发展前途的高技术纤维品种。基于以上特性,聚酰亚胺纤维在原子能、航空航天以及环保、防护领域必将得到应用,尤其在一些高尖端领域,聚酰亚胺纤维更是占有不可替代的地位。

到目前为止,聚酰亚胺纤维的大量应用当属P84纤维,作为高温滤材用于炼钢厂、水泥厂、垃圾焚烧炉、燃煤火力发电厂等的尾气过滤和烟道气的除尘,年用量超过1000t。俄罗斯利尔索特公司采用聚酰亚胺纤维和镀有特殊合金的铜丝混合编织技术,制备了轻质电缆屏蔽护套,实现了飞行器减重的目的。

与芳纶纤维相比,国内聚酰亚胺纤维产业化起步较晚,所以大批量应用实例不多。长春应用化学研究所开发的高强高模纤维在屏蔽护套、高强绳索等方面获得了成功应用;轻质耐热编织线缆、高强囊体增强织物正在开发之中。长春高琦聚酰亚胺材料有限公司与长春应用化学研究所共同开发的耐热纤维用于高温过滤,正在逐步取代 P84 纤维。其后长春高琦聚酰亚胺材料有限公司又开发了服装用聚酰亚胺纤维轶纶95,这种纤维除了具有良好的可纺性,更具有优良的保暖性、人体亲和性以及自身固有的阻燃性等特点,作为羽绒代替材料,已经在户外服装、特种服装及被服等方面得到应用。

总之,由于聚酰亚胺纤维具有突出的综合性能,同时我国在聚酰亚胺原料生产技术和价格方面占有一定优势,因此可以预见,随着纤维生产技术的进步、产能的扩大,其成本会大幅度降低。未来聚酰亚胺纤维在国防军工及民用领域的应用会迅速增加,其市场前景非常广阔。

## 1.7 聚酰亚胺纤维的发展趋势

近年来,聚酰亚胺纤维作为高性能纤维中一个新兴的品种,凭借其极其优异的综合性能已日益吸引了人们的注意力和兴趣。然而,纵观聚酰亚胺纤维过去几十年的发展历程可以发现,其总体产业化进程比较缓慢,落后于同时期的其他高性能有机纤维的发展水平。造成这种现象的主要原因包括:①纺丝技术尚未成熟;②纤维价格偏高。今后在聚酰亚胺纤维研究方面,应加强纺丝技术集成,针对不同聚合物体系,优化各环节工艺参数,实现纤维的稳定制备,降低过程成本。深入开展纤维的微结构与性能之间的关系探索,加深纤维高次结构对纤维综合性能影响规律的认识,以指导聚合物结构设计和纺丝工艺参数的优化。在纤维品种方面,应针对不同的应用领域,加大高性能、差别化纤维的开发力度,以满足特殊用户的需求。重点建设配套的特殊单体合成与聚合装置,以及规模化纤维纺制系列生产装置。纤维生产企业应与研究单位密切合作,不断提高自身的自主创新能力,加快产品向规模化、系列化方向发展的速度,并积极开拓国内外市场,形成完整的产业链,推动我国聚酰亚胺纤维及其相关产业的技术进步和产业升级。聚酰亚胺纤维产业的发展与进步,对我国环保行业、航空航天、国防军工等高科技领域的科学发展和现代化建设具有十分重要的意义,同时也将带动我国高性能纤维领域整体产品结构调整和效益结构优化升级,具有重要的社会效益。

## 参 考 文 献

[1] 丁孟贤. 聚酰亚胺——化学、结构与性能的关系及材料[M]. 北京:科学出版社,2006.

[2] Harris F W, Cheng S Z D. Process for Preparing Aromatic Polyimide Fibers: US 5378420 [P]. 1995 – 01.

[3] Li W, Wu Z, Cheng S Z D, et al. High – performance Aromatic Polyimide Fibers . 6. Structure and Morphology Changes in Compressed BPDA – DMB Fibers[J]. J. Macromol. Sci. Phys. ,1997,B36:315 – 333.

[4] Zhang R S, Mattice W L. Molecular Dynamics Study of the Persistence Lengths of a New Class of Polyimide Fibers[J]. J. Polym. Sci. B Polym. Phys. ,1996,34: 565 – 673.

[5] Irwin R S, Charles E S. Formation of Polypyromellitimide Filaments: US 3415782[P]. 1968 – 12 – 10.

[6] Mikhajlovich M G. Procedure for Production of Polyamido – Acidic Solution for Fibre Forming: RU 2394947 [P]. 2006 – 01.

[7] Cheng S Z D, Wu Z, Eashoo M A. High – Performance Aromatic Polyimide Fiber Structure Properties and Mechanical – History Dependence[J]. Polymer,1991,32: 1803 – 1810.

[8] Kaneda T, Katsura T, Nakagawa K, et al. High – Strength High – Modulus Polyimide Fibers Spinning and Properties of Fibers[J]. J. App. Polym. Sci. ,1986,32: 3151 – 3176.

# 第 2 章

# 聚酰亚胺纤维纺制方法

## 2.1 概　述

如绪论中所述,聚酰亚胺纤维具有耐热、耐辐射和优良的力学性能,作为高性能有机纤维的重要品种之一,广泛地应用于航空航天、新能源、微电子等高端行业。要获得综合性能优异的聚酰亚胺纤维,不仅需要通过分子结构设计去实现,而且与适宜的纤维纺制方法密切相关。聚酰亚胺纤维纺制过程包括纺丝原液的制备、纤维纺制、洗涤、酰亚胺化、拉伸等工艺环节。因此纤维制备过程冗长且工艺参数众多,聚酰亚胺纤维的性能与各工艺参数密切相关,高性能聚酰亚胺纤维制备极具挑战性。本章主要介绍聚酰亚胺纤维纺制各工艺环节的基本技术、设备和方法,着重讨论聚酰亚胺纤维纺制方法中各工艺参数的控制及其对纤维性能的影响。

聚合物的制备是聚酰亚胺纤维纺制的起点。聚酰亚胺纤维纺制对聚合物纺丝原液的要求是极为苛刻的,聚合工艺过程中的投料方式和聚合度的控制都有严格的技术要求,不但需要较高分子量,还要求聚合物溶液绝对均匀。按照聚酰亚胺纤维的纺制方法分类(图 2 - 1),可分为溶液纺丝、熔融纺丝和静电纺丝三种方法,其中溶液纺丝又可以分为湿法纺丝、干 - 湿法纺丝和干法纺丝。按照聚酰亚胺纤维的制备过程分类,可分为一步法(聚酰亚胺溶液纺丝或熔融纺丝)和两步法(聚酰胺酸溶液纺丝)两种方法。以聚酰亚胺溶液或其树脂熔融直接纺制聚酰亚胺纤维,称作一步法纺丝,以聚酰胺酸溶液纺丝后再酰亚胺化得到聚酰亚胺纤维,称作两步法纺丝(图 2 - 2)。

一步法纺丝的优点是可以避免初生纤维的水解,而且没有酰亚胺化工序造成的纤维内部缺陷,更易得到高强高模的聚酰亚胺纤维,但结构适用性有限。通常可以获得高性能纤维的聚酰亚胺都会由于其分子链刚性大、分子间作用力强等原因,难以溶于常用的有机溶剂。

两步法纺丝技术由于采用的是聚酰胺酸溶液纺丝,与聚酰亚胺相比,聚酰胺

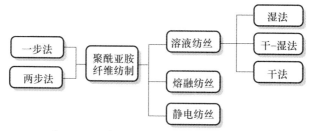

图 2-1　聚酰亚胺纤维纺制方法分类

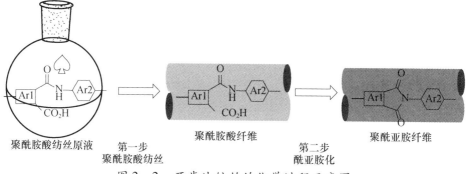

图 2-2　两步法纺丝的化学过程示意图

酸可溶于多种极性有机溶剂,因此可以实现多样化结构设计,从而成为目前研制聚酰亚胺纤维普遍使用的方法。两步法纺丝,是指第一步将聚酰胺酸溶液纺制成聚酰胺酸纤维(通常简称原丝或初生纤维),第二步是将第一步纺制的聚酰胺酸初生纤维经化学酰亚胺化或热酰亚胺化制备聚酰亚胺纤维(图 2-3)。纤维的拉伸工序可以在第一步进行,也可在第二步酰亚胺化的过程中进行,每一步都可以附加一定程度的拉伸[1]。两步法纺丝的缺点有三:一是由于苯环邻位含有羧基的酰胺键容易水解,导致聚酰胺酸初生纤维的稳定性较差;二是聚酰胺酸纤维在酰亚胺化过程中有小分子水释放,容易造成酰亚胺化过程中纤维微孔和缺陷的形成,对聚酰亚胺纤维力学性能产生负面影响;三是与一步法纺丝工艺相比,毕竟增加一步酰亚胺化工艺过程。

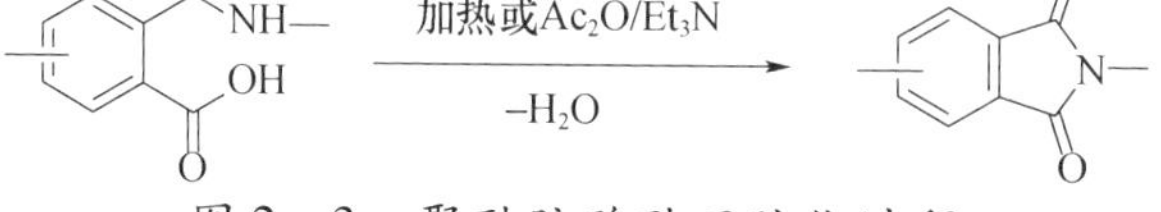

图 2-3　聚酰胺酸酰亚胺化过程

溶液纺丝通常采用二元体系(聚合物、溶剂)或者三元体系(聚合物、溶剂、凝固浴),溶液纺丝的优点是可以将聚合物溶液直接用作纺丝液,避免了对聚合物进行沉出、洗涤和再溶解等烦琐过程,适用于可以在常规溶剂中制备成高浓度聚酰亚胺或聚酰胺酸溶液的聚合物[2]。溶液纺丝是目前两步法纺丝中广泛采用并且获得规模化纺制聚酰亚胺纤维的方法。

　　熔融纺丝属于一元体系,只有聚合物的热分解温度高于熔点或流动温度时才可以进行熔融纺丝,即只有少数热塑性聚酰亚胺可以进行熔融纺丝。熔融纺丝的主要特点是纺速高、不需要溶剂和凝固浴、设备简单、工艺流程短。熔点低于分解温度、可熔融形成热稳定熔体的成纤聚合物都可采用熔融纺丝方法。多数聚酰亚胺的熔点和分解温度一般分别在 400℃ 和 500℃ 以上,使得聚酰亚胺熔融纺丝比较困难。在聚酰亚胺主链上引入酯或醚结构,降低其熔点,使之在可接受的温度下具有足够低的熔体黏度,从而能够进行熔融纺丝。熔融纺丝的纺丝温度相对较高(350℃ 以上),得到的纤维强度一般较低。例如,采用热塑性聚酰亚胺(商品名为 LaRCTM – IA)进行熔融纺丝,所制备的聚酰亚胺纤维断裂强度只有 0.16GPa,模量为 2.80GPa,断裂伸长率在 100% 左右[3-5]。该工艺的优势是纺丝机械设备成熟,但由于合成的热塑性聚酰亚胺分子量不高,得到的聚酰亚胺纤维力学性能较差。

　　静电纺丝是制备纳米及超细聚酰亚胺纤维的主要方法,由静电纺丝制备的聚酰亚胺纳米无纺布和聚酰亚胺纸可应用于绝缘材料、电池隔膜、高温过滤材料、分离膜和质子传输膜以及复合材料等方面,近年来引起了广泛重视。采用静电纺丝法制备纳米纤维过程简单,并且纤维直径在 3 ~ 500nm 之间可以调控。静电纺丝装置主要由高压电源、毛细管喷丝头和金属收集板等部分组成。高压电源的正极与聚合物溶液相连,负极与收集板相连,在纺丝过程中,聚合物溶液在高压电场的作用下产生射流,射流在飞行过程中由于溶剂的挥发而不断固化形成纤维。接收板上所收集到的纤维是无纺布形式的纳米纤维膜[6]。静电纺丝制备聚酰亚胺纤维通常采用两步法,所得纳米聚酰亚胺纤维的平均直径在 500nm 以下。

　　本章将围绕聚酰亚胺纤维纺制的一步法和两步法展开,分别阐述湿法纺丝、干 – 湿法纺丝和干法纺丝的工艺过程、技术方法、结构适用性,同时兼顾熔融纺丝和静电纺丝,鉴于湿法纺丝和干 – 湿法纺丝应用更为广泛,本章将对湿法纺丝和干 – 湿法纺丝工艺做更为详尽的阐述。在此基础上,围绕一些典型的聚酰亚胺纤维化学结构,重点讨论各种纺丝方法中,工艺参数与聚酰亚胺纤维性能的关系,基于现有文献数据,建立可用于聚酰亚胺纤维纺制的技术条件集成,供从事聚酰亚胺纤维制备的研究及工程人员参考。

## 2.2　聚酰亚胺纤维的一步法、两步法纺丝

　　一步法纺丝是以聚酰亚胺溶液为纺丝原液,直接纺制出聚酰亚胺纤维,没有酰亚胺化工序。一步法纺丝工艺相对简单,纺制的初生纤维无须再进行酰亚胺化,可有效避免两步法工艺中因酰亚胺化过程所造成的纤维内部微孔缺陷,一般得到的聚酰亚胺纤维的力学性能较高。一步法仅适用于可溶性聚酰亚胺,而且

早期一步法所采用的溶剂是毒性较大的酚类溶剂（如间甲酚、对氯苯酚），这类溶剂在纤维中的残余量较大，很难去除干净，并且在聚合物溶液制备及纺丝过程中，即使有微量溶剂逸出，都会对环境和操作人员的健康造成严重危害，工业化过程难以实现，因此一步法制备聚酰亚胺纤维的发展受到了很大的制约。由于聚酰亚胺的溶解性较差，极大地限制了采用一步法工艺所能制备聚酰亚胺纤维的种类。如果能够合成出可溶性聚酰亚胺，可以溶解于低毒、容易脱除、易回收溶剂，如 $N,N$ - 二甲基甲酰胺（DMF）、$N,N$ - 二甲基乙酰胺（DMAc）、环丁砜（SF）、$N$ - 甲基吡咯烷酮（NMP）、二甲基亚砜（DMSO），那么一步法制备聚酰亚胺纤维的路线将会得到广泛的应用。随着聚酰亚胺结构设计的不断进步，部分聚酰亚胺能够找到有效的溶剂，从而推动了一步法纺制聚酰亚胺纤维的发展。最早采用一步法制备聚酰亚胺纤维的是奥地利兰精公司，它利用 3,3′,4,4′ - 二苯酮四羧酸二酐（BTDA）与二异氰酸二苯甲烷酯（MDI）以及二异氰酸甲苯酯（TDI）共聚制得聚酰亚胺，然后以 15% 的聚酰亚胺溶液为纺丝原液，以乙二醇为凝固浴进行湿法纺丝得到聚酰亚胺纤维，并实现了工业化生产，商品牌号 P84（图 2 - 4）[7]。由于结构因素影响，P84 纤维力学性能较低，强度和模量分别为 0.5GPa 和 2.12GPa。

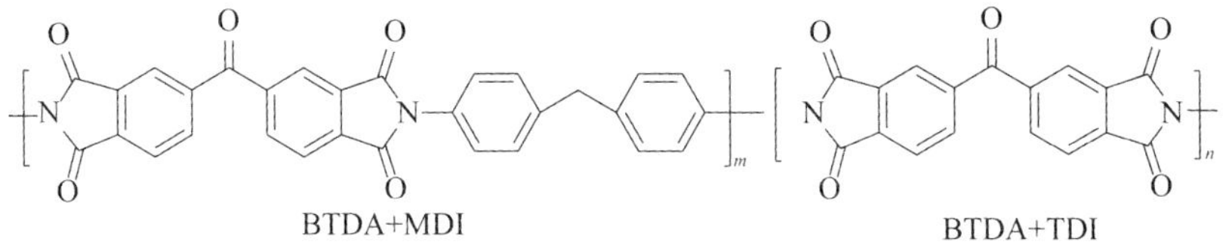

BTDA+MDI　　　　BTDA+TDI

图 2 - 4　由 BTDA 与 MDI 和 TDI 共聚制备的聚酰亚胺纤维（商品牌号 P84）化学结构

Cheng 等[8,9]以间甲酚为溶剂，以 3,3′,4,4′ - 联苯四甲酸二酐（BPDA）和 2,2′ - 二（三氟甲基）- 4,4′ - 联苯二胺（PFMB）为单体合成了可溶的聚酰亚胺。然后以质量百分含量 12% ~15% 的聚酰亚胺溶液为纺丝原液，以水和甲醇混合溶液为凝固浴进行干 - 湿法纺丝，初生纤维经过 380℃ 高温热拉伸 10 倍，其断裂强度和初始模量可以达到 3.2GPa 和 130GPa。刘向阳等[10]同样以间甲酚为溶剂，以 3,5 - 二氨基苯甲酸[4 - （苯基）苯]酯（DABBE）和 3,3′,4,4′ - 二苯醚四羧酸二酐（ODPA）为单体合成了聚酰亚胺溶液，以水和乙醇混合溶液为凝固浴进行干 - 湿法纺丝（图 2 - 5），初生纤维经过 330℃ 高温热拉伸 6 倍，其断裂强度和初始模量分别达 1.0GPa 和 60.8GPa。

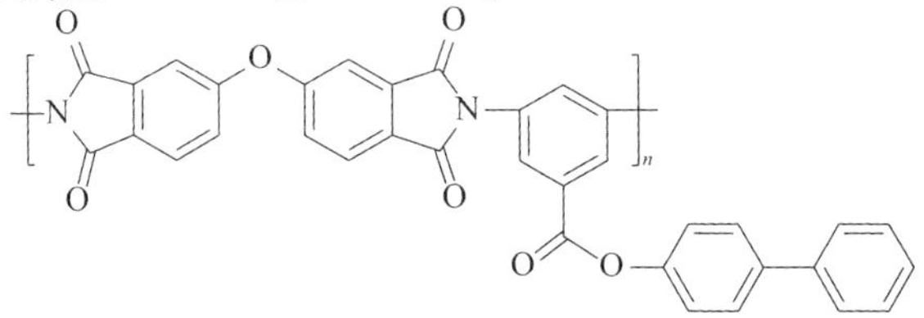

图 2 - 5　由 ODPA 与 DABBE 制备的聚酰亚胺纤维化学结构

　　两步法纺丝是采用聚酰胺酸纺丝原液纺丝,所得到的聚酰胺酸原丝经化学酰亚胺化或热酰亚胺化步骤制备聚酰亚胺纤维。由于聚酰胺酸可溶于多数极性有机溶剂,所以适用的聚酰亚胺结构宽泛。但是纤维在后续酰亚胺化过程中有水分子逸出,有可能使纤维内部产生微孔缺陷(孔洞、裂纹),给纤维力学性能带来负面影响,酰亚胺化工艺技术改进的一个目标就是降低纤维内孔隙缺陷的产生。

　　两步法溶液纺丝工艺是制备聚酰亚胺纤维最常用的方法,并适用于湿法、干-湿法或干法纺丝工艺。聚酰亚胺纤维两步法湿法/干-湿法纺丝工艺流程如图 2-6 所示。在常见的非质子极性溶剂(如 NMP、DMAc、DMF)中,二胺、二酐在低温下缩聚生成聚酰胺酸原液,将聚酰胺酸溶液经湿法或干-湿法纺丝得到聚酰胺酸纤维,原丝经洗涤、干燥后,通过热处理或化学试剂处理发生酰亚胺化反应,然后进行一定的拉伸得到聚酰亚胺纤维。

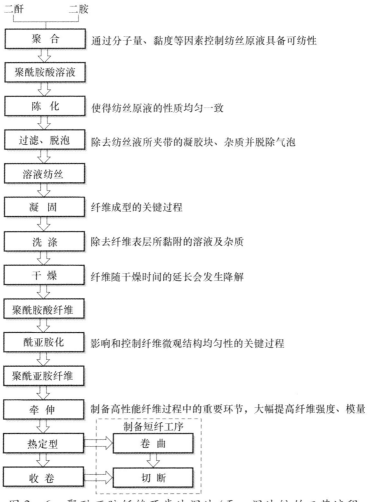

图 2-6　聚酰亚胺纤维两步法湿法/干-湿法纺丝工艺流程

由于聚酰胺酸溶解性较好,便于溶剂选择,因此两步法工艺能够很好地解决聚酰亚胺纤维不熔不溶带来的加工性难题,合成原料及溶剂种类多、毒性小,纤维中溶剂残余量低。第一步得到的聚酰胺酸纤维的性能会随着存放时间的延长而降低,并且聚酰胺酸纤维收卷后,纤维中存留的少量溶剂和凝固液很难挥发,也会影响聚酰胺酸纤维的存放和性能。一般聚酰胺酸纤维在纺制工序完成后即用于酰亚胺化环节。但是通过结构设计的优化和工艺过程的改进,有助于降低缺陷的产生,从而弥补这一不足。虽然两步法是分步进行,但是聚酰胺酸纤维纺制与酰亚胺化过程相对独立。近年来,聚酰亚胺纤维制备技术不断发展进步,逐渐实现了连续化生产,使得两步法制备聚酰亚胺纤维生产效率显著提高。

## 2.3 湿法、干-湿法纺丝

### 2.3.1 湿法纺丝的流程和基本概念

湿法纺丝的工序包括(图2-7):①制备纺丝原液;②将纺丝原液从喷丝头压出形成细流;③原液细流凝固成初生纤维;④初生纤维卷装或直接进行后处理。

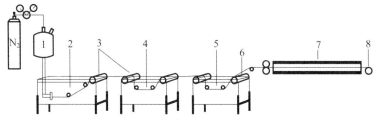

图2-7 聚酰胺酸或聚酰亚胺纤维湿法纺丝流程

1—聚酰胺酸或聚酰亚胺溶液;2—凝固浴;3,6—纺丝导辊;4,5—水洗浴;7—后处理装置;8—络筒。

湿法纺丝(湿喷-湿纺)过程是将聚酰胺酸或聚酰亚胺纺丝原液从循环管道送至纺丝机,通过计量泵计量,然后经过滤器、连接管而进入喷丝头。喷丝头一般采用金与铂的合金或钽合金材料制成,在喷丝头上有规律地分布若干孔眼,孔径为0.04~0.08mm。从喷丝头孔眼中压出的原液细流进入凝固浴,原液细流中的溶剂向凝固浴扩散,凝固浴通常由水和纺丝原液的溶剂按一定比例组成,水作为凝固剂向细流渗透,从而使原液细流达到临界浓度,在凝固浴中析出而形成初生纤维,湿法纺丝过程中的扩散和凝固是物理化学过程。湿法纺丝时可用较稀的聚合物溶液,挤出时表观黏度处于 $2\sim500\mathrm{Pa\cdot s}$ 范围,溶液固含量在 $3\%\sim30\%$ 之间变化,凝固浴温度通常不超过 $0\sim100\text{℃}$。最大纺丝速度由于凝固浴中流体阻力而受到限制,很少超过 $50\sim100\mathrm{m/min}$。湿法纺丝是最复杂的纺丝操作,在纺丝工艺方面,所涉及的关键技术包括如何确立最佳纺丝工艺参数(如纺速、凝固浴组成、原丝干燥条件、酰亚胺化过程控制、高温拉伸条件等)以获得具有最佳形态结构的纤维以及溶剂和凝固浴的各溶剂组分的有效回收。

## 2.3.2　干-湿法纺丝的基本概念和流程

将干法纺丝与湿法纺丝的特点结合起来的化学纤维纺丝方法,又称干喷-湿法纺丝,简称干-湿法纺丝。干-湿法纺丝(图2-8)是20世纪60年代发展起来的纺丝新方法,纺丝原液从喷丝头喷出后先经过一段空气层(3~100mm,通常为20~30mm),然后进入凝固浴,经水洗、干燥、后处理等工艺过程制得聚酰亚胺纤维。

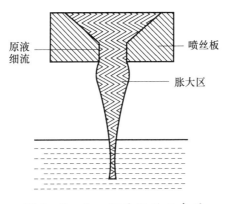

原液细流　　喷丝板

胀大区

图 2-8　干-湿法纺丝示意图

实际上,干-湿法纺丝工艺研究的问题与湿法纺丝所研究的相似,其最重要的问题就是如何获得具有最佳形态结构(对于凝固浴的组成和条件非常敏感)的初生纤维。

干-湿法纺丝工艺所涉及的关键技术也与湿法纺丝的相似,只是干-湿法比湿法纺丝增加了一段在空气中的喷丝及拉伸过程,因此空气层长度是干-湿法纺丝工艺中的重要参数之一。空气层长度(图2-8)是指干-湿法纺丝过程中纺丝原液细流从喷丝头喷出后,到进入凝固浴时,在垂直喷丝头方向上经过的长度。这一过程是纺丝原液进入凝固浴形成初生纤维所必须经历的路径,在这一阶段,纤维束的流动方向与纺丝液进入凝固浴的方向以及重力方向一致,横截面方向上受到的外力较为均匀,使得纤维在成型过程中横截面形状可以保持均匀,所以这一部分的长度和气流状态对纤维横截面的形状以及性能影响很大。采用干-湿法纺丝时,纺丝原液细流能在空气中经受显著的拉伸,拉伸区长度远超过液流胀大区的长度。在这样长距离内发生的液流轴向形变,速度梯度不大,实际上在胀大区没有很大的轴向形变。与此不同,湿法纺丝时原液细流从喷丝头喷出后,拉伸在很短的距离内发生,速度梯度很大,液流胀大区发生剧烈的形变,在喷丝孔附近,较细的丝条在拉伸下就会发生断裂。因此,采用干-湿法纺丝时可提高喷拉比和纺丝速度。干-湿法纺丝的丝速可达 600～1200m/min,远比湿法纺丝纺速高,而且可以使用孔径较大(φ为 0.15～0.3mm)的喷丝头。而纺丝原液的浓度和黏度则可以像干纺时那样高,采用干-湿法纺丝还能较有效地控制纤维的微结构形成过程。干法纺丝时,因受溶剂的挥发速度所限,液流的凝固速度往往很慢。干-湿法纺丝时,正在被拉伸中的液流(纤维)进入凝固浴,凝固速度和纤维微结构可借调节凝固浴组成和温度而在很宽的范围内改变。干-湿法纺丝虽兼具干法纺丝和湿法纺丝的优点,但液流容易沿喷丝头表面漫流,这种现象与高聚物溶液的黏弹性、表面张力、喷丝孔几何形状和挤出液流的形变速度有关。

### 2.3.3 湿法、干-湿法纺丝的差别

聚酰亚胺纤维的湿法和干-湿法纺丝只在纺丝原液喷丝及纤维凝固成型过程有所差别,从而导致喷丝头的设计、纺丝速度、喷拉比等参数有所变化,其他纺丝工艺过程基本一致。

湿法、干-湿法纺丝的主要差别如下:

(1)由于干-湿法纺丝的纺丝原液从喷丝头挤出后,先经过空气层,这样能大大提高在喷丝处拉伸速度,因而纺丝速度可以比普通湿法纺丝高 5～10 倍,相比于湿法纺丝能够大大提高纺丝效率。

(2)干-湿法纺丝可使用孔径较大的喷丝板(帽),同时可采用比湿法纺丝浓度更高的纺丝原液,更有利于提高聚酰亚胺纤维的性能。

(3)干-湿法与湿法相比,对聚合物溶液的黏度有不同的要求,干-湿法纺丝需要的纺丝原液黏度在几十帕·秒到几百帕·秒之间,最好是在 50～200Pa·s 之间。黏度过小会导致纺丝原液不能在喷丝头处形成喷射状态,从而造成黏板、漫板现象,纺丝不能顺利进行,而湿法纺丝对纺丝原液黏度的要求就小得多。

湿法纺丝是一项传统的纺丝方法,而干-湿法纺丝则是溶液纺丝的一个新方法,它是干法和湿法纺丝优点的结合,用于纺丝原液呈现溶致液晶的聚合物体系有着明显的效果,可大大提高纤维在纺丝过程中的取向度,从而达到提高纤维的力学性能的目的,一般用于高性能纤维的纺制。聚酰亚胺或聚酰胺酸溶液一般不具有溶致液晶现象,因此并没有发现采用湿法或干-湿法纺丝工艺所得的初生纤维的力学性能有本质的不同。聚酰亚胺纤维力学性能与其后热处理工艺则有着更为直接的关系[11,12]。

### 2.3.4 湿法、干-湿法纺丝原液制备

纺丝原液是将成纤高聚物溶解在适当的溶剂中,得到一定组成、一定黏度并

具有良好可纺性的溶液,也可由均相溶液聚合直接得到。聚酰亚胺纤维的制备常采用直接聚合得到纺丝原液,一步法用聚酰亚胺溶液作为纺丝原液,两步法用聚酰胺酸溶液作为纺丝原液。纺丝原液是兼具黏性和弹性的黏弹体,从喷丝孔挤出时,有孔口胀大效应(巴勒斯效应),使挤出细流的直径大于喷丝孔孔径。湿法纺丝过程中胀大比一般为 1~2,相同纺丝原液用于干-湿法纺丝胀大比要小于湿法纺丝。高聚物溶液在纺丝之前,须经陈化、过滤和脱泡等纺前准备工序,以使纺丝原液的性质均匀一致,除去其中所夹带的凝胶块和杂质并脱除纺丝液中的气泡,使得纺丝液具有必要的可纺性。

1. 单体配比

在聚酰胺酸或聚酰亚胺溶液制备过程中,必须严格保证单体的等当量,才能得到高分子量的聚合物,任何引起的单体当量的偏离因素必然会导致聚合物分子量的下降。要追求二酐和二胺的摩尔比尽量相等,除了精确称量和投料,在聚合物溶液制备过程中,应严格控制反应容器及环境的干燥度,以避免单体当量出现偏差。但是,精密称量和投料、抑制对二酐消耗的因素(如水、二酐同溶剂的络合等)不容易完全达到目标,一种解决方案是通过加入过量二酐的方法来解决。随着二酐和二胺摩尔比的增加,体系的黏度通常表现出先增大后减小的变化,由此找到合适的摩尔比使得体系的黏度最大。黏度先增大后减小的变化是由于少量二酐抵消了体系中的水或与溶剂的络合作用,二酐量过时时,多余的二酐会使聚酰胺酸大分子过早封端,分子量不再增长,而使体系黏度降低[13]。适当的二酐和二胺比例可以在实现高分子量的同时保证聚合物酐基封端,获得热稳定性较胺基封端更高的聚合物[14]。

2. 溶剂

对于聚合物溶液体系来说,不同的溶剂选择直接影响到溶液的特性黏数($\eta$)及表观黏度,从而影响到纺丝原液的可纺性和聚酰亚胺纤维的综合性能。以 Kaneda 等[15]制备的 BPDA/PMDA(6/4)-OTOL(4,4′-二氨基-3,3′-二甲基联苯)体系(图 2-9)为例,在其他聚合条件相同的情况下,溶剂种类对纺丝原液的溶液状态和特性黏数影响较大(表 2-1)。此纺丝原液聚合体系选用苯酚、对氯苯酚、间甲酚、对甲酚、2,4-二氯酚作为溶剂较为适合,选用邻苯酚、对-甲氧基苯酚、N-甲基吡咯烷酮作为溶剂会在缩聚过程中生成低分子量的聚酰亚胺沉淀。

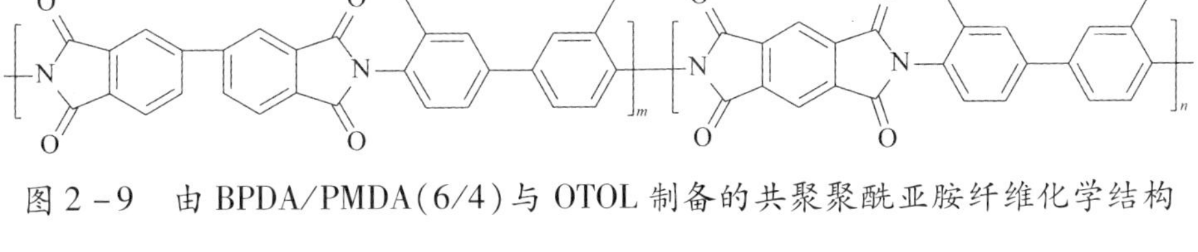

图 2-9　由 BPDA/PMDA(6/4)与 OTOL 制备的共聚聚酰亚胺纤维化学结构

表 2 - 1　溶剂种类对纺丝原液特性黏数及状态的影响[15]

（BPDA/PMDA(6/4) - OTOL 体系）

| 溶剂 | 特性黏数 $\eta$ /(dL/g) | 溶液状态 |
| --- | --- | --- |
| 苯酚 | 3.06 | 均相 |
| 对氯苯酚 | 2.88 | 均相 |
| 间甲酚 | 2.69 | 均相 |
| 对甲酚 | 3.34 | 均相 |
| 2,4 - 二氯酚 | 3.17 | 均相 |
| 邻苯酚 | 1.60 | 沉淀 |
| 对 - 甲氧基苯酚 | 1.84 | 沉淀 |
| $N$ - 甲基吡咯烷酮 | 1.59 | 沉淀 |

3. 搅拌速度

聚合反应起始时需快速搅拌,搅拌速度快可将加入的二酐和二胺颗粒打碎且快速溶解于溶剂,但如果溶质未完全溶解,溶液黏度的升高导致未溶解的溶质被包裹从而形成凝胶粒子。另外,快速搅拌过程中,二酐和二胺分子碰撞剧烈,高分子链快速增长从而达到较高分子量。值得注意的是当溶液黏度较大时,应考虑搅拌系统的动力机械负荷与搅拌速度的平衡,使聚合设备能够稳定运行。

4. 加料方式

聚合纺丝原液的加料方式按单体加料顺序分为两种:①正加料法(二胺先溶于溶剂中,再加入二酐);②反加料法(二酐先溶于溶剂中,再加入二胺)。一般制备聚酰胺酸/聚酰亚胺纺丝原液均采用正加料法,正加料法所得溶液黏度明显高于反加料法和交替加料所得纺丝溶液。这主要是二酐比二胺的吸水性更强,在反加料法中,二酐比二胺先加于溶剂中,二酐水解成二酸从而使二酐和二胺不能等摩尔反应,溶液黏度较小。

5. 可纺性

可纺性是指纺丝原液能顺利地从喷丝头喷出,进入凝固浴并形成纤维。评价可纺性的一种方法是将纺丝原液在一定温度下脱泡完全后,用直径约为 5mm 的玻璃棒浸入溶液,玻璃棒进入溶液的深度为从浆液表面到溶液内的垂直距离约 4mm,然后玻璃棒以约 5mm/s 的速度从溶液中提起进行牵丝,直至丝束断裂。测定液面到玻璃棒所挑起丝的长度 $L$,$L$ 即定义为可纺性长度,用来表征纺丝溶液的可纺性。一般可纺性长度 $L$ 越大,表明纺丝溶液的可纺性越好[16]。但是这种方法测量过程比较粗糙,对较大量的纺丝原液制备并不适用,一般以旋转黏度评价聚酰胺酸纺丝原液的可纺性,对于特定结构的聚合物纺丝原液,旋转黏度在一定范围内即具有可纺性,旋转黏度范围是一个经验性的指标。

## 2.3.5　纺丝成型

在聚酰亚胺纤维湿法或干－湿法纺丝过程中,喷丝头的设计、凝固浴组成、喷拉比、初生纤维干燥条件、酰亚胺化及高温拉伸的精确控制是关键技术环节。在第一导丝辊的拉伸力作用下,挤出细流在越过最大直径后逐渐变细,细化过程一直持续到原液细流完全固化为止。湿法中细流直径的变化不仅是拉伸形变的结果,而且与质量传递过程有关。从喷丝头到固化点的一段纺程为纤维成型区,是纤维结构形成的关键区域。

湿法纺丝中,由于初生纤维含有大量液体而处于溶胀状态,大分子具有很大的活动性,而且取向度很低,其形态结构与纺丝工艺条件关系极为密切。选择和控制纺丝工艺条件,可制得不同横截面形状或特殊毛细孔结构和特殊性能的纤维。

初生纤维采用洗涤液与凝固浴套用以减少有机溶剂回收量和回收成本,采用国内比较先进的工艺技术,溶剂回收效率可以达到98%以上,所回收的溶剂可以直接用于配制凝固浴和洗涤液,大幅度降低三废排放量[2]。

### 2.3.5.1　喷丝头的设计

喷丝头是化学纤维纺丝机上的精密机件,也称为纺丝头。喷丝头的形状一般为帽形、圆形或瓦楞形,面上有许多大小一致的孔眼。在纺丝时,纺丝溶液从这些微孔中通过,以细流状态挤入凝固浴或空气中,即凝固或冷却成为纤维。喷丝板、分配板和过滤材料等合在一起组成喷丝头组件。分配板把纺丝溶液或熔体均匀地分散到许多细小的孔中。过滤材料用来过滤纺丝原液以及循环管道中的凝胶颗粒、杂质及机械渣滓。组件中以喷丝头最为重要,直接影响成品纤维的质量。根据纺丝方法的不同,喷丝头的材质、厚度以及喷丝孔的尺寸也略有不同。熔纺喷丝头一般为圆板形,故又称喷丝板,也有长方形的。圆形喷丝板用耐高温的不锈钢制成,其结构简单、制造方便。供熔纺用的喷丝板上孔径与纤维品种和纺丝条件有关,一般直径为0.2~0.5mm。湿纺喷丝头的孔径比熔纺喷丝板的孔径小,孔径一般为0.05~0.10mm。常用的干纺喷丝头有帽形和圆形两种,孔径为0.07~0.16mm,孔数为300~1200个,由不锈钢或特种合金钢制成。

### 2.3.5.2　凝固浴

聚酰亚胺纤维的纺制过程与聚丙烯腈基碳纤维的制备相似,影响成品纤维性能最重要的因素是初生纤维的性能,高质量的初生纤维一般应具备组织结构均匀、结构致密、缺陷少、表面光滑、纯度高、强度高等性能,其中初生纤维结构的均匀性(包括纤维的截面形状、皮芯结构、孔结构等)是影响成品纤维性能的一个重要因素[17,18]。凝固浴的组成、浓度、温度决定了原液细流在凝固浴中的双扩散过程,从而直接影响初生纤维的微结构形态。初生纤维在离开凝固浴时截面形状已基本成型并固定,且形成的初生纤维的初步聚集态结构及其缺陷会进一步演化并遗传给原丝和成品纤维,因此初生纤维的性能很大程度上决定原丝的性能,是原丝质量及聚酰亚胺纤维强度的关键所在[19]。在纤维凝固过程中,凝固浴条件对初生纤维的结构及性能有很大的影响。在初生纤维成型过程中,形态结构对纺丝工艺极为敏感,所以凝固浴组成、浓度、温度等因素对初生纤维的溶剂残留量、横截面形貌以及成品纤维的性能有很大的影响。聚酰胺酸/聚酰亚胺纤维凝固浴设备见图2-10。

图 2 - 10　聚酰胺酸/聚酰亚胺纤维凝固浴设备

横截面形状是纤维的重要结构特征之一。与圆形的偏离程度(它与固化条件有关)将影响到纤维的光泽、吸着性、力学性能和其他物理量。图2-11所示为一个简单的模型,它简单地解释了横截面形状是如何被溶剂与凝固剂双扩散和固化表面层硬度决定的。当溶剂向外的通量小于凝固剂向里的通量时(图2-11(a)),丝条发生溶胀,可以预期纤维的横截面是圆形的。当溶

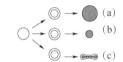

图 2 - 11　在固化过程中
形成横截面结构的图解
(a)柔软可变形的皮层溶胀;
(b)柔软可变形的皮层收缩;
(c)坚硬的皮层塌陷。

剂离开丝条的速率比非溶剂进入丝条的速率高时,则横截面的形状取决于固化层的力学行为。柔软可变形的表层收缩的结果导致形成圆形的横截面(图2-11(b));当具有坚硬的"皮"层时,横截面塌陷导致非圆的形状(图2-11(c))。从而可以看出,纤维薄的表层和内部芯层在变形上的差异是导致非圆形横截面生成的原因。

通常所说的"皮-芯"结构是造成湿法/干-湿法纺丝体系纤维结构径向差别的关键问题。其在纤维的径向上,存在着聚合物密度上的差别,其通常在凝固浴强度太大的情况下产生。严重的情况时,会明显制约纤维的力学性能。尤其在制备高强高模纤维的过程中,需要尽量降低纤维结构的径向差别的程度。

1. 凝固浴组成

聚合物-溶剂-凝固浴这种多元体系中的相分离强烈地影响纺丝原液的固化动力学,纤维最后的微结构和形态结构受凝固浴组成的影响较大。一般凝固浴由溶剂(如DMAc、NMP等)和凝固剂(如水、乙醇等)两组分组成,两组分组成

的凝固浴便于调控浓度,相较于多组分体系,利于得到溶剂或凝固剂对迁移速度的影响,对溶剂的回收也十分便利。也有在凝固浴组成中加入其他组分(如吡啶等)构成多组分体系,用以调节凝固速率。

纺丝原液细流进入凝固浴,在双扩散过程中,凝固浴需达到一定的浓度才能使聚合物从溶剂中沉积出来,这个过程需要一定的时间,而时间的长短则是由凝固浴的凝固强度来决定的。通常采用凝固值表示凝固浴的凝固强度,凝固浴的凝固值定义为将 1%(质量分数)的聚酰亚胺稀溶液,分别用蒸馏水、甲醇、乙醇、水与 NMP 的混合溶剂在酸式滴定管中进行滴定,测定使 1mL 的聚酰亚胺稀溶液出现浑浊现象时所用凝固浴的体积[20]。凝固值测定条件为常压,25℃,凝固值越小表明凝固浴的凝固强度越大,反之则表示凝固强度越小。

2. 凝固浴浓度

初生纤维的成型主要是由纺丝原液细流进入凝固浴后,溶剂和凝固剂之间的双扩散过程以及在此过程中的相分离所决定的,凝固浴的浓度对聚酰亚胺纤维的形貌和力学性能影响显著。凝固浴中聚合溶剂的含量是一个非常重要的影响因素,它不仅影响相平衡,而且控制着传质动力学。一般而言,凝固浴中溶剂含量提高使扩散推动力下降,结果导致溶剂通量(向外)和非溶剂通量(向内)下降。一般情况下,会使纤维内部空隙减少,初生纤维微观结构密实,宏观上表现出原丝的力学性能优良。

以李论等[21]制备的 PMDA/4,4′ – ODA 体系为例,采用湿法纺丝,溶剂为 DMAc,凝固浴组成为水和 DMAc 的混合溶液。在不同凝固浴浓度(体积分数)下聚酰胺酸纤维横截面形貌变化的扫描电镜(SEM)照片见图 2 – 12,以纯水为凝固浴时,初生纤维截面形状呈干瘪的肾形,随着凝固浴组成中 DMAc 从 1% 提高到 5%,初生纤维截面形状逐渐饱满,达到 5% 时,纤维横截面呈较为完整的圆形。这是由于凝固浴浓度较低时,初生纤维束中 DMAc 溶剂与凝固浴中的水交换速率较大,扩散剧烈,纤维表层的 DMAc 溶剂脱除迅速,更容易快速形成坚硬的皮层将纤维内部包裹起来,纤维内部的 DMAc 溶剂很难脱除,导致初生纤维芯部和表皮的组成、密度差异较大,皮层受力收缩时,纤维芯部和表皮的受力不均,纤维发生形变,形成肾形截面。随着凝固浴浓度的提高,纤维束中溶剂与凝固浴中的水交换变得较为缓和,纤维表面皮层形成较慢,皮层致密性减弱,芯部溶剂扩散阻力减小,内部结构更趋均一,纤维内部 DMAc 溶剂在皮层完全形成前,有更充裕的时间向凝固浴中扩散,并且较凝固浴中不含 DMAc 或低 DMAc 含量时脱除得更加充分,内外部溶剂脱除量较为均匀,皮层和芯部的结构及应力形变相近,从而在 DMAc 含量达到 5% 时,纤维横截面形状趋于规整圆形。

若凝固浴浓度过高,双扩散进行缓慢,初生纤维凝固不充分,使得纤维芯部结构疏松且有大量的溶剂残留,不利于纤维后续的酰亚胺化和拉伸的进行。初

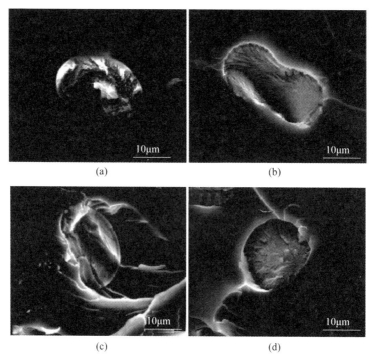

(a)　　　　　　　　　　(b)

(c)　　　　　　　　　　(d)

图 2-12　不同凝固浴浓度下聚酰胺酸纤维横截面形貌变化的 SEM 照片[21]

(a)纯水;(b)1% DMAc;(c)3% DMAc;(d)5% DMAc。

生纤维在进行加热酰亚胺化的过程中,内部大量的溶剂挥发出来,使得纤维内部产生一些空穴,降低了纤维的密实程度,使得纤维的力学性能大大降低。随着凝固浴浓度的降低,浓度梯度差不断增大,双扩散进行得愈发激烈,若凝固浴浓度过低,如纯水作为凝固浴,初生纤维凝固速度过快,短时间内会形成"皮-芯"结构,这种结构会保留在纤维中,对制备优良的纤维极为不利。因此选取适宜的凝固浴浓度对纤维性能有着至关重要的作用。当 DMAc 体积分数为 3% 时,纤维力学性能最高。这是因为双扩散作用进行得比较缓和,所以纤维在凝固过程中,芯部结构较为密实,在酰亚胺化过程中也没有产生大量的空洞和缺陷,力学性能较高(表 2-2)。

表 2-2　不同凝固浴浓度下聚酰亚胺纤维(PMDA/4,4′-ODA)的力学性能[21]

| 凝固浴浓度/% | 断裂强度/GPa | 模量/GPa | 断裂伸长率/% |
|---|---|---|---|
| 0 | 0.42 | 9.21 | 19.6 |
| 1 | 0.53 | 10.4 | 17.4 |
| 3 | 0.75 | 11.4 | 18.5 |
| 5 | 0.70 | 9.71 | 21.3 |

3. 凝固浴温度

凝固浴温度能够直接影响相平衡和扩散速率。体系的温度对扩散速率的影响表现在随温度的升高而升高,但这是一个复杂的过程,因为温度对体系中不同组分扩散速率的影响是不同的,从而在少数体系里面还表现出随体系温度升高,总体扩散常数反而下降的现象。

凝固浴温度对初生纤维截面形貌的影响是通过扩散速率的变化表现出来的。以陈辉[22]制备的 PMDA/BAPM(实验室自制间位二胺)体系(图 2 - 13)为例,采用干 - 湿法纺丝,溶剂为 NMP,凝固浴组成为水和 NMP 的混合溶液。在不同凝固浴温度下聚酰亚胺初生纤维横截面形貌变化的 SEM 照片如图 2 - 14 所示。凝固浴温度为 5℃和 15℃时,纤维结构均匀密实,截面呈圆形或者腰圆形,这是由于凝固浴温度较低时,凝固能力缓和,丝束能内外部溶剂扩散速率慢,纤维凝固速度慢,皮层柔软,能与芯层同时收缩。随着凝固浴温度继续升高至30℃或60℃,凝固能力增强,纤维凝固速度快,丝束皮层和芯层不能一起收缩,导致皮层塌陷,使纤维截面呈腰圆形,且纤维结构不均匀。因此凝固浴温度的选择可以在 5 ~ 15℃继续摸索,综合考虑纤维截面形貌和力学性能等因素,找到最适宜的凝固浴温度。

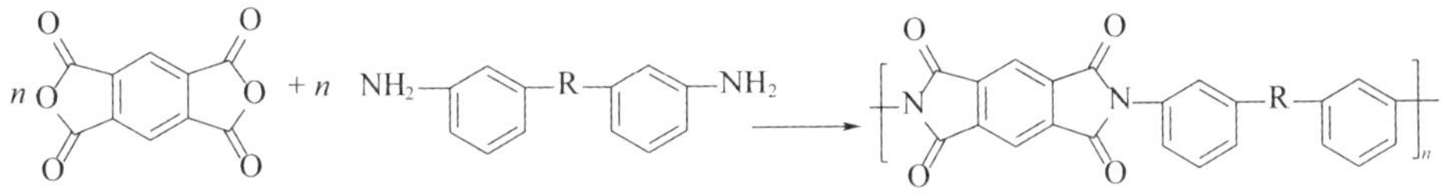

图 2 - 13　由 PMDA 与 BAPM 制备的聚酰亚胺纤维化学结构

以李论等[21]制备的 PMDA/4,4′ - ODA 体系为例,采用湿法纺丝,溶剂为DMAc,凝固浴组成为水和 DMAc 的混合溶液。在不同凝固浴温度下,聚酰胺酸纤维凝固过程首先在纤维表面形成"皮层",阻止了向纤维芯部进行的双扩散过程。当凝固浴温度较低时,扩散系数较小,双扩散过程进行缓慢。纤维芯层的凝固速率较小,芯部凝固不充分,而外部的"皮层"较薄,硬度较小,芯部受力不均造成截面坍塌,从而形成不规则的肾形。随着凝固浴温度的升高,DMAc 溶剂向凝固浴的扩散速率与凝固浴中的凝固剂向纺丝原液中的扩散速率均会增大,加快了初生纤维的凝固速度,聚合物的凝固速率增大,纺丝原液在进入凝固浴后迅速形成厚实的表皮层,芯层也凝固较充分,内外部凝固程度差异较小,纤维受到内外部的力逐渐达到均衡,截面形状呈不断规则化。如果凝固浴温度过高,则凝固过程加快、加剧,纤维表皮层的粗糙程度增加,表面缺陷增多,出现粘丝、并丝等现象。

凝固浴温度对纤维性能的影响与凝固浴浓度对纤维性能的影响类似,均是通过凝固条件的改变使得初生纤维中残留的溶剂及水分含量发生改变,从而影

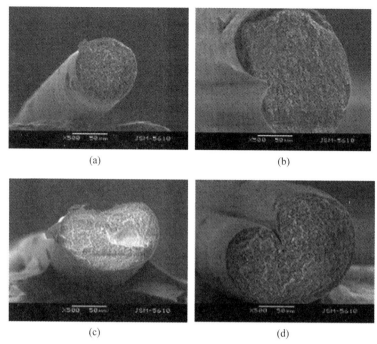

图 2 – 14　不同凝固浴温度下聚酰亚胺初生纤维横截面形貌变化[22]

(a)5℃；(b)15℃；(c)30℃；(d)60℃。

响纤维在酰亚胺化过程中发生的微结构变化及致密化程度。凝固浴温度较低时，双扩散进行得较为缓慢，初生纤维芯部凝固不完全，结构不密实，溶剂含量较高，从而影响酰亚胺化后纤维的力学性能(表 2 – 3)。随着凝固浴温度的升高，双扩散过程强烈，纤维中的溶剂残留量减少，纤维性能提高；若凝固浴温度过高，初生纤维会形成明显的皮 – 芯层结构，纤维性能下降。此外，过高的凝固浴温度不利于过程实施和成本控制。

表 2 – 3　不同凝固浴温度下聚酰亚胺纤维(PMDA/4,4′ – ODA)的力学性能[21]

| 凝固浴温度/℃ | 断裂强度/GPa | 模量/GPa | 断裂伸长率/% |
| --- | --- | --- | --- |
| 30 | 0.63 | 9.19 | 16.9 |
| 40 | 0.69 | 11.09 | 16.3 |
| 50 | 0.63 | 10.41 | 20.2 |

通常情况下，纺丝原液的聚合物含量(固含量)越高，也更容易得到结构致密的初生纤维，其对纤维的微观结构和不均一性的影响是一致的。因此，在凝固浴温度较高、纺丝原液中固含量较高以及纺丝浴中溶剂含量较高的情况下，容易产生较密实而均匀的纤维[23]。

### 2.3.5.3　喷拉比

第一导丝辊的线速度与纺丝原液的挤出速度之比称为喷丝头拉伸比,简称喷拉比。湿法纺丝喷拉比一般小于等于 1 或是稍大于 1,目的是提高成型过程的稳定性。

喷拉比和纺丝速率对纤维的力学性能有显著的影响。在相同纺丝速率条件下,喷拉比越高,纤维强度和模量也越高;同样,在相同喷拉比条件下,纺丝速率越高,纤维的强度和模量也越高。因此,在条件允许的情况下,要获得高强高模的聚酰亚胺纤维,可以考虑在较高的喷拉比和纺丝速率条件下进行纺丝。但当喷拉比过大时,强拉伸力使初生纤维高度取向,丝束中还未凝固完全的纤维聚集紧密,使得纤维凝固成型的双扩散过程未能进行彻底,初生纤维间因有部分溶剂而互相粘连,导致纺制的聚酰亚胺纤维并丝严重。

以陈辉等[22]制备的 PMDA/BAPM 体系聚酰亚胺溶液为例,水与 NMP(体积比 8∶2)为凝固浴的干 – 湿法纺丝纺制聚酰亚胺纤维,不同喷拉比的初生纤维截面 SEM 照片如图 2 – 15 所示。图 2 – 15(a)纤维由于未拉伸,纤维直径较大,内部结构疏松且有空洞,这是由于纤维中尚存在大量溶剂所致。图 2 – 15(b)纤维经过 3 倍拉伸,纤维结构致密,这是由于拉伸增加了纤维中溶剂与凝固剂双扩散的速度,溶剂的残留量变得越来越少,最后形成截面较为致密的纤维。同时,纤维的力学性能也随着孔洞的减少而得到了改善。

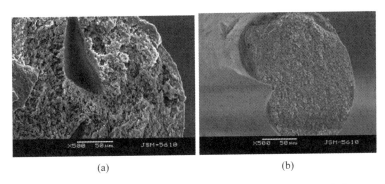

(a)　　　　　　　　　　　　　　　(b)

图 2 – 15　不同喷拉比的初生纤维截面 SEM 照片[22]

(a)未拉伸;(b)3 倍拉伸(凝固浴为水/NMP(80/20),凝固浴温度 15℃)。

### 2.3.5.4　纺丝速度

湿法纺丝速度(指卷取初生纤维的第一导丝辊线速度)由于受溶剂和凝固剂双扩散速度和凝固浴的流体阻力等限制,因此远比熔纺速度低。湿法纺丝中的扩散和凝固是物理与化学过程,成型过程较复杂,纺丝速度受溶剂和凝固剂的双扩散、凝固浴的流体阻力等因素限制,所以纺丝速度较低,一般为 5 ~ 100m/min。

##### 2.3.5.5　水洗浴

用湿法、干－湿法纺丝成型的聚酰胺酸/聚酰亚胺纤维常需要立即进行水洗以除去纤维表层所黏附的聚合物溶剂及有机、无机物杂质,否则初生纤维有可能发生降解或受到变质和变色等损伤。水洗一般是使运行的丝条(或含大量丝条的束丝)在一个或多个连贯排列的水洗浴中通过,槽内盛满水洗液(图 2 − 16);或在行进的丝条上喷洒水洗液,直到丝条洗净到需要的程度为止。

图 2 − 16　聚酰胺酸/聚酰亚胺纤维水洗设备

##### 2.3.5.6　初生纤维干燥

采用两步法制备聚酰亚胺纤维,需要首先制备中间体聚酰胺酸纤维,然而聚酰胺酸纤维随时间的延长会发生降解。国内外对聚酰胺酸稳定性及降解已有较多报道[24]。初生纤维干燥采用了不同的干燥工艺,干燥工艺对纤维的力学性能的影响同样不容忽略。在空气干燥的条件下,短时间干燥得到的纤维其强度明显高于长时间干燥的产品,干燥时间对模量没有明显影响。但是在惰性气氛下,不仅强度、模量明显增大,纤维的外观光泽性和柔软度也有显著提高。概括而言,在惰性气氛下或短时间内干燥得到的纤维性能较好。聚酰胺酸/聚酰亚胺纤维干燥设备见图 2 − 17。

图 2 − 17　聚酰胺酸/聚酰亚胺纤维干燥设备

## 2.3.6　纤维后处理

经湿法、干－湿法纺丝得到的聚酰胺酸/聚酰亚胺初生纤维,尽管已经成型,但纤维微结构和综合性能通常不稳定,纤维取向度低,力学性能较差,必须通过一系列后处理才能获得满足不同应用要求的高性能聚酰亚胺纤维。以聚酰胺酸溶液为纺丝原液(二步法)的湿法/干 - 湿法纺丝的后加工过程主要有酰亚胺化、拉伸、热定型等。以聚酰亚胺溶液为纺丝原液(一步法)的湿法纺丝的后加工过程则不需要酰亚胺化过程,主要是拉伸和热定型过程。制造短纤维时还增加卷曲和切断工序。以上后处理过程所采用的设备也不尽相同,有分段处理的单元设备,也有连续化处理设备。

### 2.3.6.1　酰亚胺化

聚酰胺酸的酰亚胺化过程如图 2 - 3 所示,在形成酰亚胺环过程中释放出 1 分子水。通常聚酰胺酸的酰亚胺化有两种方法可供选择,即热酰亚胺化与化学酰亚胺化。顾名思义,热酰亚胺化是指在一定温度下加热使酰胺酸发生脱水反应形成酰亚胺环;化学酰亚胺化一般以三乙胺为碱、乙酐为脱水剂,使酰胺酸脱水形成酰亚胺环。对于聚酰胺酸原丝的化学酰亚胺化而言,酰亚胺化试剂难于向纤维中扩散,导致酰亚胺化不完全,同时反应所形成的三乙胺乙酸盐也难以从纤维束中彻底洗除,影响纤维品质与性能,所以聚酰胺酸原丝的酰亚胺化方式一般采用热酰亚胺化。热酰亚胺化方法酰亚胺化程度高、周期短,易于工业化生产,是目前广泛采用的聚酰胺酸原丝酰亚胺化方法。

酰亚胺化过程是制备微观结构均匀纤维的关键过程,直接影响到纤维的成型、卷绕和后拉伸及热处理工艺,对纤维的后期高性能化影响很大。以 PMDA - ODA 体系制备的聚酰胺酸纤维,酰亚胺化后得到的聚酰亚胺纤维的动态热机械分析(DMA)曲线(图 2 - 18)表明,聚酰胺酸纤维在 150℃附近发生明显的热降解,导致模量发生了明显的降低;但随着温度的提高(200℃以上),纤维发生了酰亚胺化反应,增加了纤维的模量,与对比的聚酰亚胺纤维

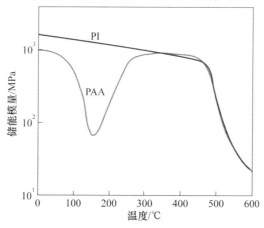

图 2 - 18　聚酰胺酸纤维(PAA)和聚酰亚胺纤维(PI)的动态热机械分析曲线[25]

相似。这一过程实际是聚酰胺酸纤维在升温的过程中,首先发生降解,随着温度的再提高,发生了酰亚胺化反应。因此,酰亚胺化反应和聚酰胺酸纤维的降解存在竞争关系,聚合物的稳定性和酰亚胺化反应动力学关系到能否获得高性能聚酰亚胺纤维。

1. 酰亚胺化程度表征

聚酰胺酸纤维的酰亚胺化程度对于纤维的稳定性和力学性能有着决定性的影响,因此建立合适的酰亚胺化程度表征方法十分重要。由于多数聚酰亚胺的不熔不溶特性,导致诸多分析方法受到限制,目前最常用的方法是红外光谱法。其他测定酰亚胺化程度的方法还有环化的热效应、介电和机械损耗、核磁共振、氚代法等。

尽管红外光谱在表征化学结构的细微变化时不够敏感,但是它始终是酰亚胺化程度最重要的表征手段。最经常使用的谱带是 $1780cm^{-1}$(C═O)、$1380cm^{-1}$(C—N)和 $725cm^{-1}$(C═O)。最强的吸收带是 $1720cm^{-1}$(C═O),不过,它与聚酰胺酸较强的羧酸中的羰基吸收($1700cm^{-1}$,C═O)相重叠。酰亚胺吸收峰($1780cm^{-1}$ 和 $725cm^{-1}$)有时会与酸酐的吸收峰($1780cm^{-1}$ 和 $720cm^{-1}$)、羧酸的吸收峰(($1700cm^{-1}$,C═O)和 $2800\sim3200cm^{-1}$(O—H))和酰胺的吸收峰($1660cm^{-1}$(C═O),$1550cm^{-1}$(NH),$3200\sim3300cm^{-1}$(N—H))经常呈现为一个比较宽的吸收峰,它也可以定性地用于估算酰亚胺化过程。在酰亚胺化过程中,这些吸收谱带的位置与强度会发生相应的变化(表 2-4),可以依据这些改变对聚酰亚胺的酰亚胺化程度进行表征。

表 2-4 聚酰胺酸酰亚胺化前后化学键红外吸收谱带[26]

| 结构 | 吸收峰 | 聚酰胺酸 | 聚酰亚胺 |
|---|---|---|---|
| C═O | 1780 | 无 | 有 |
| C═O | 1720 | 无 | 有 |
| C—N | 1380 | 强 | 弱 |
| C═O | 720 | 无 | 有 |
| O—H(COOH) | 2400~3200 | 强 | 弱 |
| N—H(CONH) | 3200~3400 | 强 | 弱 |
| C═O(COOH) | 1669 | 强 | 弱 |
| C═O(CONH) | 1640 | 强 | 弱 |
| C—NH | 1540 | 强 | 弱 |

聚酰亚胺的酰亚胺化程度可以通过比较样品中的酰亚胺吸收峰的强度与已经完全酰亚胺化的标准样品中酰亚胺吸收峰的强度进行对比而获得。酰亚胺化程度用如下公式计算[26]:

$$酰亚胺化程度(\%) = (A_{1780}/A_{1500})/(A_{1780}^0/A_{1500}^0) 或 (A_{1380}/A_{1500})/(A_{1380}^0/A_{1500}^0)$$

此种方法计算酰亚胺化程度需要一个完全酰亚胺化的样品作为参照,如 $(A_{1780}^0/A_{1500}^0)$ 或 $(A_{1380}^0/A_{1500}^0)$。1780cm$^{-1}$、1380cm$^{-1}$ 和 1500cm$^{-1}$ 分别对应为亚胺羰基不对称伸缩振动带、亚胺 C—N 伸缩振动带、苯环骨架伸缩振动带(因为苯环 C—C 伸缩振动在环化前后峰强不变,可以作为内标)。

2. 酰亚胺化温度

聚酰胺酸纤维在进行热酰亚胺化处理中存在着较多的影响因素,如热处理温度、氛围、升温方式以及升温速率等,其中处理温度的影响是至关主要的。

通常在高酰亚胺化温度下,可以得到较高强度的聚酰亚胺纤维,但是过高的酰亚胺化温度容易导致纤维碳化变脆,失去实用价值。因此,针对不同聚合物结构建立酰亚胺化温度和纤维性能的对应关系,是确定最佳酰亚胺化工艺条件的重要研究内容之一。

以张琼[26]制备的 PMDA – BPDA/4,4′ – ODA(5 – 5/10)体系为例,聚酰胺酸原丝酰亚胺化过程如下:升温速率为 3℃ /min,由室温分别升温至 200℃、220℃、240℃、260℃、280℃、320℃、340℃,恒温 30min。然后对不同温度下酰亚胺化所得样品进行红外测试,其结果如图 2 – 19 所示。可以看出,聚酰胺酸纤维 3050cm$^{-1}$ 处的特征宽强吸收谱带随着酰亚胺化温度的升高逐渐变窄消失;1650cm$^{-1}$(C $=$ O 伸缩振动)、1600cm$^{-1}$(C—N 伸缩振动和 N—H 弯曲振动)谱带逐渐减弱,当酰亚胺化温度至 320℃ 时完全消失。酰亚胺环中 C $=$ O 的不对称(1780cm$^{-1}$)和对称振动(1700cm$^{-1}$)以及酰亚胺环中的 C—N—C 振动(1350cm$^{-1}$)逐渐显现。通过酰亚胺化率公式计算所得的不同酰亚胺化温度下纤维的酰亚胺化程度列于表 2 – 5 中。温度过高或者过低都不利于聚酰胺酸纤

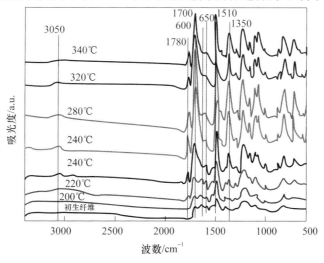

图 2 – 19　不同酰亚胺化温度下纤维的 ATR – IR 图[26]

维的酰亚胺化,高温时酰亚胺化程度的降低可能受红外吸收二向色性的影响,并不一定是酰亚胺化程度真的降低。从表中可以看出,280℃时酰亚胺化程度最高,达到29.2%。

表2-5　不同温度下纤维的酰亚胺化程度[26]

| 温度/℃ | 200 | 220 | 240 | 260 | 280 | 320 | 340 |
|---|---|---|---|---|---|---|---|
| 酰亚胺化程度/% | 14.7 | 12.9 | 16.3 | 22.0 | 29.2 | 25.1 | 20.6 |

**3. 酰亚胺化气氛**

由于聚酰胺酸/聚酰亚胺纤维在高温下会被氧化降解,热酰亚胺化过程的实施实际上就是纤维高温下氧化降解与酰亚胺环化的竞争,因此惰性气氛或真空,特别是真空隔绝氧气更有利于得到性能更高的纤维,但实际操作比较困难。

**4. 升温方式和速率**

纤维的酰亚胺化程度直接影响其结晶性能和分子链的取向,从而影响纤维的宏观力学性能。酰亚胺化过程通常采用梯度升温程序,使干燥后的初生纤维通过惰性气体保护的热甬道中连续进行。这种慢速程序升温的方式有利于聚酰胺酸的逐步环化,使其分子结构排列规整。

以张琼[26]制备的PMDA-BPDA/4,4′-ODA(5-5/10)体系为例,在酰亚胺化过程中,以1℃/min、3℃/min、5℃/min三种不同的升温速率由室温升至300℃后恒温30min,红外测试分析(图2-20)表明,聚酰胺酸纤维3050cm$^{-1}$处的特征宽强吸收谱带随着酰亚胺化时间的增加逐渐消失;1650cm$^{-1}$(C=O伸缩振动)、1600cm$^{-1}$(C—N伸缩振动和N—H弯曲振动)处的吸收在聚酰亚胺中变成了1700cm$^{-1}$处吸收的肩峰。酰亚胺环中C=O的不对称(1780cm$^{-1}$)和对

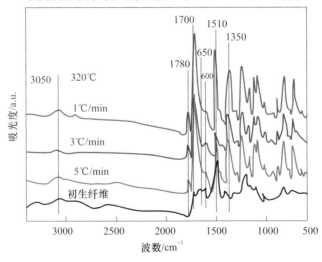

图2-20　不同升温速率下聚酰亚胺纤维的ATR-IR图[26]

称振动(1700cm$^{-1}$)以及酰亚胺环中的 C—N—C 振动(1350cm$^{-1}$)显现,且在升温速率为 1℃/min 时达到最强。通过计算得到纤维的酰亚胺化程度(表 2 - 6),在升温速率为 1℃/min 时达 41.0%,远远高于其他两种升温速率下的酰亚胺化程度。

表 2 - 6　不同升温速率下纤维的酰亚胺化程度[26]

| 升温速率/(℃/min) | 5 | 3 | 1 |
| --- | --- | --- | --- |
| 酰亚胺化率/% | 27.7 | 29.6 | 41.0 |

#### 2.3.6.2　拉伸

对纤维进行拉伸处理是制备高性能纤维过程中的重要环节。未拉伸纤维常显示出低的强度、高的不可逆(塑性)形变和低模量等。拉伸将初生纤维在固态条件下不可复地拉伸至其原长的 20% ~ 2000%,这种伸长常伴随大分子和微晶沿纤维轴的伸展和取向,而取向又常常有相结构的改变(结晶化或结晶区的部分破坏)以及其他结构特性的改变。

聚酰亚胺纤维的拉伸是指酰亚胺化后的纤维在它的微观结构尚未完全固定以前,在特定的张力和温度( > $T_g$)下使卷曲而无序的大分子沿轴向整理和伸展的过程。聚酰亚胺纤维具有的优异性能,不仅源于其特殊的化学结构,而且源于分子链沿纤维轴方向的高度取向及横向的二维有序排列。聚酰亚胺纤维一般为半结晶型聚合物材料,通过拉伸处理,其无定形区以及结晶区域都会沿纤维轴方向进行取向,但要得到高性能的聚酰亚胺纤维,则需要高的结晶度和高的取向度。在这一过程中,无序的大分子朝有序方向发展,大分子之间的接触点增加,分子间力增强,聚集区域扩大,为纤维的结晶提供条件。这时纤维的密度增加,拉伸断裂强度上升;纤维纤度变小,断裂伸长率下降;纤维表面光泽和热导性则呈现各向异性。总之,纤维经拉伸后综合力学性能得到改善,实用价值提高。

聚酰亚胺纤维的拉伸工序是在有两组或三组不同转速的导辊或导盘的拉伸装置上(图 2 - 21)进行的。被拉伸的纤维或丝束从导辊或导盘的间距之间通过,两端导辊或导盘的速率比称为拉伸倍率(用 DR 表示),速差使纤维伸长。

一般情况下,在拉伸外力的作用下,原已形成的结晶单元并不是简单的顺着外力的作用方向,规则且整齐地排列,其中往往包含原有晶片的滑移、转动以致破裂,部分折叠链被拉伸成为伸直链,使原有结构部分或全部地遭到破坏,随后在新的平衡条件下,重新形成新的结晶结构,即组成折叠链片晶与在取向方向上贯穿于片晶之间的伸直链段等形成的丝晶状结构。在通常情况下,拉伸晶态高聚物,常常使晶态结构中的伸直链部分增加,折叠链的比例减少。随着晶片和晶片间缚结分子链段数的增多和它们序态的改善,纤维的取向度获得提高,同时纤维的强度也有所提高。Harries 等[27]认为,要得到力学

图 2-21    聚酰亚胺纤维拉伸设备

性能优异的聚酰亚胺纤维,必须对纤维在拉伸过程中的结晶速率进行控制,结晶速率太快,不利于纤维的拉伸,从而不利于微晶的取向;同时纤维在拉伸过程中由于工艺的差别还会直接引起其结晶度的改变,导致晶体的尺寸和形态的变化。因此,适合的拉伸倍率、拉伸张力以及拉伸温度等一起构成了聚酰亚胺纤维的拉伸工艺参数。

1. 拉伸温度

温度影响分子链运动的热力学特征,合适的拉伸温度有利于分子链的取向、结晶以及消除纤维内部缺陷,选择合适的拉伸温度对改善纤维的耐热性能和力学性能有重要影响。在较高的拉伸温度下,时间过长会使纤维碳化,但时间较短纤维通过拉伸炉未达到玻璃化转变温度也就起不到拉伸的效果。所以根据拉伸炉的长度和拉伸温度,不同批次的纤维也要根据具体情况调试其进出拉伸炉的速度来控制拉伸时间。

以张琼[26]制备的 PMDA - BPDA/4,4' - ODA(5 - 5/10)体系为例,考察不同热拉伸温度下纤维表面形貌(图 2 - 22),发现随着热拉伸温度的增加,纤维表面逐渐出现沟壑,当温度达到 460℃时,纤维表面沟槽变深,并且有明显的并丝现象,这表明过高的热拉伸温度会引起纤维分子链的高度取向,以至于个别分子链发生断裂,同时可能伴随着纤维的降解。在热拉伸温度分别为 320℃、380℃、420℃、460℃时,纤维直径为 13.2μm、13.4μm、15.4μm、11.4μm,可见,热拉伸温度对纤维直径的影响较小(表 2 - 7)。

表 2-7    不同热拉伸温度下聚酰亚胺纤维的直径

| 拉伸温度/℃ | 320 | 380 | 420 | 460 |
|---|---|---|---|---|
| 直径/μm | 13.2 ±5.2 | 13.4 ±1.6 | 15.4 ±2.7 | 11.4 ±4.3 |

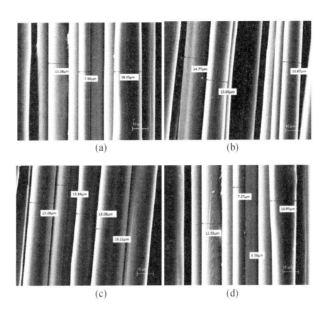

图 2 - 22　不同热拉伸温度下的聚酰亚胺纤维

（PMDA - BPDA/4,4′ - ODA）表面形貌[26]

（a）320℃；（b）380℃；（c）420℃；（d）460℃。

考察在不同拉伸温度下聚酰亚胺纤维的截面形貌（图 2 - 23），纤维截面呈椭圆形，内部堆积紧密，无明显孔洞缺陷，温度过高时，纤维内部更为疏松，这可能是因为高的热拉伸温度使纤维分子链松弛而加快收缩，内部形成空隙膨胀造成的。

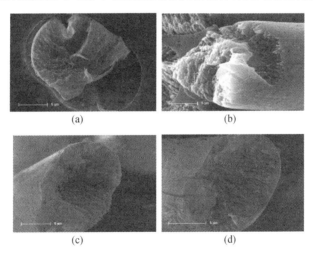

图 2 - 23　不同热拉伸温度下聚酰亚胺纤维

（PMDA - BPDA/4,4′ - ODA）的截面形貌[26]

（a）320℃；（b）380℃；（c）420℃；（d）460℃。

2. 拉伸倍率

在聚合物纤维的单轴伸长过程中,纤维的形变(或拉伸倍率)是最重要的因素,其导致的纤维取向在很大程度上依赖于体系中结构单元的本质和力学行为。拉伸倍率对聚酰亚胺纤维的力学性能影响较大。在一定范围内拉伸倍率越大其纤维取向越强,力学性能越好。但当拉伸倍率过大,即强拉伸力大于纤维中高分子链与链间的作用力时,纤维不但结构被破坏甚至被拉断。所以根据纤维酰亚胺化后不同的断裂伸长率来确定拉伸倍率,拉伸倍率同断裂伸长率成正比增减。同时,适宜的拉伸倍率能够提高聚酰亚胺纤维的热稳定性。

(1)拉伸倍率对聚酰亚胺纤维力学性能的影响。以张春玲等[28]制备的聚酰亚胺纤维 PMDA – BPDA/OTOL(摩尔比(4~6)/10)体系为例,采用干 – 湿法纺丝,溶剂为对氯苯酚,一步法纺制的初生纤维经过 500℃热空气甬道拉伸得到聚酰亚胺纤维的力学性能(表 2 – 8)。初生纤维经过拉伸之后,从原纤到拉伸倍率为 2.8 时,断裂强度提高了 2 倍;拉伸倍率继续增加到 3.2 时,断裂强度反而下降。而聚酰亚胺纤维拉伸到 2.8 倍时,模量显著提高,是原纤的近 10 倍,断裂伸长率下降到原纤的 1/3 左右;而拉伸倍率为 3.2 时,拉伸强度和模量比初生纤维有显著提高,但与拉伸倍率为 2.8 相比,又出现了明显的下降。

表 2 – 8　不同拉伸倍率下聚酰亚胺纤维(PMDA – BPDA/OTOL)的力学性能[28]

| 拉伸倍率 | 断裂强度/GPa | 模量/GPa | 断裂伸长率/% |
|---|---|---|---|
| 1(初生纤维) | 0.91 | 9.4 | 9.7 |
| 2.8 | 2.95 | 100.0 | 3.0 |
| 3.2 | 2.48 | 63.8 | 4.0 |

拉伸倍率的提高对聚酰亚胺纤维的结晶形貌也产生影响。从聚酰亚胺纤维(PMDA – BPDA/OTOL)广角 X 射线衍射图(图 2 – 24)可以看出,初生纤维呈现相当宽泛的弥散峰;当拉伸倍率为 2.8 时,衍射峰变窄,结晶度增加;而当拉伸倍率达到 3.2 时,衍射峰变宽,结晶度降低。随着拉伸倍率的增加,纤维的结晶取向度增加,即聚酰亚胺纤维经过拉伸后,纤维轴向的结晶取向增加,使得纤维轴向的强度和模量都增大。而这种沿着纤维轴向的拉伸,使纤维轴向的晶面尺寸增加,径向尺寸减小。当拉伸倍率继续增加到 3.2 时,聚酰亚胺纤维的结晶度降低,使得纤维的强度和模量都有所降低,而断裂伸长率几乎不变。

(2)拉伸倍率对聚酰亚胺纤维热稳定性能的影响。从不同拉伸倍率下聚酰亚胺纤维的热失重曲线(图 2 – 25)可以看出,在 800℃时,初生纤维失重 58%,拉伸倍率为 2.8 倍的样品失重 32%,拉伸倍率为 3.2 倍的样品失重 48%。表明适当的拉伸倍率能够提高聚酰亚胺纤维(PMDA – BPDA/OTOL)的热稳定性。

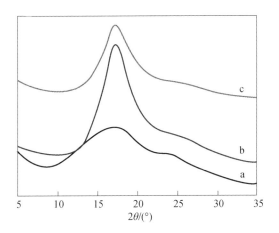

图 2 - 24　聚酰亚胺纤维(PMDA - BPDA/OTOL)广角 X 射线衍射图[28]

a—DR = 1.0;b—DR = 2.8;c—DR = 3.2。

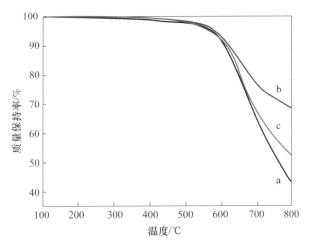

图 2 - 25　不同拉伸倍率下的 TGA 曲线[28]

a—DR = 1.0;b—DR = 2.8;c—DR = 3.2。

### 2.3.6.3　热定型

热定型是指聚酰亚胺纤维被拉伸以后在定形装置中加热状态下停留一定时间,使拉伸之后的结构和尺寸稳定。适当的热定型能消除拉伸时产生的内应力,使大分子发生一定程度的松弛,舒解纤维内一些不稳定的分子间作用力,重建成较稳定的分子间作用力,调整纤维的微细结构,使纤维的总体取向度和结晶度提高,结晶区的大小和结晶度达到一个新的状态,使纤维结构均匀化。这样也将降低纤维的热收缩率,改善纤维的尺寸稳定性和纤维的力学性能[12]。

聚酰亚胺纤维在拉伸过程中大分子链在应力作用下发生变形,拉伸作用越强,变形也越大,应力消失后回复到原始状态的倾向越强。纤维在松弛状态下加热,则会发生缩褶现象,直到在拉伸过程中所产生的变形全部消失为止。经过定形的纤维,外观形态能在定形温度以下长时期保持稳定而不变,纤维的性能也更为稳定,沸水收缩率降低。如果纤维的热定型是在张力下进行,变形也会被消除,这样的纤维可以在比松弛定形温度高得多的温度下加热,而只发生少量缩褶。

影响热定型的主要因素是温度、时间和容许松弛的量。在一般情况下,定形温度应高于纤维(或纤维制品)的最高使用温度,以保证在使用条件下结构与形态的稳定。按纤维所处的介质和加热方式,热定型可分为干热空气定型、接触加热定型、水蒸气湿热定型和浴液热定型等。根据不同聚酰亚胺纤维品种可选用不同的定型设备,如定型锅、帘式热定型机和热板定型机等。

### 2.3.6.4　上油

聚酰亚胺纤维的回潮率较低、介电常数较小,而摩擦系数较高,因此必须使用油剂。另外,聚酰亚胺纤维在纺丝和纺织加工过程中因不断摩擦而产生静电,必须使用助剂以防止或消除静电积累,同时赋予纤维以柔软、平滑、集束等特性,使其顺利通过后道工序,这种助剂统称为聚酰亚胺纤维油剂。油剂主要由表面活性剂组成,能在化学纤维表面形成定向的吸附层,即油膜。油膜的亲水基朝向空间,吸附空气中的湿气,在纤维表面上形成连续的水膜,使带电离子在水膜上泳移,减少因摩擦所产生的静电荷积聚,从而降低纤维表面电阻,增加导电作用。油膜隔离纤维同时又对纤维有一定的亲和力,使其产生一定的集束性而不致散乱。它还赋予纤维一定的平滑性,使纤维在摩擦过程中不受损伤,并有良好的手感,在纺丝时能顺利通过卷绕、拉伸、干燥等工序,还能消除纺织加工过程中的静电作用,不致发生绕皮圈、罗拉、锡林等现象,减少毛丝及断头等不正常情况,保证纤维制品的质量。

聚酰亚胺纤维油剂的上油方法因长丝和短纤而有所差异。长丝上油法有两种:①油盘法:给油盘以一定深度浸在油浴中运转,丝束与给油盘切线接触上油;②油嘴法:20世纪70年代出现的新方法,主要用于高速纺丝,油剂通过计量泵定量输送到给油嘴,对丝束上油。

短纤上油法也有两种:①浸渍法:丝束通过油槽上油,适用于未切断丝束,设备如图2-26(a)所示;②喷淋法:将油剂直接喷淋到散纤维上,适用于未切断丝束或短纤维,设备如图2-26(b)所示。

### 2.3.6.5　卷曲、切断

卷曲和切断工序应用于聚酰亚胺短纤维的制备。聚酰亚胺短纤维通常用于与棉或其他合成纤维混纺,也可以纯纺。一般的聚酰亚胺纤维表面平滑无卷曲,

(a)　　　　　　　　　　　(b)

图 2 - 26　聚酰亚胺纤维上油设备

抱合力小,不易互相捻合或与其他纤维捻合,纺织性能较差。卷曲是用化学或机械的方式使聚酰亚胺纤维外形获得立体的、平面的或锯齿形波纹的过程。卷曲加工能使聚酰亚胺短纤维获得与天然纤维相似的卷曲,使得纺织性能大大改善。聚酰亚胺纤维卷曲、切断设备见图 2 - 27。

(a)　　　　　　　　　　　(b)

图 2 - 27　聚酰亚胺纤维卷曲、切断设备

聚酰亚胺的卷曲方法主要采用机械法。机械卷曲法是先将聚酰亚胺纤维束在热水、蒸汽或加热板上预热,而后通过卷曲机,进入碾轮(又称卷曲辊),两个碾轮间的隔距很小(0. 25 ~ 0. 28mm),丝束在较大的压力下形成卷曲,输出后在卷曲箱内互相挤压,可以产生良好的锯齿形平面卷曲效应。最常用的卷曲机主要由碾轮、卷曲箱和加压机构组成。

聚酰亚胺长丝一般直接用来制备成织物或制品,但能切成短段制成聚酰亚胺短纤维,使其长度与棉或羊毛相近,则可以像棉或羊毛那样供作纯纺或者混纺后制成织物,这样的织物较长丝织物用途更为广泛。短纤维丝束经过卷曲后,根据成品的要求切成一定长度的短纤维,如棉型短纤维的长度通常为 32 ~ 38mm。切断多采用机械式的切断机。切断有湿切、干切、牵切三种形式。用前两种切断法可获得段状纤维簇,再送入开松和混和机,即为非连续式切断装置。该装置由两个迅速旋转的刀轮组合而成,其中一个刀轮沿周边等距满布割刀,另一轮则在与割刀对应处刻有沟槽。束丝以垂直方向从刀轮的缝隙中经过时，即被切成预定长度的纤维段，落入收集器内送出机外。后一种加工方式的短纤维仍具有连续粗束丝外形。

目前，在聚酰亚胺短纤维生产中广泛使用的是沟轮式切断机，丝束由一对钢制且表面包着橡胶的沟轮牵引和握住，沟轮上开着许多条沟槽，转动时两沟轮的沟槽相互对准，并借一弹簧装置而压紧。一台机器配有槽数不同的沟轮。在沟轮转动的垂直平面上，有一个回转刀盘，刀盘上装着数把切刀（1把、2把、3把或6把）。机器转动时，切刀能顺利地通过两沟轮的沟槽，把丝束切断。

聚酰亚胺短纤维的纺丝工艺与长丝基本相同，区别在于长丝常在孔数有限（多在200孔以下）的喷丝头上纺丝成形，而制造短纤维的喷丝头孔数常达数千甚至数万。短纤维在后处理工艺上除了增加切段和卷曲，设备结构也与长丝不同，容量较大。切成的短纤维常成簇，必须进一步开松、混和，而后用与棉或其他合成纤维相同的方式纺纱和织造。

# 2.4  干法纺丝

干法纺丝技术是一种将聚合物溶液挤入纺丝热风甬道使溶剂迅速脱除而固化成纤维的一种纺丝技术。干法纺丝虽然是一种溶液纺丝技术，但与湿法纺丝成形的原理有非常大的区别，湿法纺丝是依靠双扩散使纺丝液固化成纤维的，而干法纺丝则是依靠高于溶剂沸点的高温使溶剂迅速蒸发使聚合物细流固化成纤维的。在聚酰亚胺纤维的研究历史中，干法纺丝虽不及湿法纺丝那样普遍，但它的确从一开始就是我们制备聚酰亚胺纤维的一个重要技术手段。

早期聚酰亚胺的研究尚未发现其可溶性，采用聚酰胺酸作为中间体来制备聚酰亚胺是一种方便的途径。例如杜邦公司在聚酰亚胺的产业化方面做了大量颇有成效的工作，从20世纪50年代末开始，杜邦公司相继公开了相关聚酰胺酸的合成专利，以及由此制备聚酰亚胺产品的技术方法[29-33]。不同于聚酰亚胺，聚酰胺酸可溶解于常规的非质子极性溶剂，因此它具有非常好的可加工性能，适用于各种高分子成型手段制作成不同的高分子材料制品。

由于干法纺丝技术在设备上的限制，聚酰亚胺纤维干法纺丝的报道远远要比湿法纺丝的少。杜邦公司的 Irwin 等[34] 在1965年首先报道了聚酰亚胺纤维优良的热力学性能以及优异的耐化学稳定性，指出它可以通过以湿法或者干法纺丝制备聚酰胺酸纤维，之后以热或者化学环化的手段制备得到。20世纪六七十年代,国内有学者曾经尝试过采用干法纺丝制备聚酰亚胺纤维。对所制备的聚酰亚胺纤维的耐热性进行了研究,对比芳纶 1414 的耐热性能可以发现,聚酰亚胺纤维的耐热性优于芳纶 1414。聚酰亚胺纤维和芳纶 1414 在 300℃ 下的老化情况见图 2 - 28。拉伸后聚酰亚胺纤维的结晶和取向都有了显著改善,强度半衰期可达 700h,即使没有拉伸过的聚酰亚胺纤维,它的强度半衰期也能达到 400h,而芳纶 1414 的强度半衰期只有不到 100h。尽管干法纺制聚酰亚胺纤维很早就有报道,但基本都是在专利中涉及,深入研究聚酰亚胺纤维干法纺丝的几乎没有。

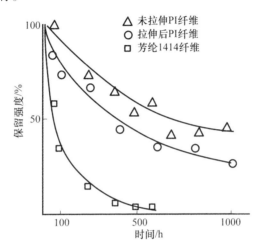

图 2 - 28　聚酰亚胺纤维与芳纶 1414 纤维的在 300℃ 下的老化情况

随着技术的进步,人们发现调整聚酰亚胺自身的化学结构也可以使聚酰亚胺溶解于特定溶剂中,从而可以实现加工操作,这也给干法纺制聚酰亚胺纤维提供了一种新思路——直接采用聚酰亚胺溶液进行干法纺丝。20 世纪 70 年代,奥地利兰精公司公开了二异氰酸酯与酮酐在 NMP 溶剂中高温共聚,一步法得到聚酰亚胺溶液的专利[35],即采用 3,3′,4,4′-苯甲酮四羧酸二酐与 4,4′-二苯基甲烷二异氰酸酯与 2,4-甲苯二乙酸酯酸或 2,6-甲苯二异氰酸酯共聚在 NMP 中一步合成得到聚酰亚胺溶液,并由此开发出了全球第一个商业化的聚酰亚胺纤维品种 P84,在奥地利兰精公司公开的另一篇专利中也同样描述了采用干法纺制这种聚酰亚胺纤维的技术路线[36,37],具体工艺参数如表 2 - 9 所列。有理由认为这类结构的聚酰亚胺能溶解于 NMP 中,正是由于它引入了侧基和不对称结构,破坏了原来聚酰亚胺结构上的有序性,而这种有序性是聚酰亚胺纤维获取高强高模的关键因素,因此这类聚酰亚胺纤维往往不具备较好的力学性能,只能用作耐火或者耐辐射的滤布或者防护用品。

表 2-9 干法纺丝工艺条件

| | | |
|---|---|---|
| 溶液 | 聚合物含量/%(质量分数) | 20~40 |
| | 温度/℃ | 30~120 |
| 纺丝条件 | 单个甬道产量/(kg/d) | 20~400 |
| | 喷丝孔数目/孔 | 20~800 |
| | 喷丝孔直径/μm | 100~300 |
| | 喷丝孔形状 | 圆形 |
| | 挤出速度/(m/min) | 20~100 |
| | 卷绕速度/(m/min) | 100~800 |
| | 单丝纤度/dtex | 3.5~35 |
| | 风量/(m³/h) | 40~100 |
| | 纺丝温度/℃ | 200~350 |
| 后处理 | 初始喂入速度/(m/min) | 2~20 |
| | 水洗槽温度/℃ | 80~120 |
| | 干燥温度/℃ | 120~300 |
| | 干燥后溶剂含量/%(质量分数) | <5 |
| | 热拉伸 | 一步或者分步 |
| | 总拉伸比 | 1:2~1:10 |
| | 拉伸温度/℃ | 315~450 |

寻找新型溶剂使聚酰亚胺能溶解于其中,是实现聚酰亚胺溶液纺丝的另外一种途径。目前已经发现能够溶解聚酰亚胺的溶剂主要有酚类溶剂,如间甲酚、对氯苯酚等,以此溶液为纺丝原液,采用湿法或干-湿法纺丝成形路线,经热处理后,可以得到高强高模型聚酰亚胺纤维[27,38]。而这类方法则没有采用干法纺丝制备聚酰亚胺纤维的报道,这主要是酚类溶剂的理化性质与酰胺类溶剂有着本质的区别,其高沸点及毒性使这类溶剂无法应用到干法纺丝试验中。

相对于湿法纺丝,干法纺丝的优势在于纺速快、溶剂回收便利,而不利则在于干法纺丝对纺丝溶液的流变性质要求比较苛刻,试验设备的投入也比湿法纺丝的高。目前,聚酰亚胺纤维的干法纺丝路线主要以干法纺制聚酰胺酸纺丝原液为主,它主要的技术路线如图 2-29 所示。在很多工艺步骤上,这类干法纺丝与湿法纺丝比较类似,例如,纺丝原液在纺丝之前的过滤、陈化和脱泡处理中对于最终聚酰亚胺纤维产品的质量都有非常大的影响。干法纺丝工艺中另外一个相当重要的因素就是控制初生纤维的溶剂含量,因为从生产实践来看,即使成纤良好,初生纤维内也含有比其他干法纺丝初生纤维高得多的溶剂含量,所以在后期进行酰亚胺化反应,除去溶剂也是相当重要的一个步骤。

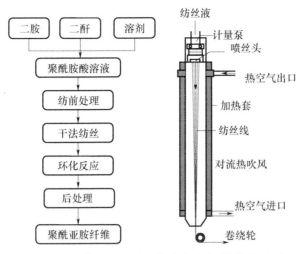

图 2 - 29　聚酰亚胺纤维的干法纺丝技术路线

## 2.5　熔融纺丝

大部分聚酰亚胺是不熔融的或熔化温度较高,甚至高于分解温度,不适用于常规的熔融纺丝方法,因此在早期,聚酰亚胺无法进行熔融纺丝。为解决这一难题,通过在聚酰亚胺分子链中引入聚酯或聚醚等柔性链段,降低分子链的刚性,从而降低聚合物熔点,使之在分解温度之下具有较低的熔体黏度,从而能够进行熔融纺丝。然而,由于引入了这些柔性链段,所得到的纤维耐热性能和力学性能一般都比较差。

Irwin[3]采用聚酯 – 酰亚胺(图 2 – 30)在 300 ~ 400℃间进行熔融纺丝,纺丝速度为 300 ~ 500m/min,初生纤维的强度为 0.59GPa 左右,经热处理后,纤维强度可提高到 1.55GPa 以上,初始模量达到 48GPa,但由于链段中还有酯键,热稳定性较差。

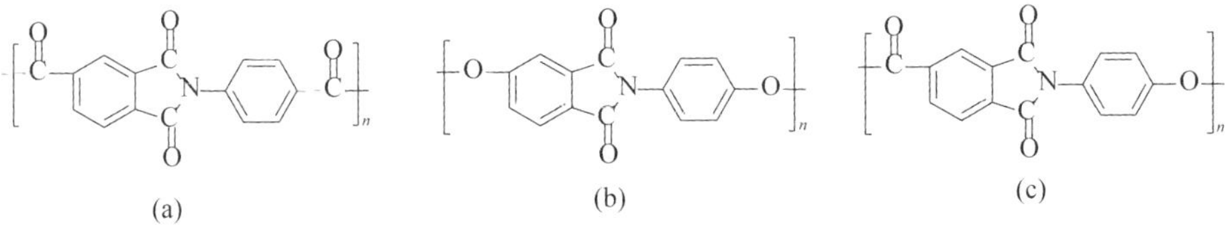

图 2 - 30　聚酯 - 酰亚胺化学结构

日本帝人公司[39]制备的一种大于 85% (摩尔分数)重复单元的聚醚 – 酰亚胺纤维,在 345 ~ 375℃温度下进行熔融纺丝,挤出速度为 0.5 ~ 3.5m/min,并让纤维经过 200 ~ 350℃的热拉伸,得到聚酰亚胺纤维强度和模量最高分别为 0.49GPa 和 3.0GPa。

日本旭化成公司熔法纺丝[40]制备聚醚－酰亚胺纤维,在温度大于240℃的有机气氛下促使纤维结晶,并让纤维经过230～270℃的热拉伸,拉伸倍率可达1.2～4.0,所得纤维比其他熔法纺丝制备的纤维力学性能好,但仍不具备高强高模特性。

Clair 等[4,5]采用热塑性聚酰亚胺(商品名为 LaRc™－IA)进行熔融纺丝。该聚酰亚胺是由 ODPA(二苯醚四羧酸二酐)与3,4'－ODA 缩聚而得(图2－31),并用邻苯二甲酸酐对其进行封端以控制聚合物的分子量。将低温缩聚所得到的聚酰胺酸经水/甲醇沉析出来,洗涤、过滤、烘干、热酰亚胺化处理后得到聚酰亚胺粉末,再采用通用的单螺杆纺丝机械进行熔融纺丝,加工温度为340～360℃,最大拉伸倍率为5.8。其优势是纺丝机械设备成熟,但由于合成的热塑性聚酰亚胺分子量不高,得到的聚酰亚胺纤维力学性能较差(表2－10)。

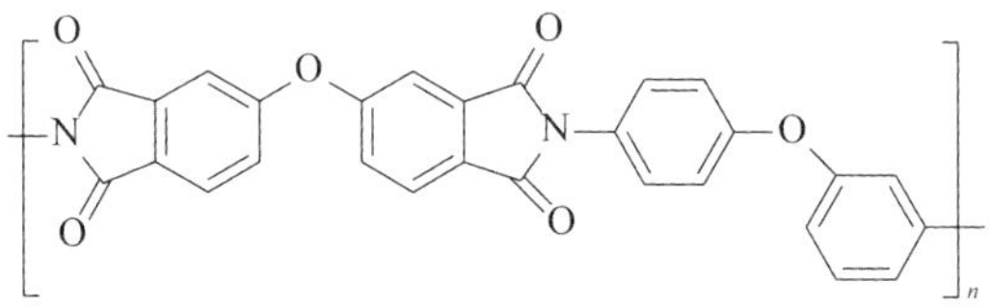

图2－31 由 ODPA 与 3,4'－ODA 制备的聚酰亚胺
纤维化学结构(商品名为 LaRc™－IA)

表2－10 熔融纺丝 LaRc™－IA 聚酰亚胺纤维的性能[1]

| 纺丝温度/℃ | 纤维直径/mm | 断裂强度/GPa | 初始模量/GPa | 断裂伸长率/% |
|---|---|---|---|---|
| 340 | 0.24 | 0.16 | 2.8 | 113 |
| 350 | 0.17 | 0.16 | 3.0 | 102 |
| 360 | 0.18 | 0.14 | 2.7 | 84 |

# 2.6 静电纺丝

## 2.6.1 静电纺丝的基本概念和流程

静电纺丝是聚合物溶液或熔体在静电作用下进行喷射拉伸而获得纳米级纤维的纺丝方法,通过静电纺丝技术能够有效制备聚合物纳米纤维。近年来,随着纳米技术的迅速发展,由静电纺丝技术制备的各类纳米纤维材料制品在组织工程、过滤、防护材料等众多领域具有极大的应用价值。

聚酰亚胺纤维静电纺丝过程如图2－32所示,对于不易挥发的溶剂可以用水浴固化,另外,水浴固化还可以减缓射流与接收屏碰撞引起的不稳定性。

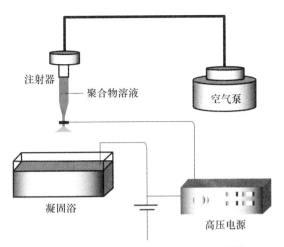

图 2 - 32　静电纺丝过程示意图[41]

静电纺丝是一种对高分子溶液或熔体施加高电压进行纺丝的方法。静电纺丝从本质而言属于一种干法纺丝过程。静电纺丝能够获得几十纳米到几微米的超细纤维,这个直径尺度比常规纺丝纺制的纤维直径尺度(10~20μm)小1~2个数量级。静电纺丝的装置包括定量供给溶液或熔体的装置(微量注射泵,兼做计量泵),形成细流的装置(泰勒锥,即喷丝头)以及纤维接收装置(图2-33)。

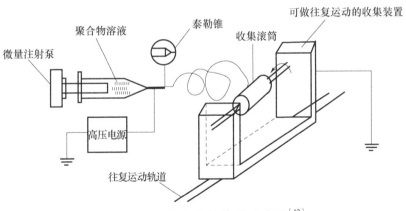

图 2 - 33　静电纺丝装置示意图[42]

聚酰亚胺的静电纺丝主要是静电纺聚酰胺酸后对聚酰胺酸纤维进行酰亚胺化得到的[41,42,44],也有研究是将聚酰亚胺溶解后直接进行静电纺丝。静电纺聚酰亚胺可以通过调整不同的工艺参数达到纳米级的尺寸,进而可将聚酰亚胺的高强度和小尺寸效应结合起来。

静电纺丝过程中,纤维的成型和形态受许多因素影响,包括:溶液的性质,如浓度、黏度、电导率、介电常数、载电荷能力等;工艺参数,如电压、注射器针尖和收集器之间的距离、注射泵推进速度、喷丝口尺寸等;外界环境条件,如温度、湿度、空气流动速率、周围电场干扰等。一般而言,增大电压、减小浓度以及增大接收距离都有利于形成直径较小的超细纤维[45]。

### 2.6.2 静电纺丝溶液性质对纤维形貌的影响

静电纺丝过程中主要涉及的物质是静电射流的纺丝溶液,其通常是高分子溶液,因此高分子和溶剂的种类十分重要,同种高分子还必须考虑平均分子量、分子量分布及链结构的细节。

#### 2.6.2.1 溶剂对聚酰亚胺纤维的影响

Son 等[46]研究发现,纤维的直径和形态与溶剂的类型有直接关系。赵莹莹[47]采用 BTDA/ODA 体系两步法纺制聚酰亚胺纤维,固含量相同(25%(质量分数))、电压相同(15kV)、接收距离相同(20cm)而纺丝原液溶剂不同的聚酰亚胺纳米纤维 SEM 表面形貌如图 2-34 所示。

图 2-34 不同溶剂体系下的聚酰亚胺纳米纤维的 SEM 图[47]

(a)DMAc 体系;(b)DMF 体系;(c)NMP 体系。

在其他条件相同的情况下,采用不同溶剂所获得的聚酰亚胺纤维直径不同。以 DMF 为溶剂制得的纤维直径最细,平均直径在 200nm 左右。纤维直径尺寸的减小,有利于减小纤维表里的差别,减小缺陷出现的概率,且纤维比表面积也就越大,比表面积与纤维的形状、表面缺陷及孔结构密切相关,同时对物质的许多物理及化学性能会产生很大影响。溶剂的种类是影响高压静电纺丝过程及制备得到纳米纤维形态的一个重要因素。溶剂的变化将影响溶液的黏度、表面张力及导电性,而溶液的这些性能直接影响高压静电纺丝过程的进行及最终制备得到纳米纤维的基本形貌特征和最终性能。

纺丝溶剂不同则所得的空隙率有所差异,但差异不明显(表 2-11)。纤维直径的大小以及纤维的取向决定了制备纳米纤维无纺布膜空隙率的大小,溶剂的作用使 DMF 溶剂体系的纤维直径最小,但是纤维取向不如其他两种溶剂体系的好,使最终得到的平均空隙率差别不是很明显。

表 2 - 11　溶剂对空隙率的影响[47]

| 溶剂 | 空隙率$_{max}$/% | 空隙率$_{min}$/% | 平均空隙率/% |
|------|------|------|------|
| DMAc | 93.58 | 81.72 | 87.60 |
| DMF | 97.33 | 82.10 | 89.70 |
| NMP | 98.70 | 82.32 | 90.50 |

### 2.6.2.2　固含量对聚酰亚胺纤维的影响

纺丝原液固含量是静电纺丝的一个重要工艺参数,固含量的高低直接影响纤维的形貌特征和最终性能。采用溶剂相同(DMF)、电压相同(15kV)、接收距离相同(20cm)而纺丝原液固含量不同的聚酰亚胺纤维 SEM 图如图 2 - 35 所示。

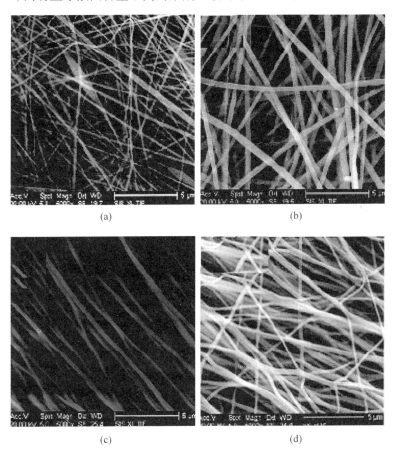

(a)
(b)
(c)
(d)

图 2 - 35　固含量不同的聚酰亚胺纤维 SEM 图[47]

(a)22%(质量分数);(b)23%(质量分数);(c)24%(质量分数);(d)25%(质量分数)。

纺丝原液固含量为 23%（质量分数）的纤维直径最大，在 300nm 以上，纺丝原液固含量为 22%（质量分数）的纤维直径最小，平均直径为 300nm，同时有类液滴现象出现，其他不同固含量纺制的纤维则没有出现这种情况。可能是在较低浓度下，溶液黏度较小、溶液中聚合物分子链缠绕程度不足，致使静电射流的流体力学稳定性较差，此外，溶剂含量较大，纺丝过程中不能完全挥发，最终所得样品溶剂含量过大，造成最终纤维中含有珠状结构。

溶液的黏度随固含量的升高而迅速增大，而表面张力则会明显下降。当溶液浓度过低时，其黏度极低即分子链间的缠结作用很小，主要靠表面张力来保持细流的形态。此时，将很难维持喷丝细流连续性，而只会形成喷射液滴。因此，若想要能稳定地进行静电纺丝，首先必须先调整纺丝液固含量，使黏度大于一个临界值。但是与此相对，若使黏度过大，纺丝阻力随之增大，造成喷丝头粘结。

## 2.6.3　工艺参数对纤维形貌的影响

### 2.6.3.1　电压的影响

随着电压增大，高分子电纺液的射流有更大的表面电荷密度，因而有更大的静电斥力。同时，更高的电场强度使射流获得更大的加速度。这两个因素均能引起射流及形成的纤维有更大的拉伸应力，导致有更高的拉伸应变速率，有利于制得直径更细的纤维。同时也要兼顾纤维表面光滑度、分布均匀性、是否有珠粒结构，从而选择合适的电压使得纺制的纤维排列更加整齐、有序。

### 2.6.3.2　纺丝距离的影响

随着纺丝距离增加，纤维被拉伸和裂分的行程也随之增大，纤维的拉伸和分裂程度都将有所增加，所以增大纺丝距离有利于降低纤维的直径大小。然而在静电纺丝过程中，纺丝距离与静电场场强成反比关系，纺丝距离的增加无疑会降低静电场的场强，导致静电力降低，这样由于牵引力的下降会导致静电纺丝纳米纤维直径的增加。前一种情况起到了主导作用，结果是纤维直径随着纺丝距离的增加而减小。因此，在条件允许的情况下，应尽可能增加纺丝距离，可以获得纤维平均直径更细的纳米纤维。可以说选择合适的纺丝距离，对静电纺丝制得的纤维形貌和性能影响显著。

## 2.6.4　热酰亚胺化工艺对纤维表面形貌的影响

聚合物溶液静电纺丝制备纳米纤维时因溶剂的挥发导致纤维表面不平整，出现很多微小的凹坑状缺陷。这个缺陷是引起该类纳米纤维力学强度不高的主要原因。因为如果纤维表面或者内部存在缺陷，当纤维受到外力作用时，纤维内部的应力平均分布状态被改变，缺陷附近的应力大大增加，远远超过了应力平均值，即应力集中现象，各种缺陷为应力集中物。因此，缺陷极大地影响纤维材料的力学性能和其他综合性能。所以,溶液静电纺丝制备的纳米纤维薄膜普遍力学强度不高。如何降低溶剂挥发导致的纤维表面缺陷,将是提升静电纺丝纳米纤维综合性能的重要手段。

　　图 2 - 36 所示为静电纺丝纳米纤维酰亚胺化前后表面形貌的 SEM 图。聚酰胺酸纤维的表面分布了大量的凹坑状的缺陷(图 2 - 36(a));经过热酰亚胺化后的聚酰亚胺纤维表面已经看不到较深凹坑状的缺陷,表现为较浅细条状的缺陷(图 2 - 36(b))。这是由于热酰亚胺化时,随着温度的升高,聚酰胺酸分子链具备了一定的流动性,进而修补了静电纺丝过程中溶剂挥发带来的大量表面缺陷,同时随着高沸点溶剂的快速挥发,在聚酰胺酸分子脱水闭环的过程中产生的水分也继续从纤维内部扩散出来,最后造成纤维表面无法十分光滑,而聚酰胺酸分子链在静电纺丝过程中沿着纤维轴向获得高度取向,所以最终在纤维表面看到沿着纤维方向上出现很多细微的长条状凹痕。这种情况表明,聚酰胺酸纤维在热酰亚胺化过程中,纤维表面缺陷减少,其光滑程度在一定程度上得到了改善,得到的聚酰亚胺纤维性能有所提高。

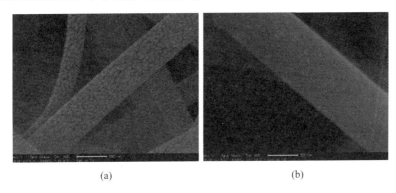

(a)　　　　　　　　　　　(b)

图 2 - 36　酰亚胺化前后纤维表面形貌 SEM 图[42]

(a)聚酰胺酸纤维表面;(b)聚酰亚胺纤维表面。

# 参 考 文 献

[1] 张清华,陈大俊,丁孟贤. 聚酰亚胺纤维[J]. 高分子通报,2001,5: 66 - 72.

[2] 汪家铭. 聚酰亚胺纤维生产工艺与技术进展[J]. 甘肃石油和化工,2011,4: 11 - 14.

[3] Irwin R S. N - Heterocyclic Polymers Polylactone Copolymers High Modulus Films Reinforcement: US 4383105 [P]. 1983.

[4] Clair T L S,Fay C C,Working D C. Melt Extruding Polyimide Powder Formed from 3,4′ - Oxydianiline and 4,4′ - Oxydiphthalic Anhydride: US 5840828 [P]. 1998.

[5] Dorsey K D,Desai P,Clair T L S,et al. Structure and Properties of Melt - Extruded Larc - IA (3,4′ - ODA 4,4′ - ODPA) Polyimide Fibers [J]. J. Appl. Polym. Sci. ,1999,73: 1215 - 1222.

［6］ Deitzel J M，Kleinmeyer J D，Hirvonen J K，et al. Controlled Deposition of Electrospun Poly（Ethylene Oxide）Fibers［J］. Polymer，2001，42：8163 – 8170.

［7］ Griesser H，陈颖，金智才. P84 聚酰亚胺纤维在非织造业中的应用［J］. 产业用纺织品，2000，3：40 – 42.

［8］ Cheng S Z D，Wu Z Q，Eashoo M，et al. A High – Performance Aromatic Polyimide Fiber . 1. Structure Properties and Mechanical – History Dependence［J］. Polymer，1991，32：1803 – 1810.

［9］ Wu Z，Zhang A，Cheng S Z D，et al. The Crystal Structures and Thermal Shrinkage Properties of Aromatic Polyimide Fibers［J］. J. Thermal Anal，1996，46：719 – 731.

［10］ Liu X Y，Xu W，Ye G D，et al. A Novel Aromatic Polyimide Fiber with Biphenyl Side – Groups：Dope Synthesis and Filament Internal Morphology Control［C］// Proceedings of 2005 International Conference on Advanced Fibers and Polymer Materials. 2005：393 – 396.

［11］ 韩哲文，曹兴祥，吴平平. 未来的宇航材料高模量高强度 PBT 纤维的研究动态［J］. 功能高分子学报，1989，4：241 – 253.

［12］ 谭赤兵，张丽娟，张大省，等. 共聚醚酯型 TPEE 热处理温度的研究［J］. 合成纤维工业，1995，5：15 – 19.

［13］ 刘润山，郭铁东，赵文秀. 芳香聚酰亚胺化学若干问题［J］. 高分子材料科学与工程，1994，2：1 – 8.

［14］ Li W H，Wu Z Q，Jiang H，et al. High – Performance Aromatic Polyimide Fibres 5. Compressive Properties of BPDA – DMBFibre［J］. J. Mater. Sci. ，1996，31：4423 – 4431.

［15］ Kaneda T，Katsura T，Nakagawa K，et al. High – Strength High – Modulus Polyimide Fibers 1. One – Step Synthesis of Spinnable Polyimides［J］. J. Appl. Polym. Sci. ，1986，32：3133 – 3149.

［16］ 董纪震，罗鸿烈. 合成纤维生产工艺学［M］. 北京：纺织工业出版社，1991.

［17］ 葛曷一，王成国，陈娟，等. 湿法纺聚丙烯腈纤维的截面形貌与皮芯结构的研究［J］. 材料导报，2007，3：150 – 152.

［18］ 杨茂伟，王成国，王延相，等. PAN 湿法纺丝工艺与纤维性能相关性研究［J］. 材料导报，2006，10：156 – 158.

［19］ 季保华，王成国，王凯，等. 湿法纺丝凝固负拉伸的研究［J］. 化工科技，2006，1：1 – 4.

［20］ 蓝清华，昊文莺. 合成纤维生产工艺原理［M］. 北京：中国石化出版社，1991.

［21］ 李论，韩恩林，武德珍，等. 凝固浴条件对聚酰亚胺纤维形貌和性能的影响［J］. 化工新型材料，2013，3：116 – 118.

［22］ 陈辉. 一步法制备聚酰亚胺纤维及其性能研究［D］. 杭州：浙江理工大学，2012.

［23］ Paul D R. Diffusion during Coagulation Step of Wet – Spinning［J］. J. Appl. Polym. Sci. ，1968，12：383 – 386.

［24］ 陈娆. 影响聚酰胺酸降解因素的研究［J］. 沈阳化工学院学报，2002，2：124 – 126.

［25］ Xu Y，Zhang Q H. Two – Dimensional Fourier Transform Infrared（FT – IR）Correlation Spectroscopy Study of The Imidization Reaction from Polyamic Acid to Polyimide［J］. Appl. Spectrosc. ，2014，68：657.

［26］ 张琼. 联苯型聚酰亚胺纤维的形态结构与性能［D］. 长春：吉林大学，2013.

［27］ Harris F W，Cheng S Z D. Process for preparing aromatic polyimide fibers：US 5378420［P］. 1995 – 01.

［28］ 张春玲，邱雪鹏，薛彦虎，等. 拉伸倍率对联苯型聚酰亚胺纤维形貌、取向及性能的影响［J］. 高等学校化学学报，2011，4：952 – 956.

［29］ Edwards W M，Robinson I M. Polyimides of Pyromellitic Acid：US 2710853［P］. 1955.

［30］ Edwards W M. Polyamide – Acids，Compositions there of and Process for their Preparation：US 3179614［P］. 1965 – 04.

［31］ Edwards W M. Aromatic polyimides and the process for preparing them：US 3179634［P］. 1965 – 04.

［32］ Endrey A L. Aromatic Polyimide Particles from Polycyclic Diamines：US 3179631［P］. 1965 – 04.

［33］ Endrey A L. Process for Preparing Polyimides by Treating Polyamic – Acids with Lower Fatty Monocarboxylic

Acid Anhydrides：US 3179630［P］. 1965.

［34］ Irwin R，Sweeny W. PolyimideFibers［J］. J. Polym. Sci. C：Polym. Symposia,1967,19：41－48.

［35］ Alberino L M,Farrissey J,William J,et al. Copolyimides of Benzophenone Tetracarboxylic Acid Dianhydride and Mixture of Diisocyanates：3708458［P］. 1973－01.

［36］ Farrissey J,William J,Onder N,et al. Polyimide Fiber Having a Serrated Surface and a Process of Producing Same：US3985934［P］. 1976－10.

［37］ Weinrotter K,Jeszenszky T,Schmidt H,et al. Non－Flammable High－Temperature Resistant Polyimide Fibers Made by a Dry Spinning Method：US 4801502［P］. 1989－01.

［38］ Makino H,Kusuki Y,Harada T,et al. Process for Producing Aromatic Polyimide Filaments：US 4370290［P］. 1983.

［39］ Yoshimoto,Masato,Kuroda,et al. Production of Polyetherimide Fiber：JP 01306614［P］. 1989.

［40］ Sato,Tetsuo,Imanishi,et al. Production of Polyether Imide Yarn Having Excellent Mechanical Property：JP 01298211［P］. 1989.

［41］ Nah C,Han S H,Lee M H,et al. Characteristics of polyimide ultrafine fibers prepared through electrospinning［J］. Polym. Inter. ,2003,52：429－432.

［42］ 卜程程. 静电纺丝法制备聚酰亚胺纳米纤维的研究［D］. 哈尔滨：哈尔滨理工大学,2012.

［43］ Huang C B,Wang S Q,Zhang H,et al. High Strength Electrospun Polymer Nanofibers Made from BPDA－PDA Polyimide［J］. Eur. Polym. J. , 2006,42：1099－1104.

［44］ 王岩,邵正彬,张玉军,等. 静电纺聚酰亚胺非织造布的制备与表征［J］. 合成纤维,2007,2：5－7.

［45］ 胡建聪. 高压静电纺丝法制备聚酰亚胺超细纤维无纺布膜［J］. 弹性体,2009,1：35－37.

［46］ Son W K,Youk J H,Lee T S. The Effects of Solution Properties and Polyelectrolyte on Electrospinning of Ultrafine Poly（Ethylene Oxide）Fibers［J］. Polymer,2004,45：2959－2966.

［47］ 赵莹莹. 静电纺丝法制备酮酐型聚酰亚胺纳米纤维的研究［D］. 哈尔滨：哈尔滨理工大学,2009.

# 第 3 章

# 聚酰亚胺结构与纤维性能

## 3.1 概　述

聚酰亚胺纤维作为被广泛使用的高性能纤维之一,具有良好的耐高温、耐辐照性能,优异的热稳定性和化学稳定性以及阻燃性,良好的自润滑性和低的线性热膨胀系数,甚至在 500~600℃ 还能够保持良好的力学性能(只有少数其他有机纤维在此温度与聚酰亚胺纤维具有竞争性)。聚酰亚胺纤维的高拉伸强度和高模量使其可用作复合材料的增强纤维。同时具备这些卓越的技术性能使得聚酰亚胺纤维成为一类最有潜力的聚合物材料,可以用于解决在航空航天、汽车、原子能、特种织物等工业领域所面临的材料方面的挑战。

1968 年和1987 年杜邦公司的专利[1, 2]最早报道了聚酰亚胺纤维,该聚酰亚胺纤维通过聚酰胺酸纺丝制备,其化学结构为均苯四酸二酐(PMDA),制备的均聚和共聚聚酰亚胺纤维中,最好的品种拉伸强度达到 2.4GPa,初始模量达 92.0GPa,断裂伸长率为 4.0%。随后几年里,俄罗斯和日本也先后开发了几种聚酰亚胺纤维。

正如 H. H. Yang[3]、C. E. Sroog[4] 和 K. Weinrotter[5] 等所总结的,高性能芳香聚酰亚胺纤维的制备已经被广泛深入地研究。在 300℃ 的空气中和饱和水蒸气 200℃ 的空气中以及在 85℃ 的浓硫酸中具有较高的稳定性,某些品种的聚酰亚胺纤维已经超过芳纶 Kevlar 纤维。

聚酰亚胺纤维的力学性能和应用性质依赖于聚酰亚胺分子链的超分子架构和形态,而超分子架构和形态受聚合物的化学组成、纤维制备过程和处理方法影响。结晶结构已经在一些聚酰亚胺纤维中观察到,它会影响聚酰亚胺纤维的微观形态,并与微观形态一起影响纤维的力学性能。在聚酰亚胺纤维形态与性能关系方面,更为深入的研究不仅对于认识这种关系、揭示其卓越性质的起源有重要的科学价值,而且对于指导聚酰亚胺结构设计、纤维制备工艺、后期处理工艺具有重要意义。

　　制造聚酰亚胺纤维所面临的主要问题是聚酰亚胺较差的溶解性、可加工性和合成的困难,在应用中还要面对高模量聚酰亚胺纤维的脆性,这对于提高该纤维应用的可靠性和安全性十分重要。制备聚酰亚胺纤维过程中,分子设计的基本思想是采用共聚聚酰亚胺和共混聚酰亚胺作为可能的解决方案,获得性能改进的纤维品种。

　　尽管商品化的聚酰亚胺纤维仍然十分有限(P84 和轶纶),但是聚酰亚胺纤维所具有的高强高模以及耐高低温、耐辐照性能,优异的热稳定性和化学稳定性等特性仍然吸引了广泛的学术和工业研究。继承于聚酰亚胺的结构多样性,聚酰亚胺纤维化学结构也显示了丰富的多样性结构特征,多种商品化二酐与二胺结构用于制备聚酰亚胺纤维。本章将对基于商品化的二酐(图 3 - 1)和二胺(图 3 - 2)制备的聚酰亚胺纤维加以总结,在化学结构与性能关系方面展开讨论,期望形成一个可指导化学设计的聚酰亚胺纤维结构与性能关系框架。本章将以几种常见二酐结构为主线,分别阐述不同聚酰亚胺的纤维化学结构与性能关系。值得指出的是,将杂环结构引入聚酰亚胺化学结构中,能够有效地改善纤维的力学性能,与此相关的内容将在第 4 章专门讨论,不在本章内容之中赘述。

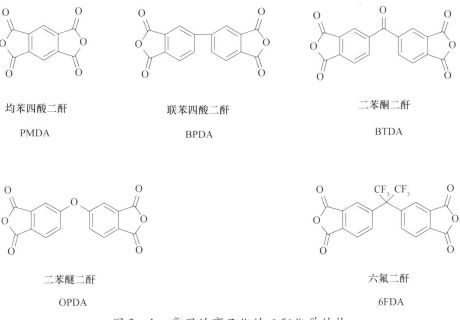

均苯四酸二酐　　　　　　　联苯四酸二酐　　　　　　　　　二苯酮二酐

PMDA　　　　　　　　　　BPDA　　　　　　　　　　　　BTDA

二苯醚二酐　　　　　　　　　　　　六氟二酐

OPDA　　　　　　　　　　　　　　6FDA

图 3 - 1　常用的商品化的二酐化学结构

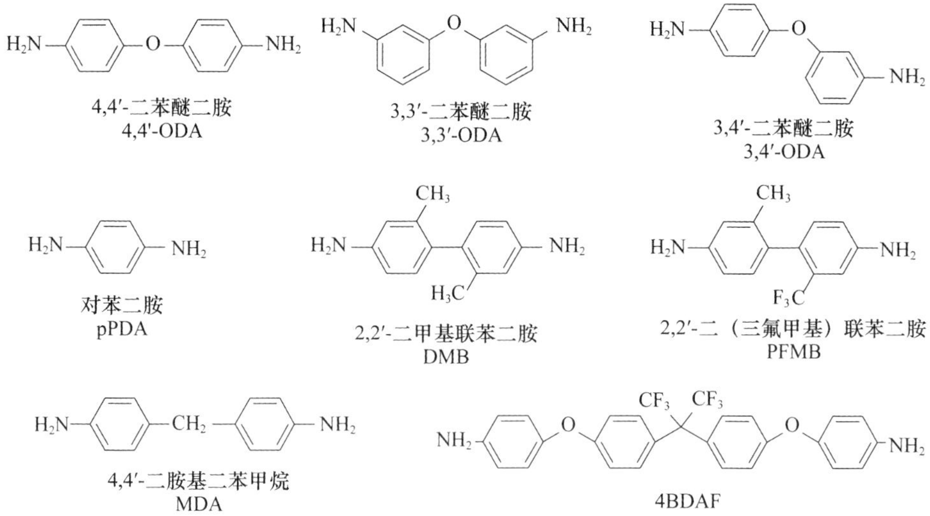

图 3-2　常用的商品化的二胺化学结构

## 3.2　以 PMDA 为二酐聚合纺制的聚酰亚胺纤维

### 3.2.1　PMDA-4,4'-ODA

聚酰亚胺材料中最具有代表性的产品是 20 世纪 60 年代初杜邦公司推出的 Kapton 薄膜,由 PMDA 和 4,4'-ODA 均聚制备,它具有优良的力学、电、热性能,广泛应用于电工、微电子和机械化工等行业,又由于它具有良好的耐辐射性,在航空航天等尖端技术领域也得到应用。因其突出的综合性能和广泛的应用领域,PMDA-ODA 型聚酰亚胺也就成为最基本的结构引起了国内外研究人员的广泛关注并展开了大量深入研究[6]。

张清华等[7]采用两步法干法纺丝纺制 PMDA-4,4'-ODA 型聚酰亚胺纤维,相比于湿法纺丝,干法纺丝可在一定程度上抑制纤维内部溶剂扩散形成的微孔,并且得到的初生纤维由于在成型过程中部分酰亚胺化而不易降解,性能相对稳定。溶剂采用 DMAc,固含量为 20%(质量分数),制备得到的初生纤维分别在 100℃、200℃、300℃和 350℃各热处理 1h,完成热酰亚胺化过程,得到聚酰亚胺纤维。再通过 400℃的热拉伸,使得聚酰亚胺纤维的力学性能得到显著提升。PMDA-ODA 体系聚酰亚胺纤维为半结晶型,通过热拉伸处理,其无定型区以及结晶区域都会沿纤维轴方向进行取向。随着拉伸倍率的增大,纤维取向增强,分子链排列更加有序。当拉伸倍率为 2.8 时,纤维拉伸强度为 0.83GPa,是未拉伸纤维拉伸强度的 4.5 倍,断裂伸长率 12.6% 仅为未拉伸纤维的 1/6(表 3 - 1)。

表 3 - 1　不同拉伸倍率 PMDA - 4,4′ - ODA 型聚酰亚胺纤维力学性能[7]

| 拉伸倍率 | 拉伸强度/GPa | 初始模量/GPa | 断裂伸长率/% |
| --- | --- | --- | --- |
| 未拉伸 | 0.19 | 1.17 | 75.3 |
| 1.3 | 0.27 | 1.53 | 48.9 |
| 1.6 | 0.41 | 1.74 | 32.3 |
| 1.9 | 0.54 | 2.30 | 23.2 |
| 2.2 | 0.73 | 3.30 | 20.1 |
| 2.5 | 0.79 | 5.51 | 15.9 |
| 2.8 | 0.83 | 6.90 | 12.6 |

对比未拉伸纤维(图 3 - 3),若纤维拉伸倍率为 2.5,其储能模量增加超过一个数量级,tanδ 降低近一个数量级。无论未拉伸还是拉伸的纤维,其储能模量都经历三个阶段。$T < 400℃$,储能模量随温度的升高而降低;$400℃ < T < 500℃$,出现玻璃化转变,近 480℃ 为玻璃化转变点;$T > 500℃$,纤维表面的交联反应使得储能模量随温度的增加而升高。对比热拉伸引起 tanδ 的变化,交联反应对 tanδ 的改变效果更为明显(图 3 - 1 标记处)。在二胺醚基团构象转变引起的次级玻璃化转变过程中,拉伸后的聚酰亚胺纤维比未拉伸纤维更明显[8],这可能是由于未拉伸纤维其构象转变分散且不受空间位阻的影响。尽管次级玻璃化转变有时并不明显,但却应该引起足够重视。

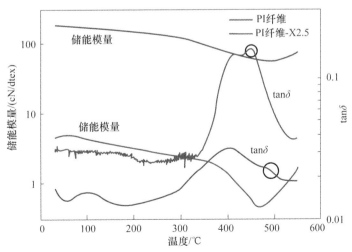

图 3 - 3　未拉伸和拉伸 2.5 倍聚酰亚胺纤维 DMA 曲线[7]

拉伸 2.5 倍的聚酰亚胺纤维在不同频率下测得 tanδ 曲线(图 3 - 4),其玻璃化转变和次级玻璃化转变都偏移到温度较低的值。利用 Arrhenius 方程可以得

到活化能 $E_a$,即特定的松弛活化所需要的能量:

$$\ln f = \ln f_0 - \frac{E_a}{RT}$$

式中　$f$——测试频率;

　　　$R$——理想气体常数;

　　　$T$——热力学温度。

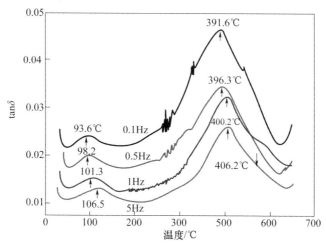

图 3-4　拉伸 2.5 倍聚酰亚胺纤维不同频率下 $\tan\delta$ 曲线[7]

　　通过玻璃化转变和次级玻璃化转变 $\ln f$ 与 $1000/T$ 的线性拟合(图 3-5),计算得出 PMDA-4,4'-ODA 体系聚酰亚胺纤维次级玻璃化转变的活化能 $E_a$ 为 346kJ/mol,由于没有侧基,$E_a$ 要比 BPDA-PFMB 体系聚酰亚胺纤维高[8,9]。PMDA-4,4'-ODA 体系聚酰亚胺纤维玻璃化转变的活化能 $E_a$ 为 981kJ/mol,对比 BPDA-PFMB 体系聚酰亚胺纤维玻璃化转变的活化能 $E_a$ 为 800kJ/mol[8],BPDA-4,4'-ODA 体系 $E_a$ 为 853kJ/mol[10]。综上所述,PMDA-ODA 体系聚酰亚胺纤维的有序结构的分子堆积比 BPDA-4,4'-ODA 体系更为紧实,其原因是 BPDA 中两个苯环的非平面构象使得大分子链柔性更好,没有 PMDA 所形成的大分子链刚性所致。由于 PMDA-4,4'-ODA 体系聚酰亚胺纤维大分子链的刚性,其玻璃化转变和次级玻璃化转变温度高于大多数体系的聚酰亚胺纤维。

### 3.2.2　PMDA-4,4'-ODA/pPDA

　　为了改善 PMDA-4,4'-ODA 体系聚酰亚胺纤维的可纺性,提高其力学性能,将具有刚性结构的 pPDA 引入到聚合体系中与 PMDA-4,4'-ODA 共聚(图 3-6),探讨 pPDA 的引入对纺丝溶液性质、初生纤维力学性能和形貌结构的影响。

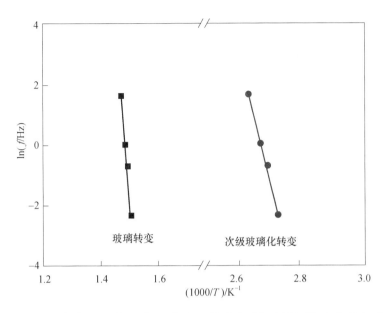

图 3-5　玻璃化转变和次级玻璃化转变 $\ln f$ 与 $1000/T$ 的线性拟合

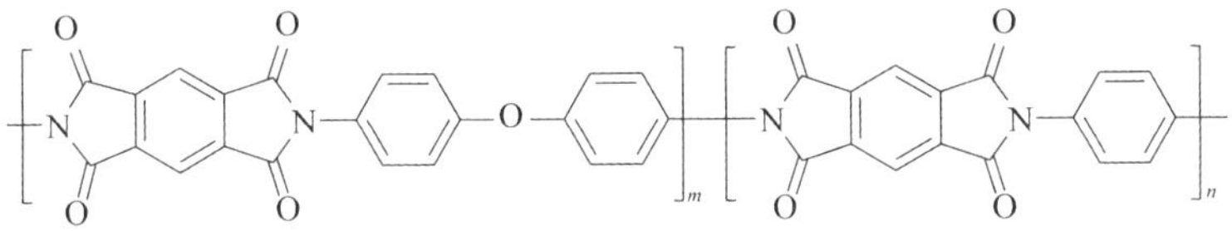

图 3-6　由 PMDA、4,4′-ODA 和 pPDA 共聚制备的聚酰亚胺纤维化学结构

　　随着 pPDA 含量的增加,聚酰胺酸纺丝原液的特性黏数 $\eta$ 不断增加(图 3-7)。单体活性、高聚物分子链结构和聚合反应条件等都会影响到聚合程度和分子量,进而使纺丝原液的特性黏数有所不同。pPDA 和 4,4′-ODA 有着不同的化学结构,其产物的结构和相对分子质量亦不相同,增加 pPDA 的含量,相对应聚酰胺酸分子链的刚性会增大,所以纺丝原液特性黏数增大。但 $\eta$ 并不能完全反映共聚物的分子量及其分布,可以通过聚酰胺酸纤维的力学性能来间接研究 pPDA 的引入对聚酰胺酸分子量的影响。高聚物的分子量越高,分布越窄,其纤维的力学性能越高[11]。

　　表 3-2 表明,共聚 pPDA 的摩尔分数由 0~50% 的提高过程中,聚酰胺酸的 $\eta$ 及其纤维的力学性能都是提高的,这说明 pPDA 的引入使聚酰胺酸的分子量得到了提高。当 pPDA 的摩尔分数达到 60% 时,虽然聚酰胺酸的 $\eta$ 继续提高,但力学性能开始下降,这是因为当 pPDA 的含量过高时,聚酰胺酸分子链的刚性过大,加大了链生长的难度,分子量较小,所以其纤维的力学性能下降。因此,在 PMDA-ODA 体系中引入 pPDA 提高纤维的力学性能,需要合理地调控 pPDA 的比例。

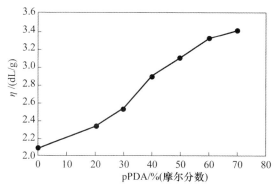

图 3 – 7    不同 pPDA 含量的聚酰胺酸纺丝原液特性黏数[11]

表 3 – 2    不同 pPDA 含量的聚酰胺酸初生纤维的力学性能[11]

| pPDA/%（摩尔分数） | 拉伸强度/GPa | 初始模量/GPa | 断裂伸长率/% |
| --- | --- | --- | --- |
| 0 | 0.176 | 4.657 | 23.7 |
| 30 | 0.224 | 6.286 | 25.8 |
| 50 | 0.314 | 8.143 | 19.8 |
| 60 | 0.221 | 5.614 | 25.2 |

共聚 PMDA – pPDA/ODA 聚酰胺酸初生纤维截面形状规则,当水/NMP 凝固浴中 NMP 体积分数为 20% ~30% 时,可得到截面圆形、致密无孔的聚酰胺酸初生纤维(图 3 – 8)。

　　　　(a)　　　　　　　　　(b)　　　　　　　　　(c)

图 3 – 8    以水/NMP 为凝固浴的聚酰胺酸初生纤维截面 SEM[11]
(a)水/NMP 为 9/1;(b)水/NMP 为 8/2;(c)水/NMP 为 7/3。

## 3.2.3    PMDA – MDA

早在 1979 年, R. N. Goel 等[12]就开展了 PMDA – MDA 型聚酰亚胺(图 3 – 9)纤维的纺制和性能研究,纤维的制备过程是将纺丝原液(20% 固含量)通过湿法纺丝得到聚酰胺酸初生纤维,再经过酰亚胺化和 300℃热拉伸获得聚酰亚胺纤维,所获得聚酰胺酸初生纤维及在经历不同后处理过程后的聚酰亚胺纤维力学性能和密度如表 3 – 3 所列。

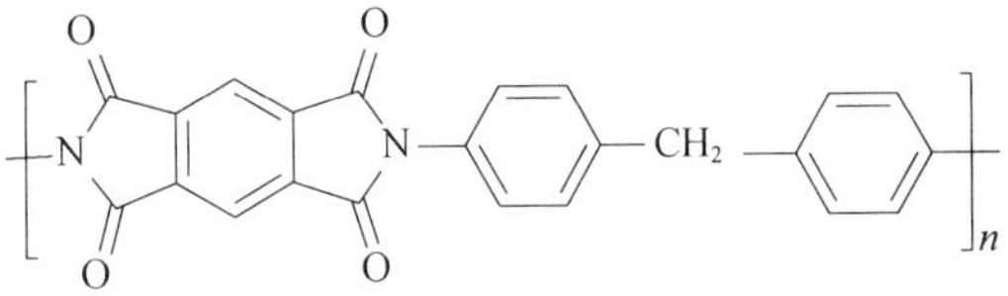

图 3-9　由 PMDA-MDA 均聚制备的聚酰亚胺纤维化学结构

表 3-3　PMDA-MDA 型聚酰胺酸/聚酰亚胺纤维力学性能[12]

| 序号 | 拉伸倍率 | 拉伸强度/GPa | 初始模量/GPa | 断裂伸长率/% | 密度/(g/cm³) |
|---|---|---|---|---|---|
| PAA | 0 | 0.076 | 2.014 | 119 | 1.2705 |
| PI-1 | 0 | 0.114 | 3.657 | 182 | 1.3750 |
| PI-2 | 2.5 | 0.303 | 5.171 | 12 | 1.3320 |
| PI-3 | 3.5 | 0.543 | 5.800 | 10 | 1.2245 |
| PI-4 | 3.5 | 0.390 | 8.071 | 8 | 1.2050 |
| 注:PI-2、3 在热空气中拉伸,PI-4 在热空气中拉伸后在热硅油中退火 | | | | | |

　　比较聚酰胺酸纤维 PAA 和聚酰亚胺纤维 PI-1,纤维酰亚胺化后密度从 1.2705g/cm³ 提高到 1.3750g/cm³,这表明聚酰胺酸纤维在酰亚胺化后,亚胺五元环状结构增加了分子链的刚性,使分子链堆积更为紧密。聚酰亚胺纤维在经历 300℃ 热拉伸后,密度下降(PI-2、3),在经历热拉伸后,在热硅油中退火,密度会进一步降低。广角 X 射线衍射(WAXD)和 SEM 分析表明,热拉伸过程中纤维结晶结构[13]或孔状结构的变化可能是引起纤维密度降低的原因。WAXD 显示(图 3-10),聚酰胺酸纤维和未拉伸的聚酰亚胺纤维形成两个无定形的光晕,分别对应于间距 14~15Å 和 4~5Å($1Å = 10^{-10}$m),与化学亚胺化形成的聚酰亚胺纤维结构相似[14],纤维内部主要由无定形结构构成。热拉伸的聚酰亚胺纤维,在子午线方向有两个强衍射弧和三个弱衍射弧,分别对应着晶胞距离 14.1Å 的第一、二、三、四级和第六级反射,纬线方向第一反射具有 4.7Å 的晶面间距,纬线方向具有弱的光晕,表明取向结构存在于无定形区域之中。经过退火的聚酰亚胺纤维中出现的光晕可能是部分晶体结构失去取向所导致。聚酰亚胺纤维经过热拉伸后,结晶区域的形成,抑制了水分子的进入,可以使纤维回潮率由 3.6% 降低到 1.8%。

　　热拉伸过程对纤维内部微观结构缺陷的形成和改变具有重要的影响。对纤维表面的 SEM 分析显示(图 3-11),未拉伸的纤维表面呈现随机的结构,而拉伸过的纤维表面,在一定程度上反映了聚合物分子的取向排列,退火后的纤维表面也更为光滑。在纤维的内部(图 3-12),聚酰胺酸纤维呈现出沿纤维排列的孔和毛细管状结构,而未拉伸的聚酰亚胺纤维内部,孔状结构无法观察到,但是存在许多不规则结构。亚胺化后的聚合物结构排列更为紧密可能是导致这种情

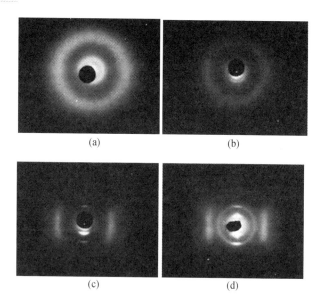

(a)　　　　　　　　　　　(b)

(c)　　　　　　　　　　　(d)

图 3 - 10　聚酰胺酸纤维和聚酰亚胺纤维的 X 射线衍射[12]

(a)聚酰胺酸纤维;(b)未拉伸的聚酰亚胺纤维(PI - 1);

(c)热拉伸的聚酰亚胺纤维(PI - 3);(d)热拉伸后在热硅油中退火的聚酰亚胺纤维(PI - 4)。

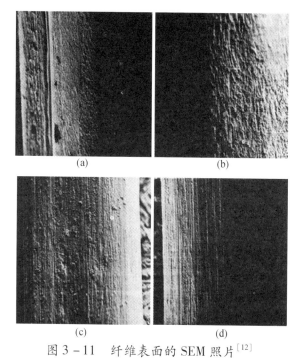

(a)　　　　　　　　　　　(b)

(c)　　　　　　　　　　　(d)

图 3 - 11　纤维表面的 SEM 照片[12]

(a)聚酰胺酸照片;(b)未拉伸的聚酰亚胺纤维;

(c)热拉伸的聚酰亚胺纤维;(d)热拉伸后退火的聚酰亚胺纤维。

况的原因,而经过热拉伸的聚酰亚胺纤维,由高度微纤化的结构组成,并且再次形成了较聚酰胺酸纤维更大的孔状结构,部分孔状结构沿纤维轴方向拉伸形成毛细管结构。

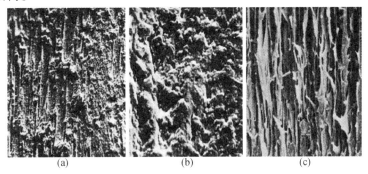

(a)          (b)          (c)

图 3 - 12 纤维剥离表面(纤维内部)的 SEM 照片[12]

(a)聚酰胺酸纤维;(b)未拉伸的聚酰亚胺纤维;(c)热拉伸后的聚酰亚胺纤维。

对聚酰亚胺纤维的横截面进行 SEM 分析(图 3 - 13),未拉伸的聚酰亚胺纤维形成较大的孔状结构,并且在靠近纤维表面的位置孔较多,且尺寸明显大于分布在内芯的孔。经过热拉伸的聚酰亚胺纤维,纤维截面呈椭圆形,截面中同样可以观察到孔状结构,以致密的小尺寸孔为主,同时无序分布着个别的大孔。亚胺化和热拉伸过程中,挥发的溶剂和水分子与孔的形成密切相关。

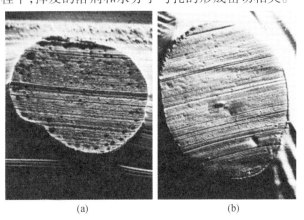

(a)          (b)

图 3 - 13 聚酰亚胺纤维的横截面 SEM 照片[12]

(a)未拉伸的纤维;(b)热拉伸后的纤维。

通过湿法纺制的聚酰胺酸纤维在纺丝过程中,在纤维内部形成孔状结构,亚胺化及热拉伸过程中孔被扩大,这是纤维在经历热拉伸后密度下降的主要原因。在聚酰胺酸纤维和未拉伸的聚酰亚胺纤维中,主要是无定形结构,经过热拉伸后,经历分子取向形成有序排列,在纤维内部产生微晶结构。

## 3.3 以 BPDA 为二酐聚合纺制的聚酰亚胺纤维

### 3.3.1 BPDA-4,4′-ODA

张清华等[15]采用一步法通过干-湿法纺制 BPDA-4,4′-ODA 体系的聚酰亚胺纤维,凝固浴组成为乙醇/水。表 3-4 给出了不同凝固浴组成对初生纤维成型的影响。当凝固浴为纯乙醇时,溶液从凝固浴析出过快,形成的纤维非常脆,无法进行后续热处理;当凝固浴为纯水时,无法形成纤维;最佳的凝固浴组成为 50/50($v/v$),这时可以形成良好的纤维形态,且能进行后续热处理。

表 3-4 凝固浴组成对 BPDA-4,4′-ODA 体系初生纤维成型的影响[16]

| 凝固浴组成(乙醇/水,$v/v$) | 现象 |
| --- | --- |
| 100/0 | 初生纤维成型过快,纤维非常脆,无法热拉伸 |
| 70/30 | 初生纤维可以成型,但不能很好地热拉伸 |
| 50/50 | 初生纤维成型良好,可以很好地热拉伸 |
| 30/70 | 初生纤维可以成型,但成型太慢,纤维并丝,残余溶剂很多 |
| 0/100 | 无法成型 |

从图 3-14 中可以看出,初生纤维断面为规则圆形,包含残留的对氯苯酚溶剂(浅色圆点),用乙醇长时间浸泡可以消除残余溶剂(浅色圆点消失)。初生纤维中有许多直径为数十纳米的微纤和微孔,热拉伸并不能完全消除纤维中的微纤和微孔缺陷。

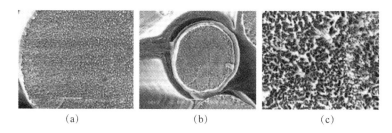

(a)　　　　　　　(b)　　　　　　　(c)

图 3-14 BPDA-4,4′-ODA 体系的初生纤维树脂包埋后脆断截面 SEM[16]

热拉伸使分子沿轴向取向(图 3-15),故热拉伸后的纤维可以耐受液氮低温,且纤维在低温断裂时为非脆性断裂。初生纤维的拉伸强度为 0.42GPa,初始模量为 33GPa,热拉伸(拉伸倍率 5.5)后,纤维的拉伸强度为 2.4GPa,初始模量为 114GPa,由此可见,热拉伸后的纤维力学性能显著提高。

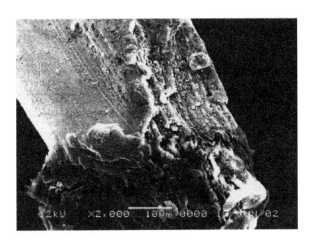

图 3 - 15　BPDA - 4,4′ - ODA 体系
聚酰亚胺纤维拉伸后 SEM[16]

　　不同的热处理温度、纤维测量长度(标距长度)对纤维力学性能有显著的影响(表 3 - 5)。对于同一测量长度来说,纤维的拉伸强度和初始模量随着热处理温度的升高均逐渐增加,纤维的断裂伸长率则逐渐降低,显然,热处理温度升高对纤维的力学性能有积极影响。对于同一热处理温度来说,随着测量长度增加,纤维的拉伸强度测试结果逐渐变大,这是因为纤维越长,缺陷越多。但纤维的初始模量测试结果逐渐变大,这是由末端效应引起的。此外,TGA 分析结果表明,BPDA - ODA 体系的聚酰亚胺纤维具有良好的抗热氧化性能。

表 3 - 5　不同的热处理温度和测量长度对纤维力学性能的影响[15]

| 测量长度/mm | 处理温度/℃ | 拉伸强度/GPa | 初始模量/GPa | 断裂伸长率/% |
|---|---|---|---|---|
| 20 | 360 | 0.733 | 11.9 | 9.8 |
| | 400 | 0.755 | 15.0 | 7.2 |
| | 430 | 0.770 | 19.5 | 6.5 |
| 50 | 360 | 0.695 | 18.1 | 8.6 |
| | 400 | 0.716 | 21.3 | 6.9 |
| | 430 | 0.728 | 25.1 | 5.5 |
| 80 | 360 | 0.663 | 20.1 | 8.0 |
| | 400 | 0.673 | 22.9 | 6.2 |
| | 430 | 0.686 | 27.0 | 4.9 |

## 3.3.2　BPDA – DMB

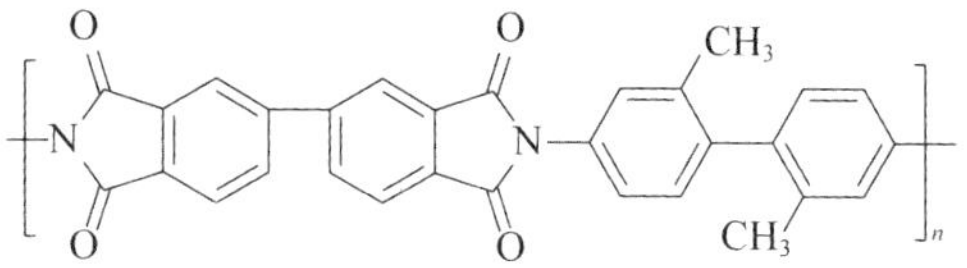

BPDA – DMB 体系均聚制备的固含量为 10%（质量分数）的聚酰亚胺溶液一步法通过干喷 – 湿法纺制聚酰亚胺纤维如图 3 – 16 所示。表 3 – 6 列举了 BPDA – DMB 体系聚酰亚胺纤维纺丝工艺

图 3 – 16　BPDA – DMB 均聚制备的聚酰亚胺纤维化学结构

的具体参数，纺丝液的特性黏数（60℃）$\eta > 10 dL/g$，这样高的特性黏数证明分子链的高分子量，得到的初生纤维在高于 400℃ 热拉伸后，获得优异的力学性能，其强度可达到 3.3GPa，模量达 130GPa，热稳定性和热氧化稳定性要优于 Kevlar 纤维[17]。

表 3 – 6　BPDA – DMB 体系聚酰亚胺纤维纺丝工艺参数[17]

| 固含量($w/w$)/% | 8 |
|---|---|
| 脱泡温度/℃ | 100 |
| 纺丝方式 | 干喷 – 湿法 |
| 纺丝温度（机头）/℃ | 90 |
| 凝固浴配比/（水：乙醇） | 50：50 |
| 拉伸温度/℃ | >400 |
| 纤维线密度/dtex | 2.22 ~ 11.11 |

纤维在热拉伸过程中，通过提高拉伸倍率，能够提高结晶度和取向性，从而使得纤维的力学性能获得显著的改善（图 3 – 17）。随着热拉伸倍率的提高，纤维的断裂伸长率减小，拉伸强度增大，其结果是初始模量表现出了较大的提高。在最高拉伸倍率为 10 倍时，拉伸强度为 3.3GPa，初始模量为 140GPa。为了得到纤维优异的力学性能，就要增大纤维的结晶度和取向度，这就需要经过热拉伸和退火处理。因此，控制结晶动力学极其关键，结晶过程太快，纤维在大的拉伸倍率下不能拉伸，从而影响其力学性能的提高。

纤维压缩性能的研究是十分必要的，有助于进一步探索和了解单轴取向高分子材料的抗压性能。对比碳纤维、高性能有机纤维，如聚苯并噁唑（PBO）纤维、聚苯并噻唑（PBT）纤维和聚酰胺纤维（Kevlar），压缩强度一般只能达到拉伸强度的 5% ~ 10%（表 3 – 7）。聚酰亚胺纤维虽然拉伸强度、初始模量等性能优异，但由于其轴向压缩强度较低，在复合材料的应用上受到了很大的制约[18]。

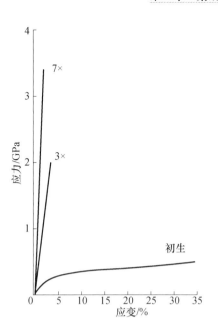

图 3 - 17　BPDA - DMB 体系初生纤维、
拉伸倍率 3 倍和 7 倍纤维的应力 - 应变曲线[17]

表 3 - 7　BPDA - DMB 体系聚酰亚胺纤维与其他高性能纤维力学性能比较[22]

| 纤维种类 | 密度/( g/cm³ ) | 拉伸强度/GPa | 初始模量/GPa | 压缩强度/GPa |
| --- | --- | --- | --- | --- |
| BPDA - DMB | 1. 35 | 3. 3 | 130 | 0. 665 |
| Kevlar 49 | 1. 44 | 3. 5 | 124 | 0. 365 |
| PBO | 1. 58 | 3. 7 | 360 | 0. 200 |
| 碳纤维( T - 40 ) | 1. 81 | 5. 6 | 289 | 2. 756 |

　　BPDA - DMB 体系聚酰亚胺纤维其压缩强度与单纤维直径在几十微米范围内关系并不紧密,例如,直径 22.4μm 的 BPDA - DMB 聚酰亚胺纤维压缩强度为 0.655GPa,比直径为 40.6μm 的纤维压缩强度略低(0.675GPa)。

　　一般纤维压缩强度使用间接方法测量,如用弯曲梁法[19]或弹性环法[20]等测试方法来估算,测得的纤维压缩强度通常比在复合材料中实际值高,所以对复合材料结构设计所提供的指导作用比较有限。近年来,研究人员通过建立直接测试系统拉伸反冲测试方法(TRT)来测试纤维的压缩强度[21],得到的测试结果与在复合材料中实际值更加吻合[13]。

　　纤维包埋在不同浓度的尼龙 6 - 甲酸溶液,甲酸蒸发后尼龙 6 收缩形成均一的压缩应力,通过基质压缩技术用偏光显微镜(PLM)和 SEM 来表征纤维的临界压缩应变[19]。当开始持续出现扭结带时,判断是临界压缩应变的

0.51% ~0.54%(图3－18(a));继续增大压缩应变达到临界压缩应变的
1.2%,可以观察到扭结带贯穿纤维横截面形成裂纹(图3－18(b));增大压缩
应变到2.3%,沿纤维轴方向形成微米级的大尺寸扭结区(图3－18(c));当压缩
应变超过3%时,开始形成S形屈服扭结(图3－18(d))。Kevlar、PBT和PBO纤维
应用相似的方法也可观察到扭结带[13, 23, 24],Kevlar纤维出现扭结带是在临界压缩
应变的0.3% ~0.5%,PBT和PBO纤维出现扭结带是在临界压缩应变的0.1%。

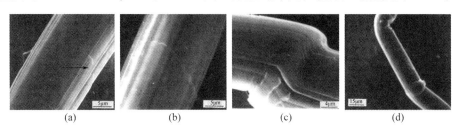

(a)        (b)        (c)        (d)

图3－18　不同压缩应力下BPDA－DMB聚酰亚胺纤维的表面SEM[22]

直径在15~40μm范围内的纤维,直径以及测量样品长度对压缩强度的影响
很小,纤维的松弛行为对压缩强度的影响明显。通过在温度范围－130~500℃、频
率1Hz条件下,表征出不同拉伸倍率的BPDA－DMB聚酰亚胺纤维DMA曲线
(图3－19),考察不同拉伸倍率的BPDA－DMB聚酰亚胺纤维tanδ和温度的关
系(Kevlar49作为参比样)。BPDA－DMB聚酰亚胺纤维在－30℃附近时出现了γ
次级玻璃化转变,通过Arrhenius方程计算得到未拉伸纤维的活化能为150kJ/mol,10
倍拉伸后活化能增加至184kJ/mol,纤维在室温至140℃附近出现了β次级玻璃
化转变,未拉伸和10倍拉伸后纤维活化能分别为160kJ/mol和210kJ/mol,玻璃
化转变(α转变)均出现在330℃以上。α、β、γ三个松弛过程与纤维的拉伸倍率
有直接影响,即与纤维的结晶和取向关系密切。BPDA－DMB聚酰亚胺纤维随
拉伸倍率增大,松弛强度降低。尽管BPDA－DMB聚酰亚胺纤维拉伸倍率达到
10倍,松弛强度也比Kevlar纤维高2.5倍。因此BPDA－DMB聚酰亚胺纤维在
受到压缩时,会在次级玻璃化转变消耗部分能量来响应分子运动,花费在形成扭
结带的有效能量就要比Kevlar49、PBT和PBO纤维少。

## 3.3.3　BPDA－pPDA

BPDA－pPDA体系由于其单体价格低廉,聚合物性能表现良好的特点,因
此成为迄今所报道的聚酰亚胺中最重要的体系之一,日本宇部兴产已成功开发出
商品名为Upilex－S的聚酰亚胺薄膜就是这个结构体系[25]。商业化的Upilex－S
薄膜因其优秀的性能,得到了广泛的应用,但是相应的纤维没有得到应用,因为
刚性链段很难在热拉伸阶段加工。通过引入柔性链段是一种有效的改良措施。
高连勋等[26]通过引入4,4′－ODA单体改善了纤维过于刚性的问题,通过热拉

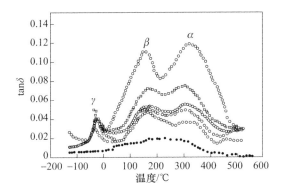

图 3 – 19　不同拉伸倍率的 BPDA – DMB 聚酰亚胺纤维 DMA 曲线[22]

○—未拉伸纤维；□—3 倍拉伸；△—5 倍拉伸；◇—7 倍拉伸；▽—10 倍拉伸；●—Kevlar49。

伸阶段使得纤维内部均匀化，减少缺陷。表 3 – 8 列举了热拉伸后聚酰亚胺纤维的力学性能，当 4,4′ – ODA 单体达到 15% 时，纤维的强度达到最高 2.25GPa。同时，因为 4,4′ – ODA 的引入，纤维的断裂伸长率也逐渐增加。性能没有薄膜表现突出，这是由于其结构主链过于刚性，在热拉伸过程中，难以消除纤维中的各种微缺陷。通常要改善其加工性能可以通过改变其骨架结构的办法，如引入柔性的或扭结的链节、大的取代基和非共面结构等。

表 3 – 8　热拉伸后聚酰亚胺纤维力学性能[26]

| 序号 | pPDA/ODA | 拉伸强度/GPa | 初始模量/GPa | 断裂伸长率/% |
|---|---|---|---|---|
| PI – 1 | 95∶5 | 1.10 | 78.8 | 2.9 |
| PI – 2 | 90∶10 | 1.85 | 85.3 | 2.9 |
| PI – 3 | 85∶15 | 2.25 | 96.5 | 4.0 |
| PI – 4 | 80∶20 | 1.25 | 65.0 | 4.5 |

对纤维进行一定的热拉伸可以有效提高纤维的强度，但超过一定的拉伸限度，拉伸强度会有所下降。通过引入 4,4′ – ODA 柔性链段并没有影响纤维的形貌，纤维断面整齐，边界圆滑，没有明显的皮 – 芯结构（图 3 – 20）。

## 3.3.4　BPDA – PFMB

聚酰亚胺的最大缺点是难熔、难溶成型加工性差，从而阻碍了这一高性能材料的应用，因此出现了各类的改性聚酰亚胺[27]。近年来，有关含氟聚酰亚胺的报道较多，尤其是在电子工业和航空航天领域，含氟聚酰亚胺成为具有独特优势和开发前景的一类高性能材料[28]。

程正迪等[29]利用干喷 – 湿法纺制了三种不同结构的聚酰亚胺纤维（图 3 – 21），三种纤维的原纤均显示出较低的拉伸强度和模量，但当温度升高到大于 380℃时，纤维的拉伸倍率可以达到 10 倍。

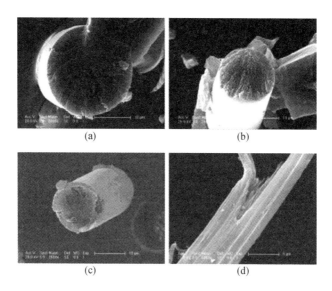

图 3 - 20 聚酰亚胺纤维脆断截面 SEM[26]

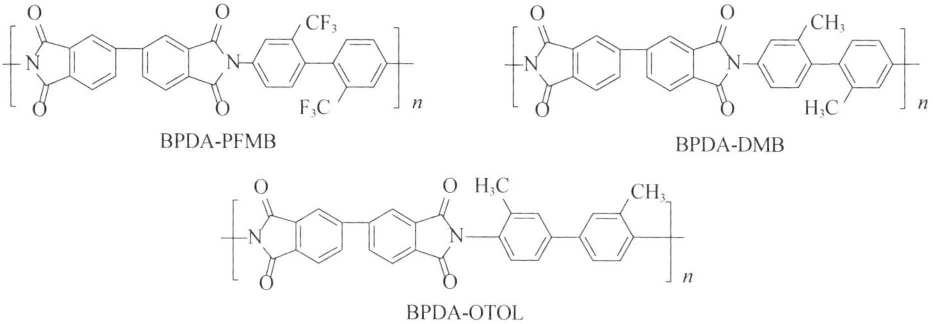

BPDA-PFMB

BPDA-DMB

BPDA-OTOL

图 3 - 21 BPDA - PFMB、BPDA - DMB、BPDA - OTOL
三种聚酰亚胺纤维化学结构

WAXD 研究结果表明(图 3 - 22):BPDA - PFMB 属于单斜晶系,BPDA - DMB 和 BPDA - OTOL 属于三斜晶系,BPDA - PFMB 体系在子午方向上未显示明显的取向,有非常少量的结晶出现;相当多的结晶和非晶取向出现在 BPDA - OTOL 体系;而 BPDA - DMB 体系的结果和 BPDA - PFMB 相似。由于二胺结构中 3,3' - 位的甲基取代结构位阻效应比 2,2' - 位的甲基取代结构位阻效应弱,分子链刚性较弱,分子链容易结合到晶格中,所以三种纤维体系在纺制过程中,BPDA - OTOL 体系最容易结晶。对于 BPDA - PFMB 和 BPDA - DMB 这两种体系,二胺取代基的位置相同,位阻效应相似,但是取代基的尺寸和极性不同,所以结晶能力不同,BPDA - PFMB 体系最难结晶。

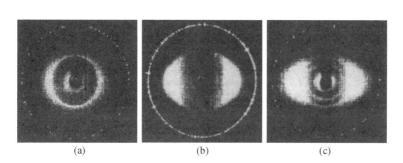

(a)　　　　　　　　　(b)　　　　　　　　　(c)

图 3 - 22　三种聚酰亚胺纤维 WAXD[29]

(a)BPDA - PFMB;(b)BPDA - DMB;(c)BPDA - OTOL。

应用热机械分析(TMA)研究三种纤维体系的热收缩行为(图 3 - 23),结果显示,三种纤维体系均出现两个收缩过程和一个自伸长过程,其中收缩过程分别发生在低温和高温过程,自伸长过程发生在 450℃左右。低温收缩过程主要反映了非晶区域分子链的微布朗运动,该运动主要是 100~200℃条件下聚酰亚胺纤维的二级松弛或者少量冻结在原纤维里的内应力松弛。随着温度升高,聚酰亚胺纤维在无外张力的情况下出现自伸长现象,该现象和纤维的成型及纺制过程有关,三种体系中 BPDA - PFMB 的自伸长现象最明显,BPDA - OTOL 体系的自伸长现象最弱。以上现象证明,分子链松散取向度越低,链规整程度越高,自伸长现象越明显。

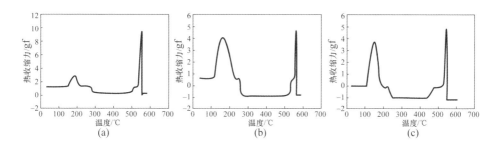

图 3 - 23　三种聚酰亚胺纤维 TMA[29]

(a)BPDA - PFMB;(b)BPDA - DMB;(c)BPDA - OTOL。(1gf = 9.8 × 10$^{-3}$N)

## 3.3.5　BPDA - DABBE

如前所述,大多数聚酰亚胺难溶难熔,加工性较差,通常通过引入侧链,如烷基或者大位阻取代基来提高其可加工性能[30,31]。但对于高性能聚酰亚胺纤维,通常要求其主链为棒状或规则分子链结构,避免引入侧链。另外,热拉伸可以使分子链发生高度取向或者形成结晶,使聚酰亚胺纤维获得高强高模。因此为了提高聚酰亚胺纤维的前体聚酰亚胺树脂的可加工性,同时使获得的聚酰亚胺纤维保持高强高模,顾宜等[32]将三种带有不同长度联苯结构的液晶侧链引入分子主链(图3-24),获得了溶解性较好的聚酰亚胺溶液,并利用干喷-湿法纺制了不同拉伸倍率的聚酰亚胺纤维。

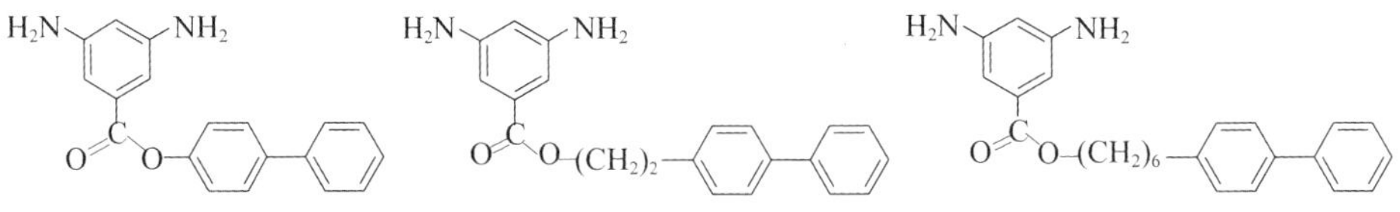

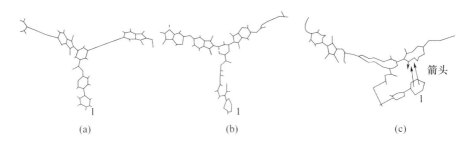

图3-24 三种联苯结构的二胺 DABBE 化学结构

研究结果表明,当连接联苯结构的侧链和分子主链之间的亚甲基数量为0时,纤维(DABBE0)的拉伸强度随着拉伸倍率的增加而增加,初始模量基本无变化。当亚甲基数量为6时,即联苯结构侧链增长,纤维(DABBE6)的拉伸强度和初始模量随着拉伸倍率的增加呈现锯齿状,并且数值高于纤维 DABBE0 的强度和模量。WAXD 结果表明,DABBE6 的结晶度高于 DABBE0 和 DABBE2。该研究组同时将三种纤维进行了分子模拟,结果发现(图3-25),DABBE6 纤维的侧链在拉伸过程中发生弯曲,联苯基团与分子主链的氧产生相互作用,使侧链平行于主链,导致有序结构增多并形成共结晶,而 DABBE0 和 DABBE2 则无变化。分子模拟的结果进一步验证了 WAXD 结果。

(a)　　　　　　　　　(b)　　　　　　　　　(c)

图3-25 三种纤维的分子模拟结果[32]

(a) DABBE0;(b) DABBE2;(c) DABBE6。

当拉伸倍率变化时,侧链的联苯基团和主链氧原子之间的距离发生变化,从而导致相互作用发生变化(图3-26),当相互作用较强时,体系发生共结晶,纤维拉伸强度和初始模量增加;当相互作用消失,纤维拉伸强度和初始模量降低,从而导致纤维的力学性能随拉伸倍率增加呈现锯齿状波动。

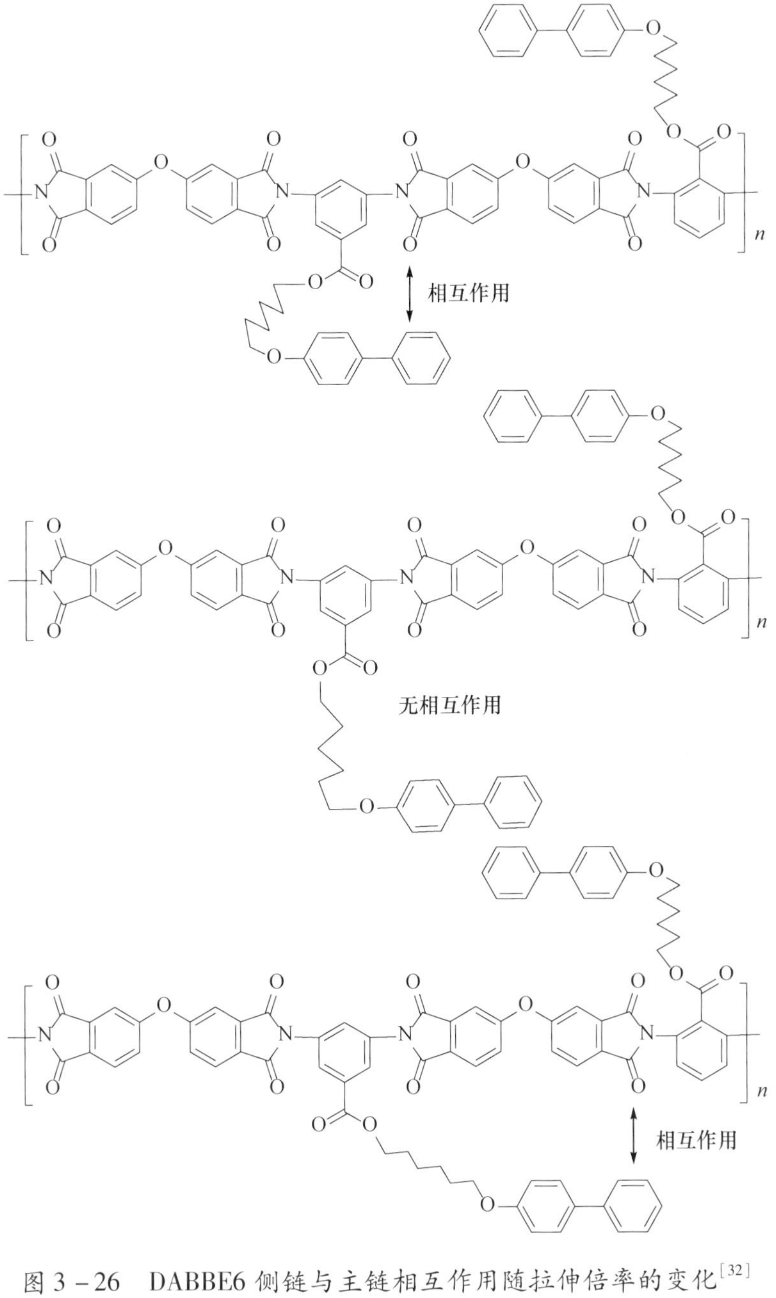

图 3 - 26　DABBE6 侧链与主链相互作用随拉伸倍率的变化[32]

此外,当拉伸倍率增加时,DABBE6 纤维的侧链与主链的相互作用增加,形成类键合结构,导致原位自增强,纤维力学性能达到最优(图 3 -27)。

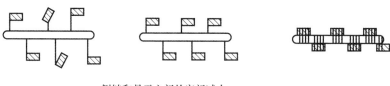

侧链和骨干之间的空间减小

骨架增加的相互作用和刚度

图 3 - 27　拉伸比与原位自增强效应关系示意图[32]

# 3.4　以 BTDA 为二酐聚合纺制的聚酰亚胺纤维

## 3.4.1　BTDA – TDI/MDI

BTDA – TDI/MDI 共聚物是为数不多的能够纺制成纤维的聚酰亚胺体系(图 3 – 28),奥地利兰精 AG 公司采用此体系干法纺制出商品化聚酰亚胺纤维(牌号为 P84)[33]。

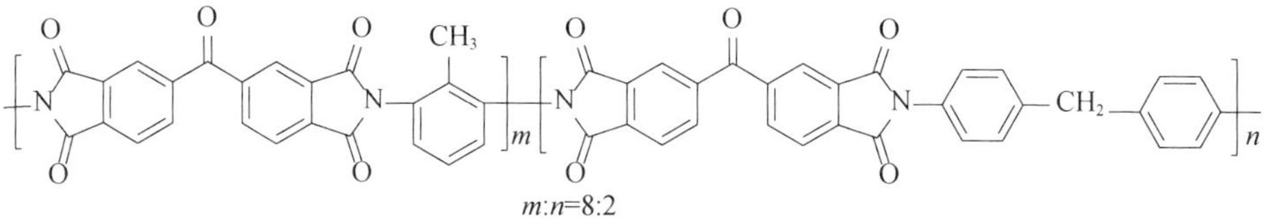

m:n=8:2

图 3 - 28　BTDA – TDI/MDI(P84)共聚制备的聚酰亚胺纤维化学结构

P84 自 1985 年问世以来便成为市场上流行的产品,其主要特点是具有良好的热稳定性和阻燃性。其玻璃化转变温度达到 315℃,开始碳化温度超过 370℃,极限氧指数(LOI)达到 38%,长期使用环境温度可高达 260℃(表 3 – 9)。P84 纤维不规则的三叶形横截面(图 3 – 29)形成了非常高的纤维表面积系数。纤度2.2 dtex 的 P84 纤维表面积比同样纤度圆形截面的 PPS 纤维约大 65%,增大表面积有利于其过滤性能,可制成蓬松值高的纱和非织造布。

表 3 - 9　聚酰亚胺纤维 P84 性能[34, 35]

| 密度/(g/cm³) | 拉伸强度/GPa | 拉伸模量/GPa | 断裂伸长率/% | 收缩率(240℃,10min)/% |
|---|---|---|---|---|
| 1.41 | 0.543 | 4.286 ~ 5.714 | 30 | <3 |

胡祖明等[36]采用一步法将 BTDA – TDI/MDI 共聚聚酰亚胺粉末 60℃溶胀于 NMP 制备成固含量 19%(质量分数)和 21%(质量分数)的纺丝原液,在纺丝温度 55℃经 0.08mm 喷丝孔进入水/NMP 凝固浴得到聚酰亚胺初生纤维。凝固

图 3 - 29　聚酰亚胺纤维 P84 截面 SEM

浴组成对初生纤维微观形貌有显著的影响(图 3 - 30),凝固浴组成水/NMP 为 20%/80% 时,由固含量 21%(质量分数)的纺丝原液得到的初生纤维表面呈毛鳞状且起皮严重,原因是纺丝原液细流在经过凝固浴时,由于凝固剂(水)质量分数比较少,表层来不及快速固化,造成表皮层开裂起皮。凝固浴组成水/NMP 为 30%/70% 时,由固含量 19%(质量分数)的纺丝原液所得到的初生纤维表层光滑,这是由于固含量较低时,凝固剂(水)和溶剂(NMP)在纺丝原液细流中双扩散相对容易,因此得到的初生纤维的表面比较光滑。

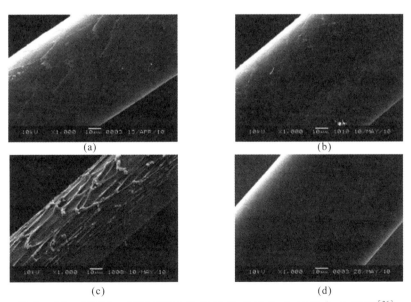

图 3 - 30　BTDA - TDI/MDI 共聚聚酰亚胺初生纤维表面 SEM[36]

(a)水/NMP = 40%/60%(PI21%(质量分数));(b)水/NMP = 30%/70%(PI21%(质量分数));
(c)水/NMP = 20%/80%(PI21%(质量分数));(d)水/NMP = 30%/70%(PI19%(质量分数))。

## 3.4.2　BTDA – MMDA

A. I. Barzic 等[37]以 BTDA – MMDA 体系(图 3 – 31)聚酰亚胺的 DMAc 溶液为研究对象,研究了静电纺丝时纺丝液的流变学行为与纤维形貌的关系。

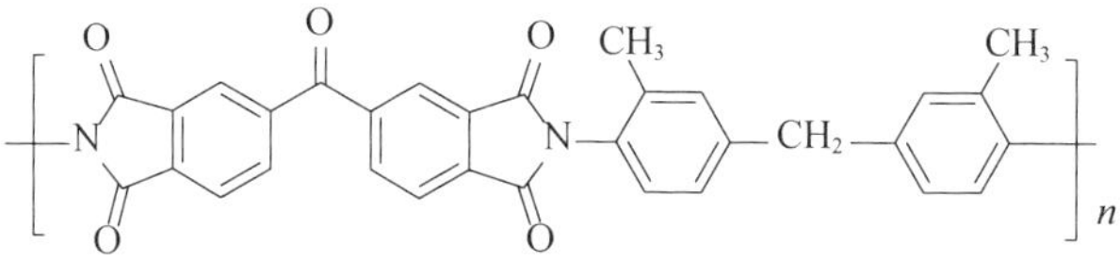

图 3 – 31　BTDA – MMDA 均聚制备的聚酰亚胺纤维化学结构

根据纺丝液特性黏度和浓度的关系,可以计算出纺丝液的临界缠结浓度。当纺丝液浓度低于临界缠结浓度时,分子在溶剂中为球形,分子间缠结较少,流动活化能较低,纺丝液主要表现为黏性(流体行为),松弛时间短,故在成型时不能形成纤维,只能形成一些小球;当纺丝液浓度高于临界浓度时,分子间缠结增加,流动活化能升高,纺丝液主要表现为弹性,松弛时间变长,故在成型时可以形成纤维。当纺丝液浓度为15%(质量分数)(图 3 – 32(a))时,几乎只能纺得小珠;当纺丝液浓度为20%(质量分数)(图 3 – 32(b)),略大于临界缠结浓度时,可以纺得小珠和初生纤维的混合物及串珠纤维;当纺丝液浓度为25%(质量分数)(图 3 – 32(c))时,可以纺得很好的纤维,但仍有串珠缺陷;当纺丝液浓度为30%(质量分数)(图 3 – 32(d))时,才能够纺得表面无缺陷的纤维。

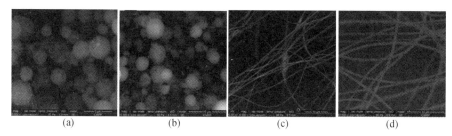

图 3 – 32　不同浓度纺丝液纺制聚酰亚胺纤维形貌 SEM[38]

(a)15%;(b)20%;(c)25%;(d)30%。

# 3.5　以 ODPA 为二酐聚合纺制的聚酰亚胺纤维（ODPA – 3,4′ – ODA）

K. D. Dorsey 等[38]采用商品名为 LaRC™ – IA(4,4′ – ODPA – 3,4′ – ODA体系)的热塑性聚酰亚胺粉末(图 3 – 33)进行熔融纺丝,350℃经过孔径为0.34mm 的 8 孔挤出机,通过调控挤出速度和卷绕速度得到初生聚酰亚胺纤维,然后在稍高于玻璃化转变温度的条件下热拉伸得到力学性能不同的聚酰亚胺纤维(表 3 – 10)。纺制的聚酰亚胺纤维不但具备普通聚酰亚胺纤维优异的热稳定性和力学性能,还使得纺丝过程更为简便,省去了凝固浴成型、初生纤维水洗去除溶剂以及酰亚胺化步骤。

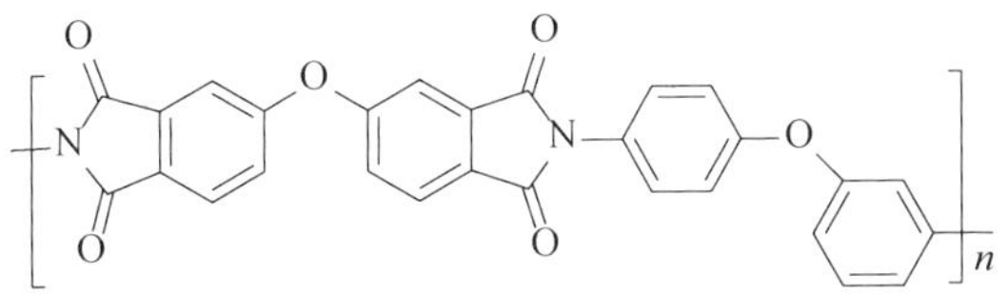

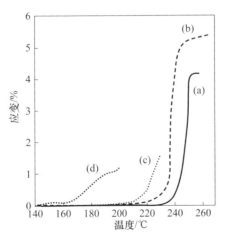

图 3 – 33　ODPA – 3,4′ – ODA 均聚制备的聚酰亚胺纤维化学结构

表 3 – 10　ODPA – 3,4′ – ODA 聚酰亚胺纤维力学性能[38]

| 卷绕速度/(m/min) | 线密度/dtex | 拉伸强度/GPa | 断裂伸长率/% | 直径/μm |
| --- | --- | --- | --- | --- |
| 6.4 | 362 | 0.179 | 224 | 190 |
| 6.4 | 605 | 0.151 | 207 | 250 |
| 6.4 | 178 | 0.171 | 210 | 130 |
| 8.8 | 144 | 0.171 | 172 | 110 |

热形变分析(TDA)结果表明(图 3 – 34),当实验加载为最小的 10g 时,温度升高到 200℃时,纤维开始延伸,且 250℃左右时纤维快速变形,随后纤维内部开始发生结晶而形变保持恒定,温度继续升高,纤维由于熔融而发生断裂。当实验加载不断增加时,这些特征所对应的温度逐渐降低,热拉伸使纤维内部发生结晶。

图 3 – 34　ODPA – 3,4′ – ODA 初生纤维在不同加载下的 TDA 曲线[38]

(a)10g;(b)50g;(c)100g;(d)200g。

未经拉伸的 ODPA - 3,4′ - ODA 聚酰亚胺纤维(图 3 - 35(a))在拉伸时出现明显的屈服点,伸长率相当大,且伴随着应变强化;而经过热拉伸的纤维,在拉伸时,由于结晶而无屈服点,随着拉伸倍率增加,纤维强度迅速提高,断裂伸长率则迅速下滑。

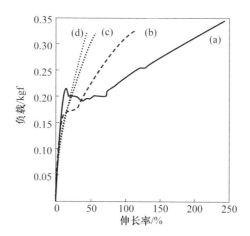

图 3 - 35  不同拉伸倍率 ODPA - 3,4′ - ODA 聚酰亚胺纤维应力 - 应变曲线[38]
(a)未拉伸;(b)拉伸倍率1.11;(c)拉伸倍率2.03;(d)拉伸倍率4.06;(e)拉伸倍率4.93。(1kgf =9.8N)

由于热拉伸引起的纤维取向和结晶度增加,通过超声波法测得的模量和通过透射光干涉显微镜测得的双折射率及光密度随着拉伸倍率的变化也能反映出来。在单轴取向聚合物中,材料的取向结晶部分和非结晶部分在很大程度上分别影响材料的双折射及声波模量,初生纤维为无定形结果。低拉伸倍率时,由于取向的自发松弛和优先结晶,非晶取向最多有中等程度的增加;高拉伸倍率时,由于晶体限制了取向松弛,非晶区的取向明显增加。因此,在图 3 - 36 中可以观察到声波模量和双折射关系曲线出现了转折点。

X 射线衍射(XRD)同样可以说明初生纤维及拉伸后纤维的结构变化。从二维 XRD(图 3 - 37)中可以看出,初生纤维(图 3 - 37(a))为各向同性的无定形结构;低拉伸倍率时(图 3 - 37(b)),纤维沿轴向取向,并出现少量结晶;高拉伸倍率时(图 3 - 37(c)),在子午线方向有明显的衍射环,说明纤维出现高度结晶,赤道线方向的散射强度明显增强。这些结果在 XRD 的子午线方向和赤道线方向的一维扫描图的峰形及强度变化也均能反映出来。经过热拉伸后,拉伸诱导纤维取向,取向强化纤维中出现各向异性结晶,成为半结晶聚合物;且随着拉伸比增加,纤维各向异性结晶度增加,非晶区取向度也随之增加。

此外,差示扫描量热(DSC)实验结果表明(图 3 - 38),由于拉伸诱导分子各向异性结晶,纤维的热行为发生改变,在 320℃出现熔融峰,远高于未拉伸纤维的玻璃化转变温度 220℃。

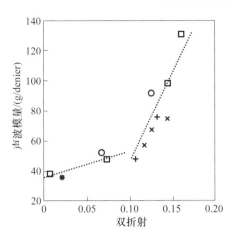

图 3 - 36　ODPA - 3,4' - ODA 聚酰亚胺纤维声波模量和双折射[38]
关系曲线(标记点为不同拉伸倍率的聚酰亚胺纤维)

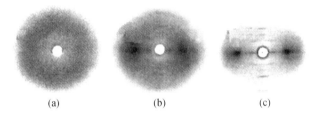

(a)　　　　　　(b)　　　　　　(c)

图 3 - 37　ODPA - 3,4' - ODA 聚酰亚胺纤维的二维 XRD[38]

(a)未拉伸;(b)拉伸倍率3.9;(c)拉伸倍率5。

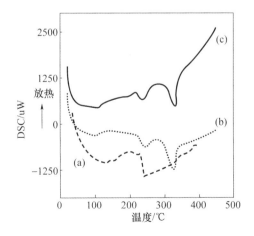

图 3 - 38　ODPA - 3,4' - ODA 聚酰亚胺纤维 DSC[38]

(a)未拉伸;(b)拉伸倍率3.9;(c)拉伸倍率5。

纤维的取向和结晶影响其力学性能,当拉伸倍率高达 4.93 时,纤维的拉伸强度为 0.786GPa,比未拉伸的初生纤维高出 4 倍,与 PP、PET、Nomex、尼龙 6 等中高强度的纤维不相上下。

## 3.6 以 6FDA 为二酐聚合纺制的聚酰亚胺纤维

L. J. Buckley 等[39]采用湿法纺丝,通过调整凝固剂 – 溶剂的互溶性和凝固浴的凝固强度,研究了 6FDA – 4BDFA 体系(图 3 – 39)的聚酰亚胺纺丝溶液凝固速率和湿法纺丝的纤维内部形貌及断面形状的关系。

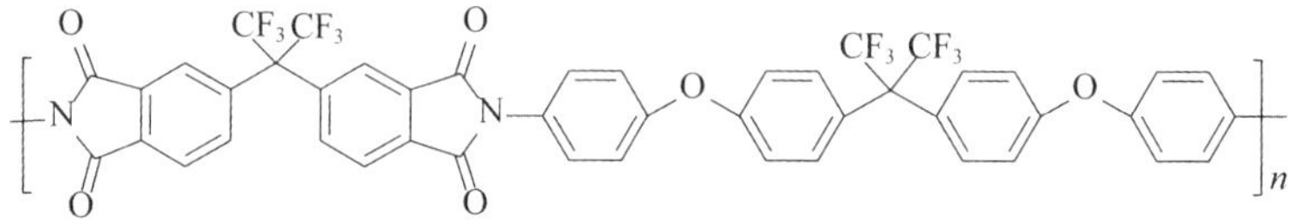

图 3 – 39 6FDA – 4BDAF 均聚制备的聚酰亚胺纤维化学结构

纤维的内部形貌从海绵组织到完全密实状态,中间状态有非孔皮层和海绵组织芯,海绵组织包含大孔穴,相对密实包含随机分散的小孔穴等。高凝固强度即快速凝固的情况,纺丝溶液溶剂为 DMAc,凝固浴为甲醇 – 水体系,可以看出,纤维内部形貌为海绵状的疏松结构,并包含许多长管形状的孔穴。从图 3 – 40(a)~(c)析出强度增加,长管形状的孔穴向中心靠近,且尺寸变大,数量也增多,这可能是因为凝固剂和凝固初期的扩散不同,凝固剂必须达到某个特定浓度才能引起聚合物析出,这总比凝固剂分子扩散进入纤维内部发生得要落后一些,

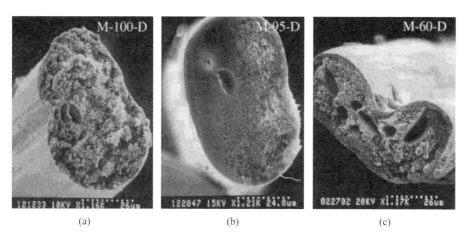

(a)         (b)         (c)

图 3 – 40 6FDA – 4BDAF 聚酰亚胺纤维断面 SEM[39]

图中右上角标记表示凝固浴组成,M—甲醇,D—DMAc,数字表示甲醇的百分比。

落后时间取决于析出强度和溶剂与凝固剂的混溶性。聚合物因相分离析出,凝固剂和溶剂未来得及向外扩散出去而被包埋在纤维中,形成孔穴。析出强度较低时,凝固前段的扩散速率较慢,因此包埋在纤维内部的凝固剂和溶剂有较长时间在被包埋前向外扩散,高度浓缩的聚合物在凝固前不能析出而形成海绵状结构。

纺丝溶液溶剂分别为 DMAc、乙酸乙酯和二氯甲烷(图 3 – 41(a) ~ (c)),与凝固剂混溶性逐渐变差,凝固剂扩散速率减缓,整体的析出速率变慢,这允许在凝固前更为均相的高浓度聚合物区域的形成,故形成了较大体积的非孔结构(图 3 – 41)。但是在混溶性特别差的体系中,如 M – 95 – Mc,密实的皮层包围着孔核,这和大孔穴的形成是类似的。析出速率慢,更长的落后时间使得纤维内部形成海绵状组织,小分子被包埋的体积更少,凝固前段之后,非孔体积增加,向外扩散的小分子减少,由于要通过一个相对较厚的非孔材料层,扩散速率较慢,相分离使小分子聚集在纤维中心,干燥后最终形成孔。

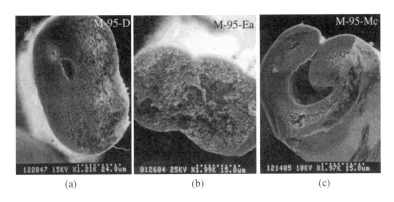

图 3 – 41　6FDA – 4BDAF 聚酰亚胺纤维断面 SEM[39]

图中右上角标记表示凝固浴组成,D—DMAc,Ea—乙酸乙酯,Mc—二氯甲烷,数字表示甲醇的百分比。

低凝固强度的情况,纺丝溶液的溶剂为氯仿,凝固剂为乙醇 – 水体系(图 3 – 42)。E – 100 – Mc 海绵状芯几乎不存在,E – 95 – Mc 为完全密实的结构。当凝固前段的扩散比纤维内小分子向外扩散慢时,凝固浴析出强度低,就会形成密实的纤维。可见,析出强度在形成密实纤维中起主要作用。图 3 – 42 从(a) ~ (c)析出强度增加,E – 60 – Mc 可以看到孔穴,这些孔穴尺寸(0.8 ~ 1.6μm)比海绵组织中的孔(<0.2μm)大很多,这是因为其互溶性差。

上述凝固浴体系纺制的纤维断面形状多数是非圆形的,如 C 形、狗骨形、椭圆形等。非圆形断面的形成原因是由于析出时体积收缩大,纤维皮层塌陷,并且纤维的力学性能和孔隙率呈负相关。

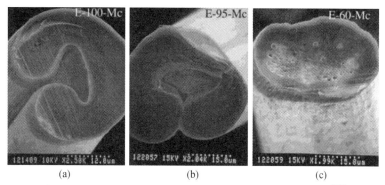

(a)             (b)             (c)

图 3 – 42　6FDA – 4BDAF 聚酰亚胺纤维断面 SEM[39]

溶剂为氯仿,凝固剂为乙醇 – 水体系。

# 参 考 文 献

[ 1 ] Samuel I R. Edgar S C. Formation of Polypyromellitimide Filaments：US 3415782[ P ]. 1968.

[ 2 ] Irwin R S. Filament of Polyimide from Pyromellitic Acid Dianhydride and 3,4′-Oxydianiline：US 4640972 [ P ]. 1987.

[ 3 ] Yang H H. Aramid Staple and Pulp Prepared by Spinning：US 4836507[ P ]. 1989.

[ 4 ] Sroog C E. Polyimides [ J ]. Prog. Polym. Sci. ,1991,16：561 – 694.

[ 5 ] Weinrotter K,Seidl S. High-Performance Polyimide Fibers [ J ]. Handbook Fibre Sci. Tech. ,1993,3：179 – 206.

[ 6 ] 翟燕,顾宜. PMDA-ODA 型聚酰亚胺制备工艺与聚集态结构的研究进展[ J ]. 高分子材料科学与工程,2007,2：28 – 32.

[ 7 ] Xu Y,Wang S H,Zhang Q H,et al. Polyimide Fibers Prepared by Dry-Spinning Process：Imidization Degree and Mechanical Properties [ J ]. J. Mater. Sci. ,2013,48：7863 – 7868.

[ 8 ] Eashoo M,Shen D X,Wu Z Q,et al. High-Performance Aromatic Polyimide Fibers . 2. Thermal-Mechanical and Dynamic Properties[ J ]. Polymer,1993：34：3209 – 3215.

[ 9 ] Arnold F E,Bruno K R,Shen D X,et al. The Origin of Beta-Relaxations in Segmented Rigid – Rod Polyimide and Copolyimide Films[ J ]. Polym. Eng. Sci. ,1993,33：1373 – 1380.

[10] Zhang Q H,Luo W Q,Gao L X,et al. Thermal Mechanical and Dynamic Mechanical Property of Biphenyl Polyimide Fibers [ J ]. J. Appl. Polym. Sci. ,2004,92：1653 – 1657.

[11] Cai X C,Xu W,Huang R H,et al. Effect of PPD on PAA Solution Property and Fiber Structure[ J ]. Synthetic Fiber Industry,2009,32：1 – 4.

[12] Goel R N,Hepworth A,Deopura B L,et al. Polyimide fibers：Structure and Morphology[ J ]. J. Appl. Polym. Sci. ,1979,23：3541 – 3552.

[13] Allen S R,TensileRecoil Measurement of Compressive Strength for Polymeric High Performance Fibres[ J ]. J. Mater. Sci. ,1987,22：853 – 859.

[14] Baklagina Y G,Milecskaya I S,Yefanova N V,et al. Structure of Rigid Chain Polyimides Based on the Dianhydride of Pyromellitic Acid[ J ]. Polym. Sci. USSR,1976,18：1417 – 1425.

[15] Zhang Q H,Dai M,Ding M X,et al. ,Mechanical Properties of BPDA-ODA Polyimide Fibers[ J ]. Eur. Polym. J. ,2004,40：2487 – 2493.

[16] Zhang Q H,Luo W Q,Zhang C H,et al. Morphology and Structure of As-Spun Polyimide Fibers[ J ]. Syn-

thetic Fiber Ind. ,2003,26：9 - 11.

[17] Eashoo M,Wu Z Q,Zhang A Q,et al. High Performance Aromatic Polyimide Fibers,3. A Polyimide Synthe-sized from 3,3′,4,4′-Biphenyltetracarboxylic Dianhydride and 2,2′-Dimethyl-4,4′-Diaminobiphenyl[J]. Macromol. Chem. Phys. ,1994,195：2207 - 2225.

[18] Dobb M G,Johnson D J,Saville B P. Compressional Behaviour of Kevlar Fibres[J]. Polymer,1981,22：960 - 965.

[19] Deteresa S J,Farris R J,Porter R S,Behavior of an Aramid Fiber Under Uniform Compression. Polym. Compos. , 1982,3：57 - 58.

[20] Sinclair D J. The Axial Compressive Strength of High Performance Fibers[J]. Appli. Phy. ,1950,3：21 - 380.

[21] Oya N,Johnson D J. Direct Measurement of Longitudinal Compressive Strength in Carbon Fibres[J]. Car-bon,1999,37：1539 - 1544.

[22] Cheng S Z D,Li W,Wu Z,et al. High-Performance Aromatic Polyimide Fibres[J]. V. Compressive Proper-ties of BPDA - DMB Fiber[J]. J. Mater. Sci. (UK),1996,31：4423 - 4431.

[23] Martin D C,Thomas E L. Micromechanisms of Kinking in Rigid-Rod Polymer Fibres[J]. J. Mater. Sci. , 1991,26：5171 - 5183.

[24] Li W H,Wu Z Q,Jiang H,et al. High-Performance Aromatic Polyimide Fibres[J]. J. Mater. Sci. ,1996,31, 4423 - 4431.

[25] Dine - Hart R A,Wright W W. Preparation and Fabrication of Aromatic Polyimides[J]. J. Appl. Polym. Sci. , 1967,11,609 - 627.

[26] Huang S B,Gao Z M,et al. Properties,Morphology and Structure of BPDA/PPD/ODA Polyimide Fibres[J]. Plast. ,Rubber Compos. ,2013,42：407 - 415.

[27] Patil R,Tsukruk V V,Reneker D H. Molecular Packing at Surfaces of Oriented Polyimide Fiber and Film Observed by Atomic Force Microscopy[J]. Polym. Bulletin,1992,29：557 - 563.

[28] 顾宜,周郁菊. 含氟聚酰亚胺的进展[J]. 高分子材料科学与工程,1995,11：7 - 13.

[29] Wu Z,Zhang A,Cheng S Z D,et al. The Crystal Structures and Thermal Shrinkage Properties of Aromatic Polyimide Fibers[J]. J. Therm. Anal. Calorim,1996,46：719 - 731.

[30] Becker K H,Schmidt H W. Paralinked Aromatic Poly (Amic Ethyl Ester) S-Precursors to Rodlike Aromatic Polyimides. 1. Synthesis and Imidization Study[J]. Macromolecules,1992,25：6784 - 6790.

[31] Adhikari R D,Alumina W O P,Aerts SNH. Abe,Hideki Synchrotron SAXS and WAXS Studies on Changes in Structural and Thermal Properties of Poly [(R) - 3 - hydroxybutyrate] Single Crystals during Heating 678[J]. Macromol. Rapid Comm. ,2005,26：1971 - 1990.

[32] Liu X Y,Pan R,Gu Y,et al. Stretching Induced Steric Interaction between Backbone and Side Chain in a Novel Polyimide Fiber[J]. Polym. Eng. Sci. ,2009,49：1225 - 1233.

[33] Weinrotter K,Jeszenszky T,Schmidt H,et al. Non-Flammable,High-Temperature Resistant Polyimide Fibers Made by a Dry Spinning Method：US 4801502[P]. 1989.

[34] Griesser H,陈颖,金智才. P84 聚酰亚胺纤维在非织造业中的应用[J]. 产业用纺织品,2000,3：40 - 42.

[35] 邢倜鹏. BTDA - TDI/MDI 三元共聚聚酰亚胺纤维湿法纺丝的研究[D]. 上海：东华大学,2012.

[36] 黄忠,向红兵,胡祖明,等. 三元共聚聚酰亚胺初生纤维结构与性能的研究[J]. 高科技纤维与应用, 2011,35：37 - 40.

[37] Chisca S B,Barzic A I,Sava I,et al. Morphological and Rheological Insights on Polyimide Chain Entangle-ments for Electrospinning Produced Fibers[J]. J. Phy. Chem. B,2012,116：9082 - 9088.

[38] Dorsey K D,Desai P,Abhiraman A S,et al. ,Structure and Properties of Melt-Extruded Larc-IA (3,4′ - ODA 4,4′-ODPA) Polyimide Fibers[J]. J. Appl. Polym. Sci. ,1999,73：1215 - 1222.

[39] Eashoo M,Buckley L J,St Clair A K,Fibers from a Low Dielectric Constant Fluorinated Polyimide：Solution Spinning and Morphology Control[J]. J. Polym. Sci. Part B：Polym. Phy. ,1997,35：173 - 185.

# 第4章

# 含特殊单体的聚酰亚胺纤维

## 4.1 概　述

　　决定聚酰亚胺纤维性能的因素很多,既有物理学的因素也有化学的因素。物理学的因素来自于纺丝过程的各个工艺环节,这些工艺参数影响纤维中聚合物分子的取向、结晶、缺陷的形成等,从而影响聚酰亚胺纤维的性能。化学的因素主要是单体和聚合物结构,单体和聚合物结构决定了聚酰亚胺纤维中的超分子架构,从而决定纤维的基本性能。本书在前面两章中分别就纺丝工艺和化学结构对性能的影响展开了讨论,讨论了不同纺丝工艺参数、单体结构对聚酰亚胺纤维性能的影响。在单体结构与性能关系方面,改变单体结构能够显著影响聚酰亚胺纤维的性能,利用合适的通用单体——通常是已经商品化的单体——可以制备耐热性能与力学性能优异的聚酰亚胺纤维,能够满足作为高温除尘滤袋、特种防护服等应用的需求。基于通用单体的聚酰亚胺纤维已经实现了商品化,典型的代表性产品如赢创集团(Evonik 公司)的 P84 纤维和长春高琦聚酰亚胺材料有限公司的轶纶纤维,其强度分别为 0.54GPa 和大于 0.57GPa(该数据来自于各自公司的网站)。

　　聚酰亚胺纤维应用范围不断扩大,日益渗透到从民用、工业到国防的各个领域,不同的应用领域对纤维力学性能、阻燃性能、耐原子氧等性能不断地提出更高的要求。尽管聚酰亚胺纤维具有优异的热学、力学等性能,已经属于高性能纤维的一种,但高性能化和功能化仍然是聚酰亚胺纤维研究的一个重要方面。聚酰亚胺纤维的高性能化和功能化通常是为了获得比通常的聚酰亚胺纤维具有更优异的力学性能、阻燃性能或耐原子氧性能。在力学性能方面,更高的强度和模量已经成为一个重要的且具有挑战性的追求目标。力学性能的提高可实现聚酰亚胺纤维具有与碳纤维、聚苯并噁唑(PBO)纤维和聚苯并咪唑(PBI)纤维强度的可比性,可在某些领域弥补这些高性能纤维的不足,充分发挥聚酰亚胺特有的化学稳定性、热稳定性及耐候性等综合性能,与不同高性能纤维之间形成互补。除了力学性能,在某些领域的应用中,更高的阻燃性能或耐原子氧性能同样是重要的性能需求,这也是聚酰亚胺纤维功能化的重要目标。聚酰亚胺纤维实现高性能化和功能化,对于拓展其在航空航天、高速列车等特殊领域的应用潜力具有重要意义。

实现聚酰亚胺纤维的高性能化和功能化,一个重要的方式是将功能性基团引入到聚酰亚胺单体中,通过功能性基团影响聚合物分子的取向、排列、分子间作用力,从而控制纤维的微观形貌,抑制缺陷的形成,提高纤维的强度。或者由功能性基团实现聚酰亚胺纤维更高的阻燃性能和耐原子氧性能,获得具有更优的力学性能或其他性能的聚酰亚胺纤维。这是一种从化学结构方面实现高性能化和功能化的策略。另一种策略是通过聚酰亚胺纤维的表面处理、电镀,或者在纺丝过程中进行纳米粒子掺杂,实现聚酰亚胺纤维的功能化。本章重点讨论通过聚合物化学结构设计实现聚酰亚胺纤维的高性能化和功能化,力图通过这些讨论,形成高性能化和功能化聚酰亚胺纤维制备的基本分子设计思想。通过表面改性及掺杂改性实现聚酰亚胺纤维的功能化将在第 5 章中论述。

在聚酰亚胺纤维的高性能化方面,本章重点关注在聚酰亚胺结构中引入杂环二胺对提高纤维力学性能的贡献。目前已经报道的聚酰亚胺纤维品种中,引入的杂环主要是嘧啶环、咪唑环和噁唑环,这些杂环通常是通过二胺结构引入,其原因在于杂环二胺单体在合成上更容易实现,结构也更具多样化。含有上述杂环的单体,通常为聚合物带来更高的刚性或氢键以提供分子链间作用,从而影响聚合物中分子链的排列、结晶性,为聚酰亚胺纤维赋予更高的力学性能。

在聚酰亚胺纤维的功能化方面,本章重点关注通过引入含磷单体以提高聚酰亚胺纤维的阻燃性能。虽然聚酰亚胺纤维本身具有良好的阻燃性能,但是在诸如消防防护装备等领域,更高阻燃能力的特种织物的应用,对于保护生命安全具有更为重要的意义。实现阻燃性能提高的主要方法是在聚酰亚胺中引入含磷基团,含磷基团在烧蚀过程中形成无机磷保护层,阻隔燃烧的继续。另外,聚酰亚胺的耐原子氧性能也是近年人们关注的一个重要方面,在外层空间高真空的环境中,原子态的氧对纤维的侵蚀作用极大,危害纤维材料使用的可靠性和安全性。提高耐原子氧性能的主要方法是向聚合物中引入含硅基团,使纤维在受到原子氧的侵蚀作用时,形成无机硅保护层,这种方法已经成功应用到耐原子氧的聚酰亚胺薄膜制备中,但在耐原子氧的聚酰亚胺纤维制备中尚在研究阶段,未见公开报道。

众所周知,聚酰亚胺纤维制备的各环节中所面临的主要问题是聚酰亚胺或聚酰胺酸较差的溶解性和可加工性,除此之外,聚合物的合成往往也面临诸如固含量控制、凝胶化抑制等挑战,这些因素对纤维纺制具有根本性的影响,是决定聚合物可纺性的重要因素。对于含特殊单体的聚酰亚胺纤维,合成的困难性不仅在于聚合物的合成,更包括单体的合成。实现高性能化和功能化的特殊单体结构通常不是大规模商品化的产品,合成过程的可规模化、用于聚合的合成产物的提纯等都是特殊单体制备中的主要挑战。本章在讨论含特殊单体结构的聚酰亚胺纤维结构与性能的同时,也将兼顾讨论这些特殊单体的合成方法,为从事这方面研究的读者提供一个单体结构合成方面的参考。需要说明的是,本章中含杂环的聚酰亚胺纤维,往往采用一种或两种杂环二胺单体与一种或两种非杂环二胺单体作为混合二胺与酐共聚,在讨论到二胺或二酐组成时,所述二胺的百分含量均为该二胺单体在全部二胺单体中所占的摩尔百分含量,二胺或二酐的比例也均为其摩尔含量的比例。另外,本章中所述各聚酰亚胺纤维,如无特别说明,均是采用两步法纺丝,即用湿法纺制聚酰胺酸初生纤维(聚酰胺酸纤维),再经过热亚胺化制备为聚酰亚胺纤维。

## 4.2 含嘧啶杂环的聚酰亚胺纤维

### 4.2.1 最早的含嘧啶杂环聚酰亚胺纤维

含嘧啶杂环的聚酰亚胺纤维(PMDA - ODA - PRM),最早由苏联报道[1-3],纤维的典型化学结构特征是在聚合物结构中使用了含嘧啶杂环二胺 2,5 - 二(4 - 胺基苯基)嘧啶(2,5 - PRM)或 2,4 - 二(4 - 胺基苯基)嘧啶(2,4 - PRM)作为共聚的二胺之一(图 4 - 1),含嘧啶的聚酰亚胺纤维具有更为规整的微纤结构和更小的缺陷,这种微观形貌成为决定纤维高强高模的一个重要因素。最早报道的含嘧啶杂环的聚酰亚胺纤维出现于 1988 年[1],是由 4,4′ - 二胺基二苯醚(ODA)和 2,5 - PRM 作为混合二胺与均苯四酸二酐(PMDA)共聚制备(图 4 - 2,PI - 1),该纤维 5% 热失重温度为 470℃,其拉伸强度最大可达到 1.47GPa,断裂伸长率为 5.3%,模量为 9GPa,400℃ 下,拉伸强度下降到 0.57GPa,模量下降到 16.8GPa。

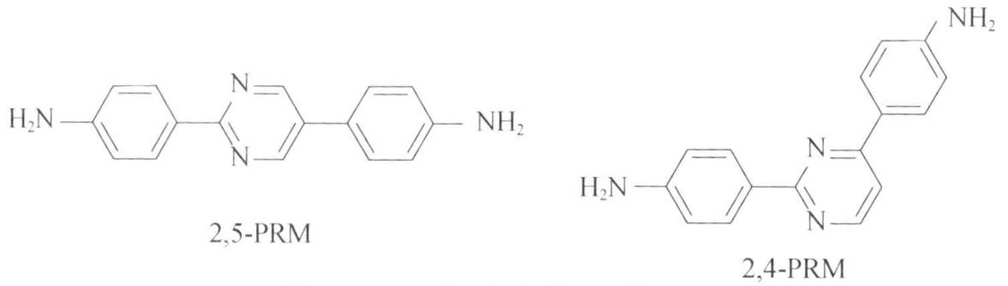

图 4 - 1　含嘧啶杂环的二胺

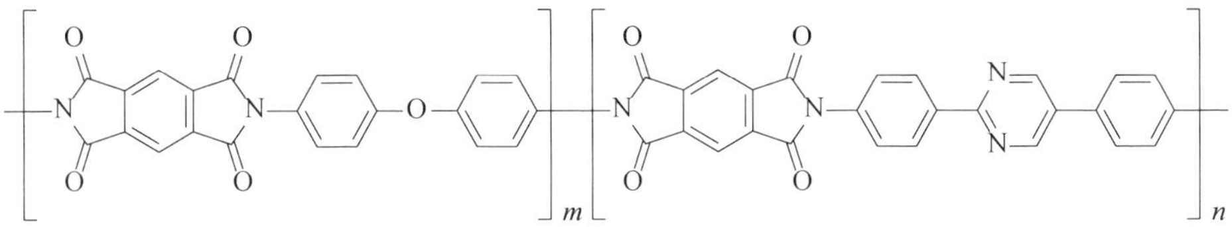

PI-1

图 4-2　由 2,5-PRM 和 ODA 制备的共聚聚酰亚胺纤维化学结构

## 4.2.2　含嘧啶杂环聚酰亚胺纤维

　　1991 年,一种由 2,5-PRM 和对苯二胺(pPDA)作为混合二胺与 3,3′,4,4′-联苯四酸二酐(BPDA)共聚制备的聚酰亚胺纤维(BPDA-pPDA-PRM)被首次报道(图 4-3,PI-2),该纤维采用两步法制备,聚酰胺酸纺丝采用湿法纺丝[2]。对比由 BPDA 和 pPDA 共聚制备的聚酰亚胺纤维(拉伸强度为 1.21GPa,模量为 101GPa),2,5-PRM 的引入极大地提高了纤维的力学性能(表 4-1,1~8),二胺中含 15%(摩尔分数)的 2,5-PRM 即可将纤维性能提高 1 倍。该共聚聚酰亚胺纤维的 5% 热失重温度达到 540℃,其力学性能与聚合物中两种二胺单体 2,5-PRM 和 pPDA 的比例密切相关(图 4-4)。纤维的拉伸强度和模量随着 2,5-PRM 比例的提高而提高,至 2,5-PRM 和 pPDA 等摩尔量时,达到最高,在此比例下,其常温下拉伸强度可达 4.94GPa,模量达 282GPa,断裂伸长率达 4.8%,进一步提高 2,5-PRM 的含量则导致力学性能下降。高温下,该聚酰亚胺纤维力学性能随着二胺单体 2,5-PRM 和 pPDA 的比例呈与常温下相一致的变化趋势,同样在两者等摩尔量时达到最大,400℃时其拉伸强度为 2.14GPa,断裂伸长率为 2.1%,模量为 94GPa,500℃时拉伸强度进一步降低为 0.82GPa,断裂伸长率则为 1.6%,模量为 66GPa,可见该聚酰亚胺纤维高温性能仍然十分可观。

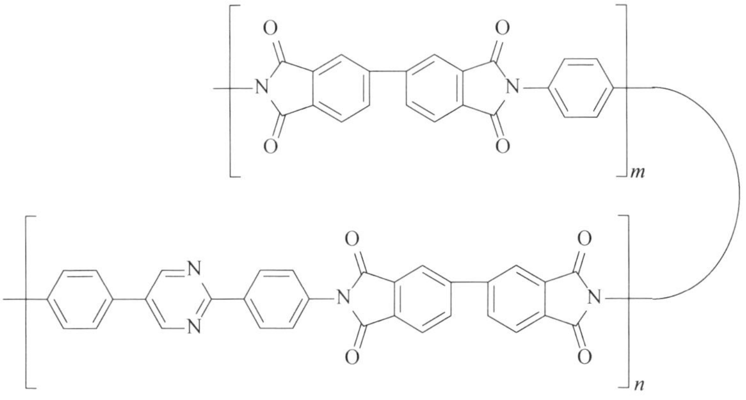

PI-2

图 4-3　由 2,5-PRM 和 pPDA 制备的含嘧啶的共聚聚酰亚胺纤维化学结构

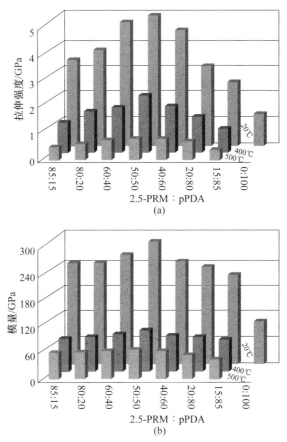

图 4-4　含嘧啶的 PI-2 纤维的拉伸强度(a)和
模量(b)与二胺共聚组成及温度的关系

2008 年,一类由包括 2,5-PRM 在内的三种二胺和 BPDA 共聚制备的聚酰亚胺纤维被报道(图 4-5,PI-3)[3],该纤维是对 PI-2 纤维化学结构的进一步改进,再次实现聚酰亚胺纤维力学性能的跃升,其拉伸强度已经超越了现在已知的有机纤维的力学性能指标。这类三种二胺组成的共聚聚酰亚胺使用的二酐为 BPDA,混合二胺单体由 2,5-PRM、pPDA 和 mPDA 组成,其中 2,5-PRM 占二胺用量的 50%(摩尔分数),其余为 pPDA 和 mPDA(表 4-1,9~14)。该聚酰亚胺纤维的力学性能与二胺单体 pPDA 和 mPDA 的组成比例密切相关(图 4-6),与前述两组分二胺共聚制备的 PI-2 相比,纤维力学性能的大幅提升来源于加入少量 mPDA 的贡献,随着其加入量从 1%(摩尔分数)增加到 7%(摩尔分数)(相应减少 pPDA 的量),纤维的拉伸强度从 5.10GPa 上升到 7.16GPa,继续增加 mPDA 的量,拉伸强度开始下降,至 mPDA 含量增加到 15%(摩尔分数),拉伸强度下降到 6.01GPa。高温下拉伸强度呈现相同的变化趋势,400℃时各种二胺组

表 4-1　含噻吩杂环的 PI-2 纤维（1~8）和 PI-3 纤维（9~14）化学结构与力学性能[2,3]

| 序号 | 二胺组成/%（摩尔分数） | | | | 5%热失重温度/℃ | 纤维力学性能 | | | | | | | | |
|---|---|---|---|---|---|---|---|---|---|---|---|---|---|---|
| | 2,5-PRM | pPDA | mPDA | 2,4-PRM | | 20℃ | | | 400℃[1] | | | 500℃[1] | | |
| | | | | | | 拉伸强度/GPa | 断裂伸长率/% | 模量/GPa | 拉伸强度/GPa | 断裂伸长率/% | 模量/GPa | 拉伸强度/GPa | 断裂伸长率/% | 模量/GPa |
| 1 | 85.0 | 15.0 | — | — | 540 | 3.29 | 3.0 | 230 | 1.17 | 1.8 | 77.0 | 0.50 | 1.2 | 60.0 |
| 2 | 80.0 | 20.0 | — | — | 540 | 3.66 | 2.9 | 231 | 1.57 | 1.8 | 80.0 | 5.86 | 1.3 | 62.0 |
| 3 | 60.0 | 40.0 | — | — | 540 | 4.69 | 3.8 | 252 | 1.77 | 1.7 | 85.0 | 0.76 | 1.5 | 64.0 |
| 4 | 50.0 | 50.0 | — | — | 540 | 4.94 | 4.8 | 282 | 2.14 | 2.1 | 94.0 | 0.82 | 1.6 | 66.0 |
| 5 | 40.0 | 60.0 | — | — | 540 | 4.40 | 3.9 | 237 | 1.80 | 2.0 | 81.0 | 0.81 | 1.3 | 65.0 |
| 6 | 20.0 | 80.0 | — | — | 540 | 3.06 | 3.1 | 223 | 1.36 | 1.8 | 79.0 | 0.74 | 1.1 | 54.0 |
| 7 | 15.0 | 85.0 | — | — | 540 | 2.43 | 2.0 | 205 | 0.94 | 1.2 | 73.0 | 0.41 | 0.6 | 43.0 |
| 8 | 0.0 | 100.0 | — | — | — | 1.21 | 1.4 | 101 | — | — | — | — | — | — |
| 9 | 50.0 | 49.0 | 1.0 | 0.0 | 540 | 5.10 | 4.0 | 280 | 2.12 | 1.7 | 126 | 0.84 | 1.3 | 65.0 |
| 10 | 50.0 | 47.5 | 2.5 | 0.0 | 540 | 5.73 | 4.1 | 280 | 2.39 | 1.7 | 126 | 0.94 | 1.3 | 64.4 |
| 11 | 50.0 | 45.0 | 5.0 | 0.0 | 540 | 6.38 | 4.1 | 270 | 2.66 | 1.8 | 126 | 1.05 | 1.4 | 64.0 |
| 12 | 50.0 | 43.0 | 7.0 | 0.0 | 540 | 7.16 | 4.2 | 260 | 2.99 | 1.8 | 117 | 1.18 | 1.4 | 59.0 |
| 13 | 50.0 | 40.0 | 10.0 | 0.0 | 540 | 6.45 | 4.2 | 250 | 2.69 | 1.8 | 112 | 1.06 | 1.4 | 57.5 |
| 14 | 50.0 | 35.0 | 15.0 | 0.0 | 540 | 6.01 | 4.4 | 212 | 2.50 | 1.8 | 95.4 | 0.99 | 1.4 | 48.7 |
| 15 | 50.0 | 45.0 | 0.0 | 5.0 | 550 | 5.63 | 3.55 | 139.5 | — | — | — | — | — | — |
| 16 | 50.0 | 40.0 | 0.0 | 10.0 | 550 | 6.23 | 4.68 | 103.4 | 2.0 | 2.0 | 75.0 | 1.09 | 1.7 | 68.0 |
| 17 | 40.0 | 60.0(ODA)② | 470 | 0.0 | 1.41 | 5.3 | 29.0 | — | — | — | — | — | — | — |

①纤维置于该温度下 5 min 后，在该温度下测量力学性能；②只使用 2,5-PRM 和 ODA 与 BPDA 共聚，即聚合物 PI-1。

成比例的聚酰亚胺纤维拉伸强度均在2.12GPa以上,mPDA含量为7%(摩尔分数)的聚酰亚胺纤维(表4-1,12),其拉伸强度更是达到2.99GPa,即使在500℃的高温,仍然保持了1.18GPa的拉伸强度。含嘧啶的PI-3纤维的断裂伸长率随聚合物二胺组成比例无明显变化,常温下为4.0%~4.4%,400℃下为1.7%~1.8%,500℃下为1.3%~1.4%。有趣的是,这类聚酰亚胺纤维的模量随着mPDA含量的增加逐渐减小,从1%(摩尔分数)时的280GPa,下降到15%(摩尔分数)时的212GPa,在含量为7%(摩尔分数)时,为260GPa。尽管存在这样的模量下降趋势,但是已经足以满足多数追求高强高模力学性能的应用需求。

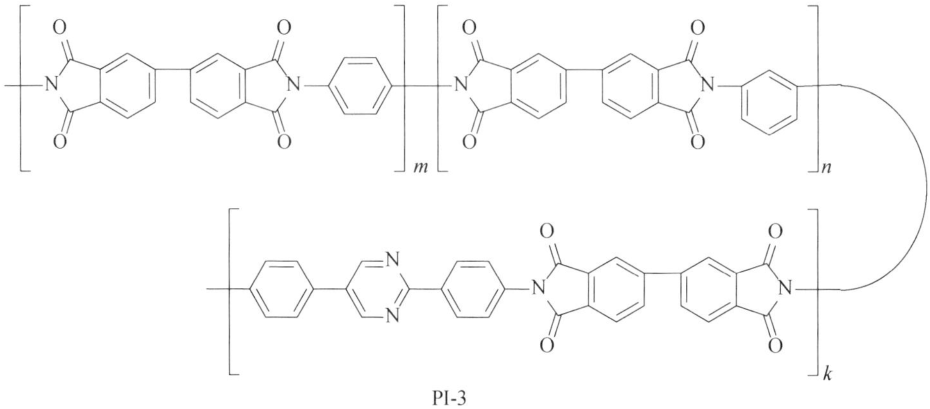

PI-3

图4-5 由2,5-PRM、pPDA和mPDA共聚制备的聚酰亚胺纤维化学结构

以2,4-PRM代替mPDA制备化学结构含有2,5-PRM、mPDA和2,4-PRM的共聚聚酰亚胺纤维,纤维的拉伸强度明显降低,模量也显著下降(表4-1,15,16)[3]。同样,2,4-PRM含量为5%(摩尔分数)的聚酰亚胺纤维(表4-1,15),其拉伸强度仅为5.63GPa,明显低于mPDA含量同为5%(摩尔分数)的聚酰亚胺纤维(表4-1,11),后者拉伸强度为6.38GPa。当2,4-PRM提升到10%(摩尔分数)时(表4-1,16),聚酰亚胺纤维拉伸强度可以提升到6.23GPa,与mPDA同为10%(摩尔分数)的聚酰亚胺纤维(表4-1,13)相比,拉伸强度略为接近。2,4-PRM的引入,显著降低了聚酰亚胺纤维的模量,2,4-PRM含量为5%(摩尔分数)和10%(摩尔分数)的聚酰亚胺纤维,其模量分别为139.5GPa和103.4GPa。相比于mPDA,2,4-PRM的引入对聚酰亚胺纤维的力学性能并未形成正面的贡献,在聚酰亚胺纤维化学结构设计中,杂环单体不能一概而论,适当的结构范围内的筛选十分必要。

### 4.2.3 含嘧啶杂环聚酰亚胺纤维化学结构与纤维的微观形态和性能

聚酰亚胺纤维的力学和应用性质依赖于聚酰亚胺分子链的超分子架构和形

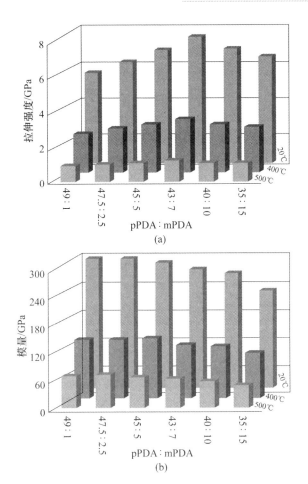

图 4 - 6　含嘧啶的 PI - 3 纤维的拉伸强度(a)和模量(b)与二胺共聚组成及温度的关系
(共聚组成中 2,5 - PRM 为 50%（摩尔分数）,图示为 pPDA 和 mPDA 的组成比例)

态,而超分子架构和形态受聚合物的化学组成、纤维制备过程及处理方法的影响。结晶结构已经在一些聚酰亚胺纤维中被观察到,结晶结构会影响聚酰亚胺纤维的微观形态,并与微观形态一起影响纤维的力学性能。如前所述,向聚酰亚胺中引入杂环结构,希望通过杂环结构调控高分子链间相互作用及高分子链的聚集态,进一步影响纤维表面和内部的微观形态,从而决定聚合物的力学性能,并由此途径获得高强高模的聚酰亚胺纤维。含嘧啶结构的二胺 2,5 - PRM 的引入,是实现上述目标的最好例证。面对这些突破性的结果,随之而来的疑问是,嘧啶结构怎样影响了聚酰亚胺纤维的性能。从聚酰亚胺纤维的化学结构到性能之间,跨越了分子水平的聚集结构、纳米尺度的微观结构等,化学结构影响不同尺度的物理结构,并最终决定了纤维的力学性能。在聚酰亚胺纤维形态与性能关系方面,更为深入的研究不仅对于认识这种关系、揭示其卓越性质的起源有重要的科学价值,而且对于指导聚酰亚胺结构、纤维制备工艺、后期处理工艺设计都具有重要意义。

鉴于这种认识,使用二胺 pPDA 和 2,5 - PRM 或者其一与 4,4' - 氧双邻苯二甲酸酐(醚二酐,ODPA)聚合并制备了均聚和共聚聚酰亚胺纤维(图 4 - 7,PI - 4、PI - 5 和 PI - 6),其中共聚物 PI - 6 中两种二胺单体 pPDA 和 2,5 - PRM 的比例为 80 : 20、60 : 40、50 : 50 和 20 : 80,并利用 X 射线衍射(XRD)和扫描电镜(SEM)对上述聚酰亚胺纤维内分子聚集结构和微观形态做了深入研究,建立了纤维微观形态与其化学结构之间的关系[4]。该研究中用于纺丝的聚酰胺酸的特性黏度 $\eta$ 值在 2.8 ~ 3.2dL/g 范围内,均聚聚酰亚胺 PI - 4 纤维的拉伸强度、模量和断裂伸长率分别为 1.0GPa、91GPa 和 1.2%,PI - 5 纤维的拉伸强度、模量和断裂伸长率分别为 1.5GPa、118GPa 和 2.0%,共聚聚酰亚胺 PI - 6 纤维(pPDA : 2,5 - PRM = 50 : 50)的拉伸强度和模量显著提高,分别为 3.0GPa 和 130GPa,断裂伸长率为 3.3%。

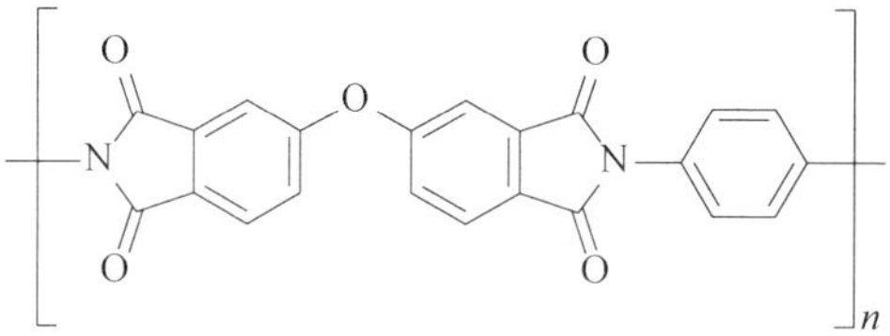

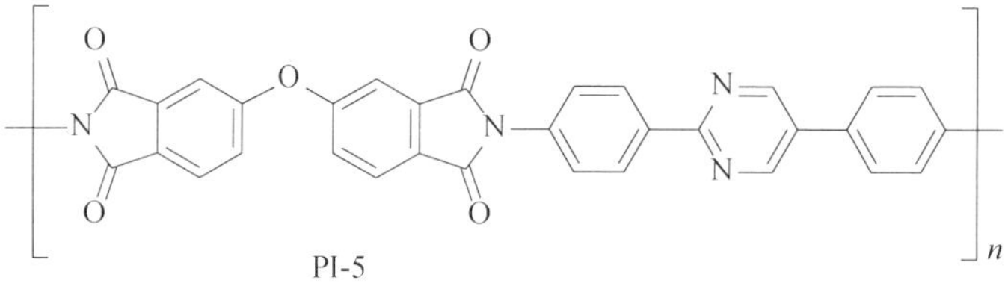

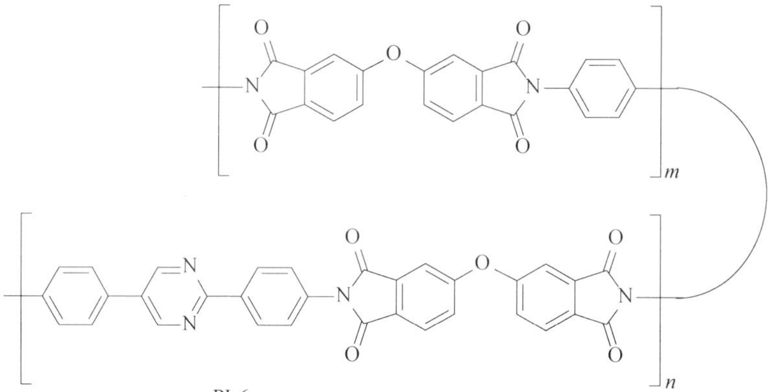

图 4 - 7　由 ODPA 与 pPDA 和 2,5 - PRM 制备的均聚聚酰亚胺纤维和共聚聚酰亚胺纤维的化学结构

　　研究发现,均聚聚酰亚胺 PI - 4 和 PI - 5 纤维的表面微观形貌呈现出显著的差异,这种差异也体现在由 pPDA 和 2,5 - PRM 组成比例不同的共聚聚酰亚胺 PI - 6 纤维上(图 4 - 8)[4]。PI - 4 纤维表面由大量的直径为 30 ~ 60nm 的微纤维组成,微纤维之间形成孔穴缺陷结构,孔穴结构宽度为 30 ~ 200nm,长度为 0.1 ~ 2mm,短纤维表面还布满了球状颗粒,直径为 30 ~ 100nm。以 2,5 - PRM 为二胺单体的均聚聚酰亚胺 PI - 5 纤维则表现出完全不同的纤维表面结构,该聚酰亚胺纤维表面呈直径 30nm 到几微米的纤维束结构,纤维束之间可以看到狭长的孔穴结构。对于 pPDA 和 2,5 - PRM 组成比例为 80∶20 的共聚聚酰亚胺 PI - 6 纤维,与 PI - 4 纤维相比,其微纤维结构更粗,直径为 60 ~ 100nm,对于组成比例为 60∶40 和 50∶50 的共聚聚酰亚胺 PI - 6 纤维,难于分辨出微纤结构,但是可以看到纤维表面为直径 0.02 ~ 0.5mm 的球状颗粒覆盖。

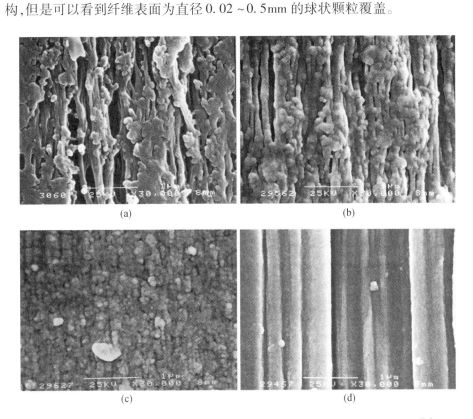

图 4 - 8　均聚聚酰亚胺纤维和共聚聚酰亚胺纤维表面 SEM 照片[4]

(a) PI - 4;(b) PI - 6(pPDA∶2,5 - PRM = 80∶20);(c) PI - 6(pPDA∶2,5 - PRM = 50∶50);(d) PI - 5。

　　由化学结构所导致的微观形貌差异不仅体现在纤维表面,而且体现在纤维的内部,这种差异清楚地呈现在纤维的纵切面、横切面和纤维剥离表面(图 4 - 9、图 4 - 10)[4]。研究纤维剥离表面的微观形貌可以提供对纤维内部结构、微纤维的形态和相互融合聚集作用的直观认识,并以此为依据估算微纤维的粗细、微纤破坏状态和微纤维之间的关联,为聚合物分子的超分子聚集结构提供线索。对于以 pPDA 为二胺的均聚聚酰亚胺 PI-4 纤维,从其纵切面和横切面可以清晰地观察到皮-芯结构(图 4-9(a)、(b)),多孔的皮层厚度为 $2 \sim 4.5 \mu m$,密集分布着 $0.05 \sim 0.2 \mu m$ 的微孔结构,中间是致密的内芯,由纵向紧密排列的微纤组成,微纤维直径为 $0.5 \sim 1 \mu m$。以 2,5-PRM 为二胺的均聚聚酰亚胺 PI-5 纤维则呈现出完全不同的切面微观形貌(图 4-9(c)、(d)),该纤维横切面具有类似木质的结构,没有明显的皮-芯结构,但存在一个厚度为 $0.2 \sim 0.5 \mu m$ 的表面层,其结构不如内部有序,纤维内部可以观察到由多个条带状结构组成的微纤束,每个条带结构具有长 $1 \sim 1.5 \mu m$,宽 $0.5 \sim 1 \mu m$ 的截面。

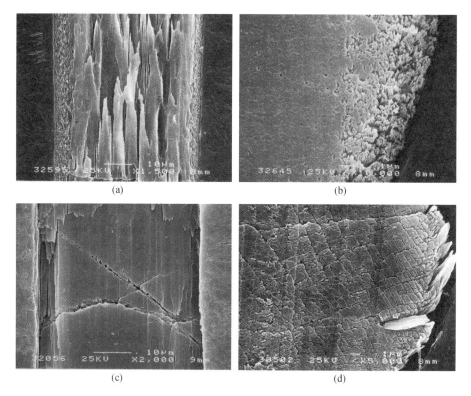

(a)   (b)

(c)   (d)

图 4-9 均聚聚酰亚胺纤维的纵切面和横切面微观形貌[4]

(a)PI-4 纤维的纵切面;(b)横切面;(c)PI-5 纤维的纵切面;(d)横切面。

纤维剥离表面同样呈现出与化学结构相关的差异性(图 4-10)[4]。由于均聚聚酰亚胺 PI-4 的脆性(断裂伸长率为 1.5%),仅有很小的一部分被剥离开(约 $1 \mu m$,图 4-10(a)),高放大倍率下可以看到短而致密的微纤维形貌,微纤直径为 $0.1 \sim 0.2 \mu m$,撕裂的微纤维末端在拉伸、断裂和松弛的过程中形成球状体,突出于剥离表面(图 4 - 10(b))。共聚聚酰亚胺 PI - 6 纤维展示出连续的条带结构和部分分离的微纤维结构,微纤结构直径约为 0.3μm(图 4 - 10(c),(e)),这些撕裂下来的微纤维卷绕成螺旋结构,表明微纤维在撕裂和释放应力前形成了塑性应力,这种塑性损伤特征显示共聚聚酰亚胺 PI - 6 纤维具有比 PI -4纤维更好的可延展性。高放大倍率下,共聚聚酰亚胺 PI - 6 纤维的剥离表面上可以看到直径为 0.03 ~ 0.1μm,长度为 10μm 的微纤,微纤断裂形成的球状

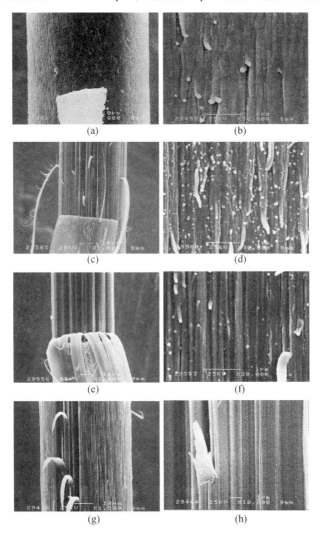

图 4 - 10　均聚和共聚聚酰亚胺纤维的表面剥离

微观形貌(低放大倍率和高放大倍率)[4]

(a)、(b)PI - 4;(c)、(d)PI - 6(pPDA∶2,5 - PRM = 80∶20;

(e)、(f)PI - 6(pPDA∶2,5 - PRM = 50∶50;(g)、(h)PI - 5。

体远远多于共聚聚酰亚胺 PI-4 和 PI-5 纤维,这表明在共聚聚酰亚胺纤维中存在更多的交错的微纤结构,形成纤维束之间的连接。另外,在 PI-6 纤维的微纤上也可以观察到球状体的存在,微纤上的球状体形成了一种串珠状结构,这种串珠状结构仅在共聚聚酰亚胺 PI-6 纤维内存在(图 4-10(d)、(f))。以 2,5-PRM 为二胺的均聚聚酰亚胺 PI-5 纤维,其剥离表面十分光滑,可以看到很多线形的微纤沿纤维轴方向平行排列(图 4-10(g)、(h)),这意味着纤维内部形成了紧密堆积的层状排列的条带结构,撕裂的条带结构末端与 PI-4 和 PI-6纤维有显著的差异。对聚酰亚胺纤维内部微观形貌的研究表明,共聚聚酰亚胺纤维比均聚聚酰亚胺纤维具有更好的延展性和横向强度,在均聚聚酰亚胺纤维中更为有序的微纤结构排列是一个重要因素。

弯折实验进一步提供了聚酰亚胺纤维微观结构信息(图 4-11)[4]。以 pP-DA 为二胺的均聚聚酰亚胺 PI-4 纤维弯折时发生断裂,断裂面形成许多短尖状结构,而没有长纤维结构出现,意味着该纤维横向强度可能高于纤维的纵向强度(图 4-11(a))。引入 2,5-PRM 的共聚聚酰亚胺 PI-6 纤维,弯折时部分断

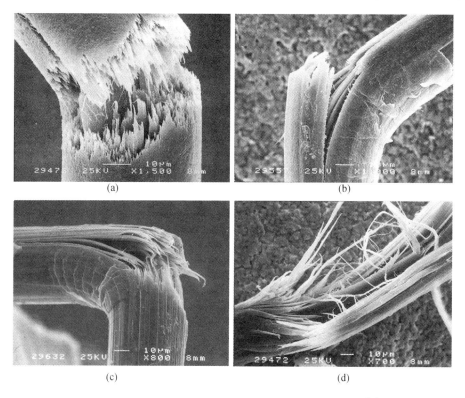

图 4-11　均聚和共聚聚酰亚胺纤维的弯折实验[4]

(a)PI-4;(b)PI-6(pPDA : 2,5-PRM=80 : 20);(c)PI-6(pPDA : 2,5-PRM=50 : 50);(d)PI-5。

裂,同时形成沿纤维轴向的分裂,并且分裂的长度随着2,5-PRM含量的增加而呈现增加的趋势,仅以2,5-PRM为二胺的均聚聚酰亚胺PI-5纤维,则形成了相当长的轴向分裂(图4-11(b)、(c)、(d))。聚酰亚胺纤维受到弯折力时经受了两种断裂,一种垂直于纤维轴方向。另一种平行于纤维轴方向。断裂机理依赖于纤维微观结构,在纤维束之间存在微纤连接,以及共聚聚酰亚胺纤维中独特的串珠结构提供了纤维对弯折作用的耐受性和热力学性能的提升。

对聚酰亚胺纤维内大分子的排列更深刻的认识来自于对纤维的XRD研究,分析聚酰亚胺纤维沿子午线方向和赤道线方向的XRD,可以充分认识纤维内部存在的晶相结构,从而建立其化学结构与大分子链聚集态的关系,聚酰亚胺纤维子午线区域的XRD显示的布拉格衍射$2\theta$角与沿着聚合物分子链方向的周期性相关[4]。沿赤道线方向的XRD谱图中(图4-12(a)),均聚聚酰亚胺PI-4纤维在$2\theta$角为18°~20°处显示为一个窄而尖的衍射峰,而PI-5纤维则在$2\theta$角为16°~23°处显示一宽而钝的衍射峰。这一结果表明,在纤维的横切面方向,PI-4纤维内的大分子堆积更为紧密有序。考虑弯折实验中PI-4纤维具有更高的横向强度,与其分子在横切面方向堆积更为有序相一致。沿子午线方向的XRD谱图中,均聚聚酰亚胺PI-4纤维的$2\theta$角分别为11°(强峰)、16°和26°(中等强度)(图4-12(b),曲线1),而PI-5纤维的$2\theta$角分别为7°、11°(强峰)、14°、18°、21°和25°(图4-12(b),曲线2)。这一结果表明,在均聚聚酰亚胺纤维中,聚合物分子链沿纤维轴方向形成了规整排列,PI-4纤维内规整排列的有序微区长度为12~12.5nm,而PI-5纤维内规整排列的有序微区长度则达到16~18nm,PI-5纤维在$2\theta$角为11°的衍射峰具有更小的半宽度,表明在该纤维中大分子具有更好的取向度。由等摩尔量均聚聚酰亚胺PI-4和PI-5共混制备的纤维则显示为两种均聚聚酰亚胺纤维XRD衍射峰的叠加(图4-12(b),曲线4)。共聚聚酰亚胺PI-6(pPDA:2,5-PRM=50:50)纤维没有呈现出和均聚聚酰亚胺纤维一样的规整性(图4-12(b),曲线3),该纤维内有序排列的微区长度为11~12.5nm,相当于4~5个醚二酐和2,5-PRM聚合的长度,其中还存在着由相当于2~3个醚二酐和pPDA聚合形成的柔性区,柔性区存在于由2,5-PRM构成的刚性区域之间,共聚聚酰亚胺纤维中存在的多相结构可能来源于含嘧啶杂环单体的聚酰亚胺大分子的移位放置[5]。根据SEM观察到的纤维内部微纤结构和XRD分析的结果,借鉴其他高分子的微观结构[6,7],一种假设的纤维串珠结构模型被提出来(图4-13),在这个结构模型中,共聚聚酰亚胺的刚性片段——含2,5-PRM的单体片段——聚集形成珠粒,珠粒之间则是相对柔性的含pPDA的片段,这种结构可能形成在纤维成型过程中,局部结晶化前夕的相分离过程中,该结构模型能够用于粗略解释含嘧啶结构的共聚聚酰亚胺纤维的性能。

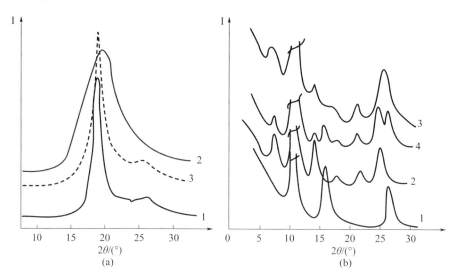

图 4-12　均聚和共聚聚酰亚胺纤维沿赤道线方向(a)
和沿子午线方向(b)的 XRD 谱图[4]

1—PI-4;2—PI-5;3—PI-6(pPDA:2,5-PRM=50:50);
4—PI-4 和 PI-5 等摩尔比例共混制备的纤维。

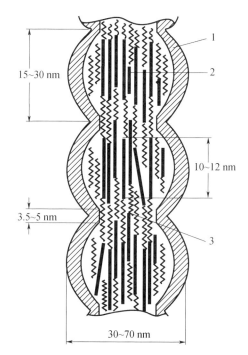

图 4-13　共聚聚酰亚胺纤维的串珠结构模型[4]

1—金导电层;2—微纤中的珠粒结构;3—柔性区域。

　　上述研究工作是对含嘧啶杂环聚酰亚胺纤维的一个非常系统的探索,这一探索初步建立了化学结构－大分子聚集态结构－微观形态－性能的关联性,对于聚酰亚胺纤维的结构设计和目标性能的实现具有重要的参考意义。尽管如此,对于聚酰亚胺纤维,相比于不断扩大的应用,在认识从化学结构到性能的关系方面,仍然十分有限,更多的深入探讨,将促进面向性能要求和应用目标的聚酰亚胺纤维化学结构的可设计性。

## 4.2.4　含嘧啶杂环二胺单体的合成

　　嘧啶杂环二胺合成的关键在于嘧啶杂环的构建,嘧啶杂环的构建,首先从合成嘧啶杂环的两端结构片段开始,再形成嘧啶环,这种策略事实上被用于多种 2,5 - 二取代嘧啶的合成。以广泛使用的 2,5 - PRM 为例(图 4 - 14),用于合成嘧啶环的两个片段——脒盐和 1,5 - 二氮杂戊二烯盐,分别由 4 - 硝基苯甲腈和 4 - 硝基苯乙酸为起始原料进行合成。4 - 硝基苯甲腈在甲醇钠/甲醇体系中加成,再原位与氯化铵反应,形成 4 - 硝基苯基脒盐;4 - 硝基苯乙酸则与由 $N,N$ - 二甲基甲酰胺(DMF)和三氯氧磷预先形成的 Vilsmeier 试剂反应,再使用适当的阴离子如高氯酸根、氟硼酸根或氟磷酸根交换并结晶,获得四甲基取代的 3 - (4 - 硝基苯基) - 1,5 - 二氮杂戊二烯盐。上述两种前体分别提供了嘧啶环骨架的一半,两者在碱性条件下缩合,即形成 2,5 - 二(4 - 硝基苯基)嘧啶,进一步以水合肼为还原剂通过催化氢化可以得到含嘧啶的杂环二胺 2,5 - PRM,合成过程的总收率一般为 50% ~ 70%[8]。除了水合肼 - Pd/C 体系,氢气 - Raney Ni 体系也是还原 2,5 - 二(4 - 硝基苯基)嘧啶的有效还原剂,但是当使用氢气 - Pd/C 体系在乙酸中进行该还原反应时,会导致嘧啶环被还原为四氢嘧啶结构,使用氢气 - Pd/C 体系在 DMF 中进行该还原反应时,则容易形成多种副产物[9]。

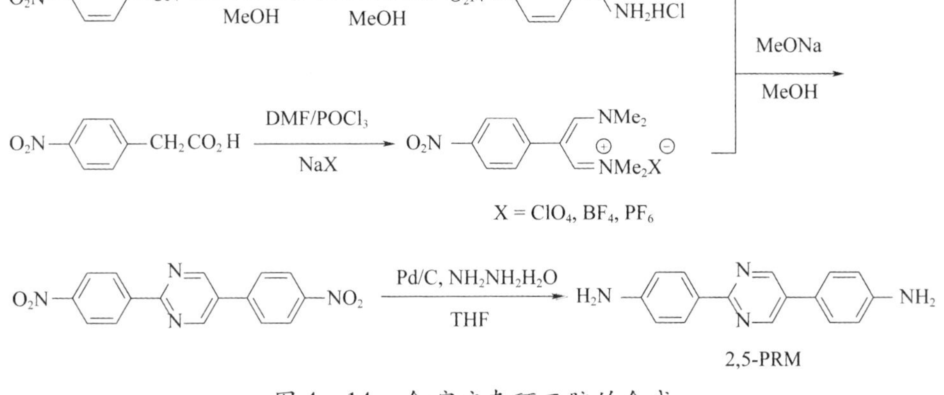

图 4 - 14　含嘧啶杂环二胺的合成

　　上述合成过程对于含嘧啶的二胺单体具有普适性，其中1,5－二氮杂戊二烯盐作为一种三碳合成元使用，显然，变换不同的脒盐和三碳合成元即可构造结构更为简化的单体结构（图4－15）。例如，以4－硝基苯基脒盐与硝基取代的丙二醛可以制备2－(4－氨基苯基)－5－氨基嘧啶单体1[10]，以胍与原位合成的含4－硝基苯基取代基的三碳合成元可以制备2－氨基－5－(4－氨基苯基)嘧啶单体2，尽管这一方法收率很低[11]。这两种二胺由于氨基直接连接在具有吸电子性的嘧啶结构上，氨基活性较低，与二酐聚合时往往难以获得满意的聚合度。

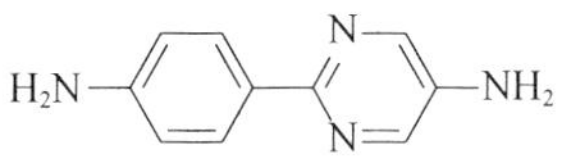

图4－15　结构简化的含嘧啶杂环二胺

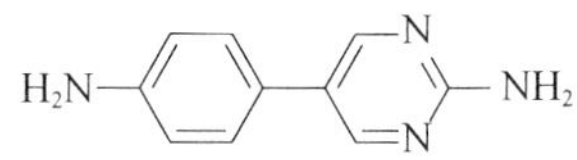

　　非直线形的嘧啶二胺单体2,4－PRM衍生物，则要经过不同的嘧啶环形成策略合成（图4－16）。由4－硝基苯甲醛与苯羰基甲基吡啶盐在微波照射下缩合形成嘧啶环制备2,4－PRM衍生物3，嘧啶环形成反应的收率为78%[12]，或者由4－硝基苯基脒盐与硝基取代的查尔酮缩合成环形成嘧啶环，成环反应收率为56%[13]。显然，如果硝基存在于不同起始原料中，可以合成具有不同分子结构类型的含嘧啶杂环二胺4，这些细微的结构差别可能会导致聚酰胺酸和聚酰亚胺溶解性和以至于纤维力学性能的差异。

　　嘧啶环上没有苯基取代的异构嘧啶二胺2,4－PRM，虽然有报道其作为单体用于聚酰亚胺纤维的制备[1,3]，但是没有相关的合成报道，一种比较简便的合成方法是利用2,4－二卤代嘧啶与4－硝基苯硼酸或4－氨基苯硼酸通过Suzuki偶联反应，制备2,4－PRM或其硝基化合物前体。通过偶联反应合成含嘧啶二胺是不同于嘧啶环构建的另一种合成策略（图4－17）。使用2－溴－4－氨基嘧啶与对氨基苯硼酸偶联，可以合成嘧啶二胺1的类似物1′，但是其反应收率仅有26%[14]，这种方法也可以用于1的合成。使用氨基取代嘧啶硼酸与含硝基或氨基的芳基卤代烃偶联，合成化合物2的硝基前体时偶联反应收率仅有42%[15]。除了收率较低，对于含嘧啶杂环的二胺单体，在合成中共同面对的问题是提纯的困难，这在一定程度上制约了含嘧啶二胺单体在制备高性能聚酰亚胺纤维中的应用。

　　含嘧啶杂环二胺的结构和合成方法不局限于以上所述，相比于其他使用通用单体的聚酰亚胺纤维，含嘧啶杂环单体的聚酰亚胺纤维种类仍然有限，更为广泛的含嘧啶杂环二胺单体结构设计、合成和聚合物合成，以及纤维制备，具有广泛的发展空间，同时也是更具有挑战性的研究领域。

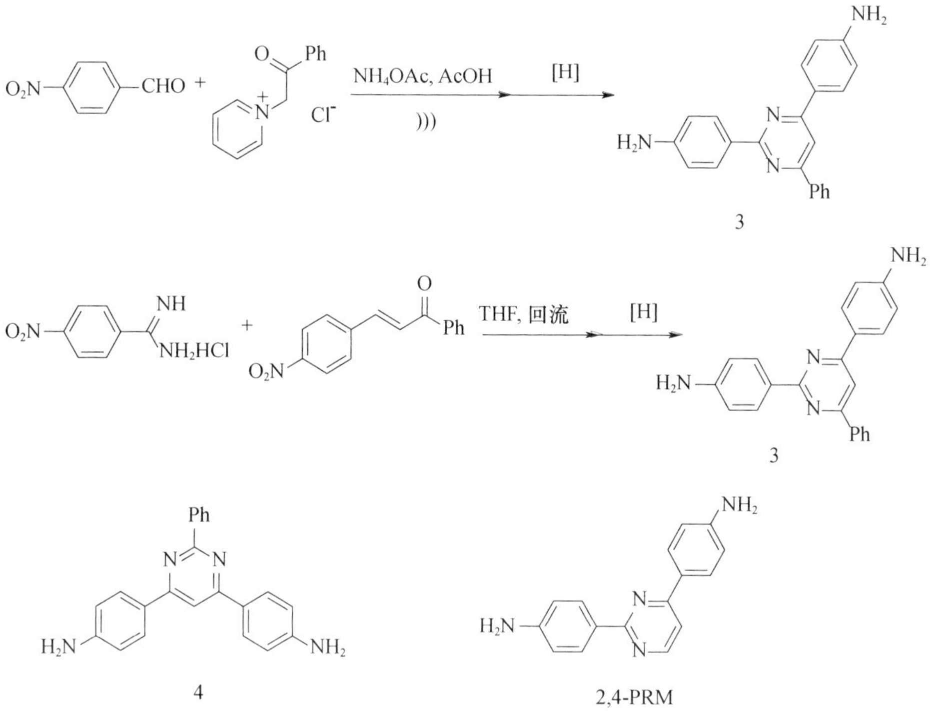

图 4-16　非直线形含嘧啶杂环二胺的合成方法

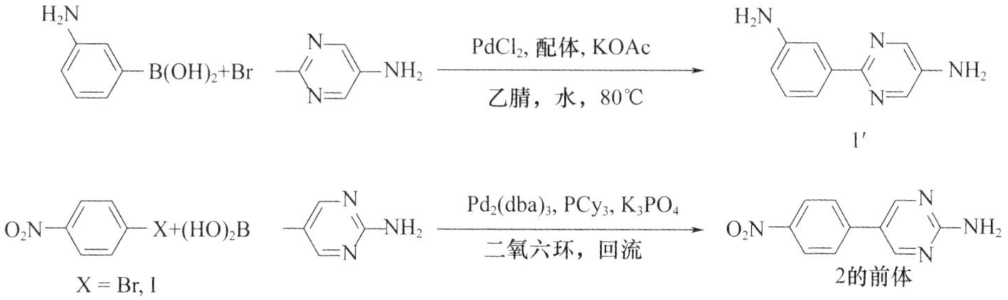

图 4-17　偶联反应合成含嘧啶杂环二胺

# 4.3　含咪唑杂环的聚酰亚胺纤维

## 4.3.1　含咪唑杂环的聚酰亚胺纤维的设计思想

通过功能性基团调控聚合物分子链间相互作用,进而影响聚合物分子链的排列和取向,是调整和提高聚合物性能的一个重要策略。这种思想同样适用于聚酰亚胺纤维的化学结构设计,在聚酰亚胺分子链中引入能够提供额外的分子链间相互作用的结构,使取向的分子链间形成横向的相互作用,促进局部有序堆积甚至结晶结构的形成,在宏观性能方面实现纤维力学性能的提高。氢键是非共价作用中最强的一种分子间相互作用,也是最容易引入到聚合物结构中的一种非共价相互作用,并且对聚酰亚胺纤维的制备过程影响有限。聚酰亚胺结构中,羰基广泛地存在于整个聚合物分子链,可以作为氢键受体,通常的聚酰亚胺,其化学结构特点导致氢键给体的缺失。要引入氢键相互作用,只要在分子链中引入氢键给体即可,可以用于聚酰亚胺结构作为氢键给体的基团包括胺、酰胺、酚和芳香羧酸或磺酸等,考虑到化学结构的耐热、耐氧化和耐水解稳定性等因素,含咪唑结构的芳香二胺(PABZ)就成为一个受到关注的最优选择(图 4 – 18)。事实上,PABZ 结构借鉴了商品化的聚合物聚苯并咪唑(PBI)的单元结构,将该结构引入聚酰亚胺纤维,既希望保持聚酰亚胺独特的性质,也希望能够部分地获得 PBI 的性质。咪唑结构中含有两个互变的氨基,可以作为氢键给体与相邻分子链的酰基形成氢键相互作用,除了氢键相互作用调控聚合物大分子聚集结构,含咪唑的杂环二胺分子具有一定的刚性,影响着聚合物分子的排列和结晶,同样有可能为聚酰亚胺纤维性能提高做出贡献。

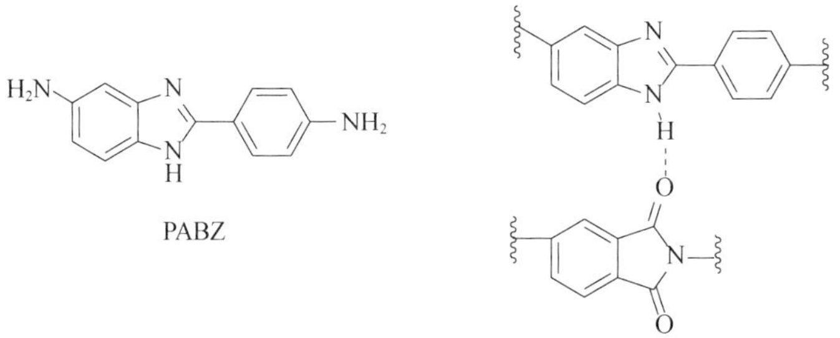

图 4 – 18 含咪唑的杂环二胺结构及其在聚酰亚胺分子链间的氢键作用模型

## 4.3.2 含咪唑杂环的共聚聚酰亚胺纤维

最早研究 PABZ 提供的氢键作用的贡献,是基于由 ODA 和 PMDA 聚合制备的聚酰亚胺结构,通过将 ODA 和 PABZ 作为混合二胺与 PMDA 共聚合,将 PABZ 引入到聚合物中,制备具有不同二胺比例的含咪唑共聚聚酰亚胺纤维(PMDA – ODA – PABZ)为模型(图 4 – 19,PI – 7,PI – 8),研究 PABZ 引入对于聚酰亚胺纤维力学性能和耐热性能的贡献[16, 17]。PABZ 的引入,带来聚酰亚胺纤维的首要改变是微观结构的变化。两步法制备的聚酰亚胺纤维,容易在热亚胺化时因释放小分子水形成孔隙结构,但是,可能得益于热亚胺化过程中的高温拉伸所导致的分子移动重排和取向,含咪唑杂环的聚酰亚胺 PI – 8 纤维(PABZ:ODA =3:7),其横切面扫描电镜照片显示致密的结构,未见明显的孔隙(图 4 – 20)。

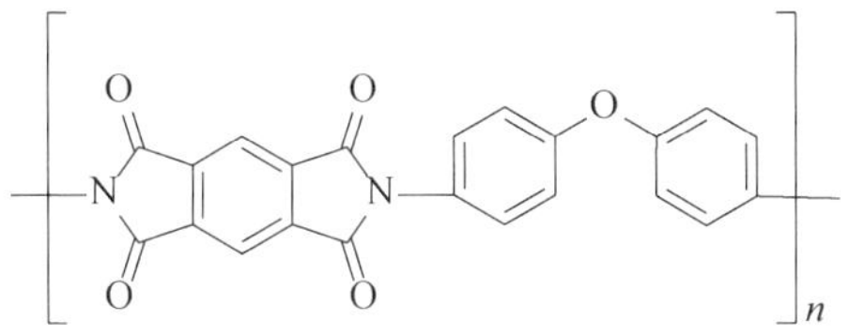

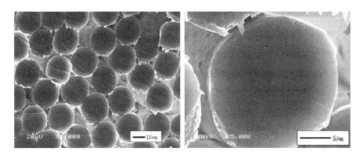

图 4 - 19　由 PABZ 和 ODA 共聚制备的含咪唑的共聚聚酰亚胺纤维的化学结构

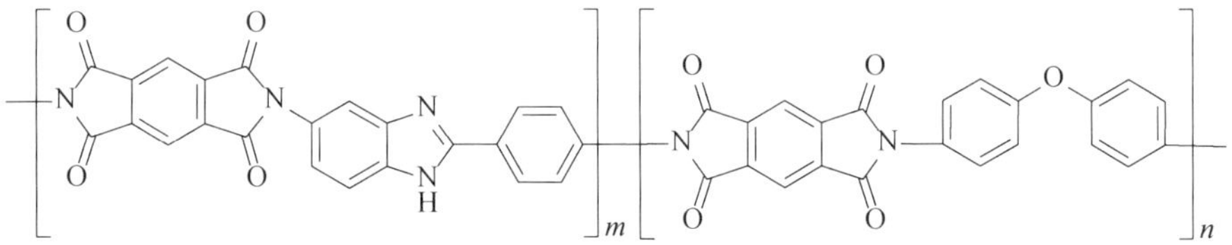

图 4 - 20　由 PABZ、ODA(3∶7)和 PMDA 共聚制备的含咪唑的
聚酰亚胺 PI - 8 纤维的横切面[17]

　　含咪唑杂环单体 PABZ 的引入,使聚酰亚胺纤维的力学性能和耐热性能得到显著提高(表 4 - 2)。纤维的拉伸强度和模量,随着 PABZ 比例的增加而从 0.61GPa(PABZ∶ODA = 0∶10)提高到 1.53GPa(PABZ∶ODA =7∶3),模量则从 8.5GPa 出乎意料地提高到 220.5GPa,模量随 PABZ 含量增加提高迅速。值得注意的是,制备这些纤维用的聚酰胺酸,在同样的纺丝溶液固含量条件下,特征黏度随着 PABZ 含量增加到 40%(摩尔分数)后呈现明显的下降趋势,这与聚酰胺酸初生纤维和聚酰亚胺纤维拉伸强度及模量的变化趋势并不一致,表明含 PABZ 的聚酰亚胺结构,黏度并非力学性能的主要影响因素,咪唑结构参与氢键作用也可能是影响聚酰胺酸黏度的一个重要因素。模量代表纤维的抗形变能力,模量越高越难于形变,意味着纤维具有更高的刚性,高刚性的 PABZ 结构引入可能提高了聚合物链的刚性,从而导致模量的显著提高。然而,以 pPDA 代替 PABZ,制备由 PMDA 和 ODA、pPDA 共聚的聚酰亚胺纤维,相比于均聚聚酰亚胺

PI－7 纤维,力学性能并无明显改善,可见单体刚性并非模量提高的直接原因。广角 X 射线衍射(WAXD)表明,不同 PABZ 和 ODA 比例的聚酰亚胺 PI－8 纤维,均在 20°附近显示一个宽峰(图 4－21),PABZ 含量与聚合物大分子的取向程度和结晶性没有必然联系。上述结果说明,含咪唑杂环结构的聚酰亚胺纤维,其力学性能的提高并非单纯来自于 PABZ 的刚性结构以及由刚性结构贡献的聚合物分子链的规整性的提高,PABZ 单元参与的分子链间相互作用应该在力学性能提高方面扮演了重要角色,这种分子链间相互作用最可能来自于咪唑结构的 N—H 基团参与的氢键作用。

表 4－2　含 PABZ 的聚酰亚胺 PI－8 纤维力学性能[16, 17]

| 序号 | 二胺组成 PABZ：ODA | 聚酰胺酸纺丝原液黏度 $\eta$/(dL/g) | 聚酰胺酸纤维 | | | 聚酰亚胺纤维① | | | | |
|---|---|---|---|---|---|---|---|---|---|---|
| | | | 拉伸强度/GPa | 断裂伸长率/% | 模量/GPa | 拉伸强度/GPa | 断裂伸长率/% | 模量/GPa | $T_{10}$/℃ | $T_g$/℃ |
| 1 | 0：10（PI－7） | 2.68 | — | — | — | 0.62 | 9.0 | 8.5 | 547 | 380 |
| 2 | 3：7 | 2.73 | 0.24 | 27.3 | 8.0 | 0.92 | 6.6 | 56.6 | 492 | 410 |
| 3 | 4：6 | 2.91 | 0.29 | 24.5 | 13.6 | 1.08 | 6.2 | 81.2 | — | — |
| 4 | 5：5 | 2.35 | 0.32 | 20.6 | 20.3 | 1.26 | 5.8 | 130.9 | 532 | 425 |
| 5 | 6：4 | 2.17 | 0.39 | 18.7 | 27.5 | 1.34 | 4.4 | 158.3 | — | — |
| 6 | 7：3 | 1.89 | 0.48 | 15.7 | 36.9 | 1.53 | 3.2 | 220.5 | 564 | 440 |
| ① $T_{10}$:10% 热失重温度,TGA 测定;$T_g$:玻璃化转变温度,DMA 测定 | | | | | | | | | | |

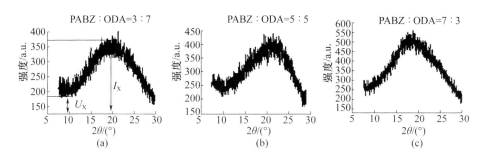

图 4－21　含咪唑杂环的聚酰亚胺纤维的 WAXD[16]

红外光谱(FTIR)是用于表征氢键存在的有效手段。通过对由不同比例的 PABZ 和 ODA(3：7,5：5,7：3)纺制的三种含咪唑杂环的聚酰亚胺 PI－8 纤维进行红外测试(图 4－22),可见在波数为 4000～3000cm$^{-1}$ 的区域,形成了一个宽峰,对应于 N—H 的伸缩振动,其强度随 PABZ 比例的提高而增强,表明 N—H 参与了分子链间氢键的形成。相比于不含 PABZ 的聚酰亚胺 PI－7 纤维,亚胺结构中羰基的伸缩振动($v_s$C＝O)和 C—N 的伸缩振动($v_s$C—N)向低波数移动,而苯环上的双键振动谱带没有发生位置改变,这种移动幅度随着 PABZ 含量的增加而增大[16]。上述结果表明,亚胺结构中的羰基参与了与咪唑环 N—H 之间的氢键作用,羰基扮演了氢键受体的角色(图 4 - 18)。随着 PABZ 比例的提高,氢键的累积作用强度增强,这与高 PABZ 比例的聚酰亚胺纤维力学性能提高相一致。对上述三种聚酰亚胺纤维的 DMA 实验表明,其玻璃化转变温度随着 PABZ 含量的增加而提高(表 4 - 2),而 tanδ 则随着 PABZ 含量增加而下降。玻璃化转变是由分子链片段的运动所产生,反映的是分子链的运动性,tanδ 反映的是分子链段运动的摩擦导致的能量消耗,PABZ 含量增加带来分子链间氢键作用增强,必然导致分子链的运动性下降,从而在宏观性能上表现为玻璃化转变温度升高,增强的氢键作用则限制了分子链的摩擦,导致 tanδ 值下降。

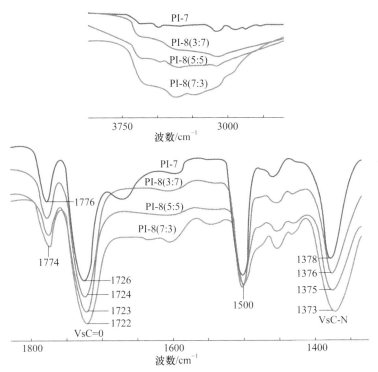

图 4 - 22　含咪唑杂环聚酰亚胺 PI - 8 纤维的红外光谱分析[16]

### 4.3.3　含咪唑杂环的共聚聚酰亚胺纤维:BTDA - TFMB - PABZ

尽管含嘧啶杂环二胺 PABZ 分子刚性较大,进入聚酰亚胺结构中容易带来分子链间的相互作用,但是通过与合适的二胺共聚,这种分子链间的相互作用仍然具有可调控性,从而可以制备溶解性和可纺性较好的聚酰亚胺,适用于一步法纺制聚酰亚胺纤维。以 2,2′ - 双(三氟甲基) - 4,4′ - 联苯二胺(TFMB)和 PABZ 作为混合二胺与二苯酮二酐(BTDA)共聚,所制备的聚酰亚胺 PI - 9

(图 4-23)[18]不仅在 DMAc、DMF、NMP 和 DMSO 等溶剂中具有良好的溶解性，在间甲酚、氯仿等溶剂中也显示了较好的溶解性，含氟二胺 TFMB 中联苯结构邻位较大的三氟甲基导致联苯结构稳定在非共平面结构，以及三氟甲基自身良好的亲溶剂作用，可能是聚酰亚胺 PI-9 具有良好的溶解性的根本原因。

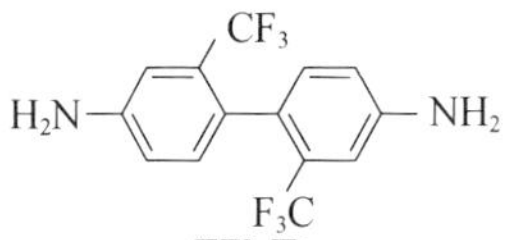

图 4-23 PABZ、TFMB 和 BTDA 共聚制备的含咪唑杂环聚酰亚胺 PI-9

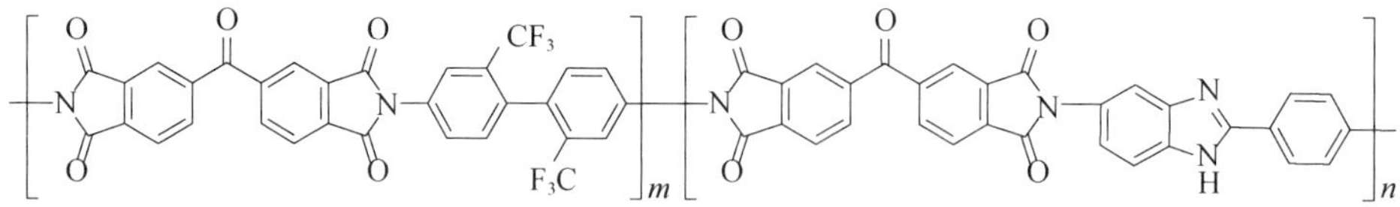

　　PI-9 的 NMP 溶液可以用于一步法纺制聚酰亚胺纤维，纤维玻璃化转变温度在 340℃以上，空气气氛中，5% 热失重温度达到 548℃以上。纤维纺制过程中，以水和 NMP 的混合溶剂作为凝固浴，初生纤维的截面在扫描电镜下未见到明显孔隙结构及凝胶颗粒，但是在纤维的表面存在着细小的孔隙和凝胶化区域（图 4-24），这意味着皮-芯结构的形成。纤维成型过程中，凝固浴溶液与纺丝溶液之间存在着双扩散过程，形成皮-芯结构，皮层形成后阻止了凝固浴中水向纤维内部的扩散。皮-芯结构的皮层随着凝固浴组成中 NMP 含量的增加而递减，至 NMP 含量达到 10% 时，皮层结构已经很难观察到，这一 NMP 含量应该是自初生纤维内部向外与自凝固浴中向内的双扩散过程达到平衡的浓度。

　　对于 PABZ 和 TFMB 共聚组成比例为 1:1 的共聚聚酰亚胺 PI-9 纤维，XRD 分析揭示了在不同拉伸倍率条件下，纤维内部结构的变化（图 4-25）。初生纤维为无定形结构，虽然聚合物分子链间可能由于 PABZ 而形成链间氢键相互作用，有助于分子链的规整有序排列，但是 TFMB 单元较大的三氟甲基可能抑制了这种作用，降低了聚合物分子链的堆积作用和结晶性。当对该聚酰亚胺纤维在不同拉伸倍率下拉伸时，在纤维的 XRD 谱图中，在 $2\theta$ 角为 12.3° 和 16.1° 处出现两个强的衍射峰，其强度随拉伸倍率增加而增强，根据 XRD 谱图计算的纤维结晶度和取向度也随着拉伸倍率的增加而增加，并且在拉伸倍率为 3 倍时达到最大，这与拉伸后的纤维的强度和模量变化趋势一致（表 4-3）。在一步法纺丝过程中，以 PI-9 的各向同性 NMP 溶液纺丝，初生纤维成型过程中，聚合物大分子没有像在液晶纺丝中一样形成良好的取向和结晶结构，后期拉伸则提供了机会，使聚合物分子链通过移动重排等过程，跨越阻碍分子间相互作用形成的因素，建立分子链间的相互作用，促成有效的分子链堆积、取向和结晶的形成。

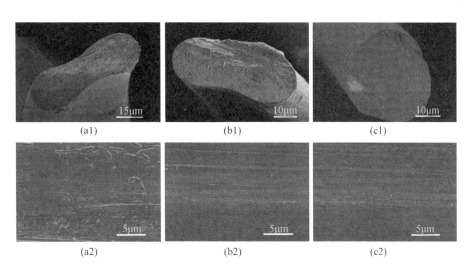

(a1)　　　　　　　　　　(b1)　　　　　　　　　　(c1)

(a2)　　　　　　　　　　(b2)　　　　　　　　　　(c2)

图 4 - 24　在不同凝固浴组成中制备的含咪唑杂环的共聚聚酰亚胺
PI - 9 初生纤维的横切面和表面的 SEM 照片[18]

(a1)、(b1) 水;(a2)、(b2) 水/NMP = 95/5;(a3)、(b3) 水/NMP = 90/10。

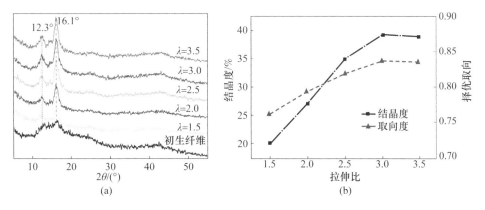

(a)　　　　　　　　　　　　　　　　(b)

图 4 - 25　含咪唑杂环的共聚聚酰亚胺 PI - 9 纤维在不同拉伸比下的
XRD 谱图(a)和结晶度、取向度与拉伸比关系(b)[18]

表 4 - 3　含咪唑杂环的共聚聚酰亚胺 PI - 9 的力学性能[18]

| 拉伸倍率 | 拉伸强度/GPa | 模量/GPa | 断裂伸长率/% |
| --- | --- | --- | --- |
| 0(初生纤维) | 0. 36 | 14 | 27. 1 |
| 1. 5 | 0. 62 | 27 | 19. 0 |
| 2. 0 | 1. 58 | 37 | 12. 0 |
| 3. 0 | 2. 25 | 102 | 5. 4 |
| 3. 5 | 2. 09 | 84 | 5. 1 |

值得注意的是,共聚聚酰亚胺 PI-9 纤维的玻璃化转变温度随着聚合物中 PABZ 比例的增加而提高,对于 PABZ∶TFMB 比例为 15∶85、25∶75 和 50∶50 的 PI-9 纤维,其玻璃化转变温度分别为 340℃、355℃和358℃。玻璃化转变温度的变化趋势与 PI-8 纤维一致,两者可能都来自于分子链间氢键作用增强导致的分子链运动阻力增加。然而,DMA 实验所反映的 PI-9 纤维的 tanδ 值,随着聚合物分子链中 PABZ 含量的增加而增高,这与 PI-8 纤维呈现了正好相反的变化趋势(图 4-26),这一结果也可能与 PI-9 纤维化学结构中引入了三氟甲基有关。DMA 实验得到的 tanδ 值,反映分子链运动的摩擦作用导致的能量消耗,两种含咪唑杂环的聚酰亚胺纤维在 tanδ 值上反映出的差异,难以获得一致性的机理解释[16,18]。这一矛盾和差异性,意味着对于含咪唑杂环的聚酰亚胺纤维,甚至也包括其他结构的聚酰亚胺及聚酰亚胺材料类型,变化其中的单体可能导致聚合物分子链间相互作用和聚集结构的变化是精深微妙的,并且远未被充分认识。

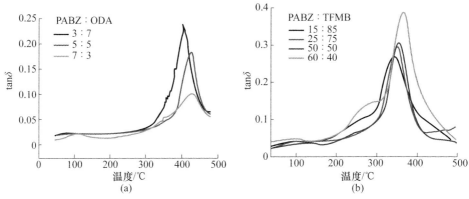

图 4-26  含咪唑杂环的共聚聚酰亚胺 PI-8 纤维(a)和
PI-9 纤维(b)的 DMA 曲线[16,18]

### 4.3.4  其他含咪唑杂环的共聚聚酰亚胺纤维

实践证明,PABZ 是向聚酰亚胺中引入含咪唑杂环非常适用的单体,除了上述两类代表性的含咪唑杂环的共聚聚酰亚胺纤维,其他品种的含咪唑杂环的聚酰亚胺纤维也被报道(表 4-4)[19,20]。在这些聚酰亚胺纤维中,不只使用了两种或三种二胺共聚,有的也使用了两种二酐共聚,可见含咪唑杂环聚酰亚胺纤维化学结构的多样性,含咪唑杂环的聚酰亚胺纤维可能是所有含杂环的聚酰亚胺纤维中结构最为丰富的一类。值得注意的是,其中几个品种的聚酰亚胺纤维(表 4-4,5~12),在聚酰胺酸合成过程中使用二酐和二胺的摩尔比例并非 1∶1,而是使用了 0.95∶1 和 1.05∶1 两种比例,制备的用于纺丝的聚酰胺酸溶液的比黏度达到 2.3~3.1dL/g,所获得的聚酰亚胺纤维表现出较高的拉伸强度和模量,拉伸强度在 3.1 ~ 4.5GPa,模量大于 141GPa,这是除了含嘧啶杂环的聚酰亚胺纤维,已经公开报道的拉伸强度和模量最高的聚酰亚胺纤维[20]。

表 4 - 4　含咪唑杂环的共聚聚酰亚胺纤维的化学组成和力学性能[19, 20]

| 序号 | 共聚单体 | 摩尔比例 | 聚酰亚胺纤维的力学性能 | | | 参考文献 |
| --- | --- | --- | --- | --- | --- | --- |
| | | | 拉伸强度/GPa | 模量/GPa | 断裂伸长率/% | |
| 1 | ODPA - ODA - PABZ | 1 : 1 : 1 | 0.87 | 75.0 | 6.5 | [19] |
| 2 | ODPA - PABZ | 1 : 1 | 0.77 | 65.0 | 6.8 | |
| 3 | BPDA - ODA - PABZ | 1 : 1 : 1 | 1.2 | 143.0 | 7.5 | |
| 4 | PMDA - ODPA - PABZ | 1 : 1 : 1 | 0.94 | 105.0 | 6.2 | |
| 5 | BPDA - pPDA - PABZ | 4.2 : 3 : 5 | 3.4 | 153.5 | — | [20] |
| 6 | BPDA - pPDA - PABZ | 21 : 13 : 7 | 4.5 | 201.3 | — | |
| 7 | BPDA - pPDA - PABZ | 4.75 : 2 : 3 | 3.1 | 165.2 | — | |
| 8 | BPDA - ODA - pPDA - PABZ | 6 : 1 : 3 : 2 | 3.7 | 146.2 | — | |
| 9 | BPDA - mPDA - pPDA - PABZ | 14.7 : 2 : 5 : 7 | 3.6 | 178.1 | — | |
| 10 | BPDA - PMDA - pPDA - PABZ | 7.4 : 1 : 1 : 7 | 3.3 | 126.4 | — | |
| 11 | BPDA - ODPA - pPDA - PABZ | 6 : 2.4 : 6 : 2 | 3.5 | 141.7 | — | |
| 12 | BPDA - BTDA - pPDA - PABZ | 8.55 : 3 : 2 : 9 | 3.6 | 152.1 | — | |

## 4.3.5　含咪唑二胺单体的合成

引入咪唑杂环到聚酰亚胺中,有效的也是目前唯一被实际应用的结构是 PABZ。PABZ 的合成从咪唑杂环的构造出发(图 4 - 27)[21],以等摩尔量的 4 - 硝基邻苯二胺和对硝基苯甲酰氯为起始物,在甲磺酸(MsOH)和五氧化二磷的存在下,先常温反应成酰胺,再加热成环形成二硝基取代的咪唑化合物 5,收率 70%,五氧化二磷是成环反应的脱水剂,与起始物等摩尔量或稍过量使用。这一成环反应条件与早期在高温条件下成环或在多聚磷酸中成环相比[22, 23],有巨大的改进,条件温和,后处理更为方便。咪唑化合物 5 以 Pd/C 为催化剂,以水合肼或者氢气为还原剂还原硝基得到 PABZ,收率 70%。该合成过程总收率 49%。同样的合成过程还可以用于制备 PABZ 的异构体,即苯环上的氨基位于间位的结构 mPABZ,总收率 49%。上述方法并不限于 PABZ 和 mPABZ 的合成,构造咪唑环的策略可以用于其他含咪唑结构的二胺单体的合成,只需根据对结构设计的需要,采用不同的取代苯甲酰氯和取代邻苯二胺为起始物即可,这两种起始物的合成应该容易获得大量的合成文献参考,在此不再赘述。

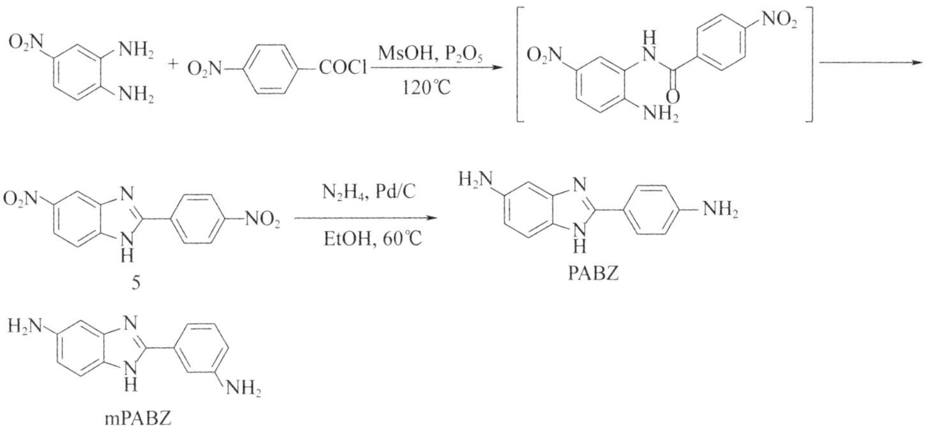

图 4 − 27　PABZ 的合成

## 4.4　含噁唑杂环的聚酰亚胺纤维

### 4.4.1　全噁唑杂环的聚酰亚胺纤维的设计思想

含噁唑杂环的聚酰亚胺纤维的化学结构设计思想借鉴于聚苯并噁唑(PBO)纤维,这种结构设计希望将 PBO 纤维所具有的高强高模的性能与聚酰亚胺纤维化学稳定性和耐老化性能相结合。全噁唑杂环聚酰亚胺纤维是指聚酰亚胺的化学结构中,二胺单体全部为含噁唑结构单元的杂环单体,这与其他含杂环结构聚酰亚胺不同,没有使用不含杂环的二胺单体作为共聚组分。用于聚酰亚胺纤维制备的含噁唑杂环单体二胺,按噁唑杂环的数量和结构可以分为三类(图 4 − 28):第一类即苯基取代的苯并噁唑(PBOA),氨基位于苯取代基和苯并噁唑上,由于氨基位置不同,适用于合成聚酰亚胺的结构有四种;第二类是两个苯并噁唑结构连在同一个苯环上,结构对称,两个氨基分别位于两个苯并噁唑上;第三类是以苯并双噁唑结构为主要特征,苯取代基连接于噁唑环的氮氧之间的碳上,两个氨基分别位于两个苯取代基上,由于噁唑和氨基均存在位置异构,这一类结构异构体更具多样性。

多种二酐可用于与含噁唑杂环的二胺聚合合成共聚聚酰亚胺纤维,PMDA与不同的含噁唑杂环二胺聚合用于制备全噁唑杂环聚酰亚胺纤维(图 4 − 29,PI − 10,PI − 11 和 PI − 12)[21],PI − 10 和 PI − 11 即 PMDA 分别与 4,5 − PBOA 和 4,4′ − DPBSDOA 聚合所制备的均聚聚酰亚胺纤维的化学结构,PI − 12 是由 4,5 − PBOA 和 4,4′ − DPBSDOA 组成的混合二胺与 PMDA 共聚的聚合物结构,

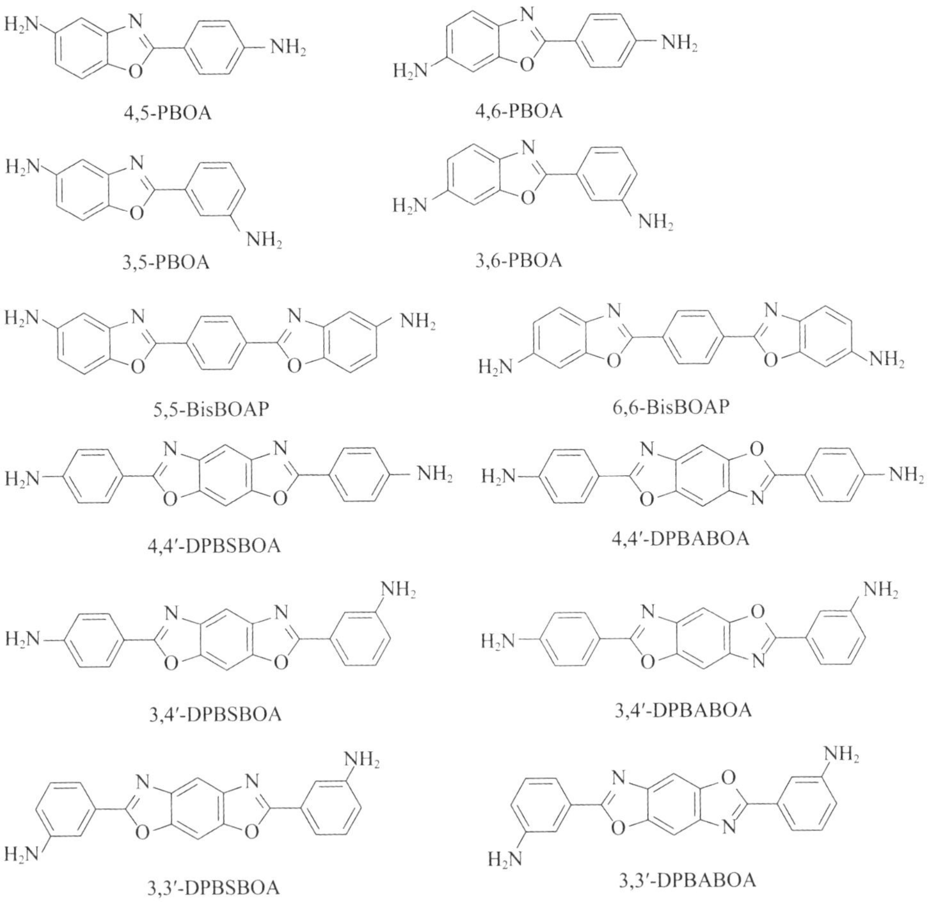

图 4 - 28　含噁唑杂环的二胺

PI - 10 和 PI - 11 也可以看作共聚聚酰亚胺 PI - 12 的两种含噁唑二胺组成比例为 100：0 和 0：100 的两个边界结构。两步法纺制聚酰亚胺纤维的前提条件是聚酰胺酸的溶解性和可纺性，对于含噁唑杂环的聚酰胺酸，共聚对保证可纺性至关重要。均聚聚酰亚胺 PI - 10 和 PI - 11 的前体聚酰胺酸虽然具有较好的溶解性，但是不具可纺性，纺丝过程中，极易在喷丝板出口发生断裂，无法纺制成初生纤维。少量的第二种二胺单体掺入聚合物结构即可显著改善可纺性，对于聚酰亚胺 PI - 12 的前体聚酰胺酸，4，5 - PBOA 和 4，4′ - DPBSDOA 的比例为 99：1，即可以纺制成初生纤维，但可纺性仍然较差，当 4，4′ - DPBSDOA 比例提高到 5%（摩尔分数）时，聚酰胺酸即显示出较好的可纺性，但是当 4，4′ - DPBSDOA 含量增加到接近另一边界结构，达到 90%（摩尔分数）时，可纺性变差。

　　可纺的含噁唑杂环的聚酰亚胺 PI - 12 纤维，其拉伸强度和模量随着 4，4′ - DPBSDOA 含量的增加而提高（表 4 - 5），对于可纺性较好的两种二胺单体

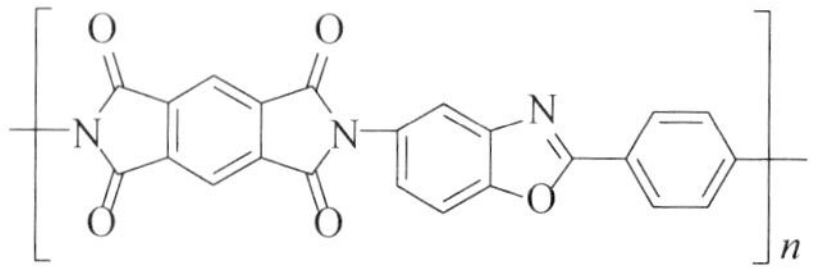

图 4 - 29　全噁唑杂环的聚酰亚胺结构

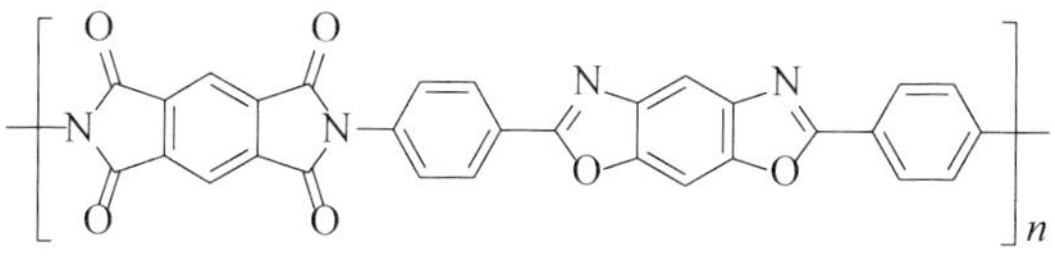

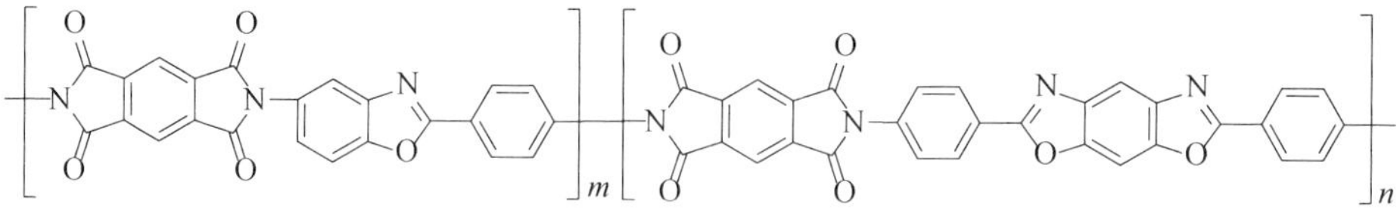

比例范围(4,5 - PBOA : 4,4′ - DPBSDOA = 95 : 5 ~ 20 : 80),随着 4,4′ - DPBS-DOA 的含量增加,聚酰亚胺纤维的拉伸强度从 0.53GPa 提高到 2.89GPa,模量从 25.7GPa 提高到 114.4GPa,即使在可纺性较差的比例下(4,5 - PBOA : 4,4′ - DPBSDOA = 10 : 90),纤维的拉伸强度仍达到了 3.31GPa,模量达到 135.6GPa。含噁唑杂环的聚酰亚胺 PI - 12 纤维在高温下显示出良好的耐热性能,高温下仍然保持了较好的力学性能(表 4 - 6),在 200℃下的干热收缩率小于 0.04%,在 400℃下小于 0.09%,并且随着 4,4′ - DPBSDOA 含量增加而减小,至 4,4′ - DPBSDOA 含量达到 80%(摩尔分数)时,在 200℃和 400℃下干热收缩率分别降低到 0.01% 和 0.05%。在高温下,PI - 12 纤维的模量得到了较好的保持,并且高温模量保持率随着 4,4′ - DPBSDOA 含量增加而提高,例如,在 400℃下,随着 4,4′ - DPBSDOA 从含量 5%(摩尔分数)增加到 80%(摩尔分数),模量保持率从 33% 提高到 46%,这与含嘧啶的聚酰亚胺 PI - 3 纤维的高温模量保持率相当,高于 PI - 2 纤维的高温模量保持率(表 4 - 1)[2,3],尽管含噁唑杂环的聚酰亚胺 PI - 12 纤维的力学性能尚无法与含嘧啶的聚酰亚胺纤维相比。PI - 12 纤维在高温下的线膨胀系数显著优于由 PMDA 和 ODA 聚合制备的聚酰亚胺纤维,并且同样随着 4,4′ - DPBSDOA 的含量增加而下降,在其含量为 50%(摩尔分数)时,400℃下的线膨胀系数为 3%,但是当含量达到和超过 80%(摩尔分数)时,线膨胀系数为 -1%,表明高 4,4′ - DPBSDOA 含量会导致纤维高温下线性收缩。

对于全噁唑杂环聚酰亚胺 PI - 12 纤维,4,4′ - DPBSDOA 结构对纤维的力学性能做出了主要的贡献,但是 4,4′ - DPBSDOA 或其他含噁唑杂环的二胺引入到聚酰亚胺纤维的化学结构中,与非杂环二胺制备共聚聚酰亚胺纤维时是否也能显著提升其力学性能,仍然值得探索。考虑到单体的易得性等因素,含噁唑杂环的二胺单体与通用二胺单体共聚并且提高聚酰亚胺纤维耐热性能及力学性能,将更具有研究与应用价值。

表 4-5　含噁唑杂环的聚酰亚胺 PI-12 纤维的力学性能[21]

| 序号 | 二胺组成<br>(4,5-PBOA:<br>4,4′-DPBSDOA) | 聚酰胺酸可纺性 | 力学性能 | | |
|---|---|---|---|---|---|
| | | | 拉伸强度/GPa | 模量/GPa | 断裂伸长率/% |
| 1 | 100:0(PI-10) | 不可纺 | — | — | — |
| 2 | 99:1 | 可纺性差 | 0.74 | 23.0 | 4.0 |
| 3 | 95:5 | 可纺 | 0.53 | 25.7 | 3.5 |
| 4 | 80:20 | 可纺 | 0.76 | 23.3 | 3.7 |
| 5 | 50:50 | 可纺 | 1.66 | 71.7 | 3.2 |
| 6 | 20:80 | 可纺 | 2.89 | 114.4 | 2.6 |
| 7 | 10:90 | 可纺性差 | 3.31 | 135.6 | 2.4 |
| 8 | 0:100(PI-11) | 不可纺 | | | |

表 4-6　含噁唑杂环的聚酰亚胺 PI-12 纤维高温下的力学性能[21]

| 序号 | 二胺组成<br>(4,5-PBOA:<br>4,4′-DPBSDOA) | 干热收缩率/% | | 高温模量保持率/% | | | 线膨胀系数/($10^{-6}$/℃) | | |
|---|---|---|---|---|---|---|---|---|---|
| | | 200℃ | 400℃ | 200℃ | 300℃ | 400℃ | 40℃ | 200℃ | 400℃ |
| 1 | 99:1 | 0.04 | 0.09 | 65 | 48 | 28 | 4 | 6 | 10 |
| 2 | 95:5 | 0.03 | 0.08 | 68 | 49 | 33 | 2 | 3 | 6 |
| 3 | 80:20 | 0.02 | 0.07 | 68 | 50 | 40 | 2 | 2 | 4 |
| 4 | 50:50 | 0.01 | 0.06 | 65 | 50 | 41 | 1 | 1 | 3 |
| 5 | 20:80 | 0.01 | 0.05 | 73 | 57 | 46 | -2 | -1 | -1 |
| 6 | 10:90 | 0.01 | 0.06 | 75 | 59 | 50 | -4 | -3 | -2 |
| 7 | PMDA-ODA | — | — | 62 | 47 | 18 | 8 | 23 | |

## 4.4.2　含噁唑杂环的共聚聚酰亚胺纤维

使用 4,5-PBOA 和 pPDA 作为混合二胺,与 BPDA 共聚制备含噁唑杂环的聚酰亚胺纤维(BPDA-pPDA-4,5-PBOA)(图 4-30,PI-13),主要针对仅由 BPDA 和 pPDA 制备的聚酰亚胺纤维不耐热拉伸、纤维内部多缺陷且力学性能低下的弊端,期望获得力学性能更为优异的聚酰亚胺纤维[22]。这种共聚结构同时也提供了契机,以认识噁唑结构在聚酰亚胺纤维微观结构调控和力学性能提高中的贡献。含噁唑杂环的共聚聚酰亚胺 PI-13 纤维具有良好的耐热性能,玻璃化转变温度大于290℃,热失重温度随4,5-PBOA 含量增加而下降,4,5-PBOA 含量为5%(摩尔分数)时,5% 热失重温度为578℃,至其含量达到20%(摩尔分数),5% 热失重温度下降至528℃,25%(摩尔分数)时,5% 热失重温度快速下降至482℃,热失重温度的变化趋势可能和噁唑环的稳定性有关。

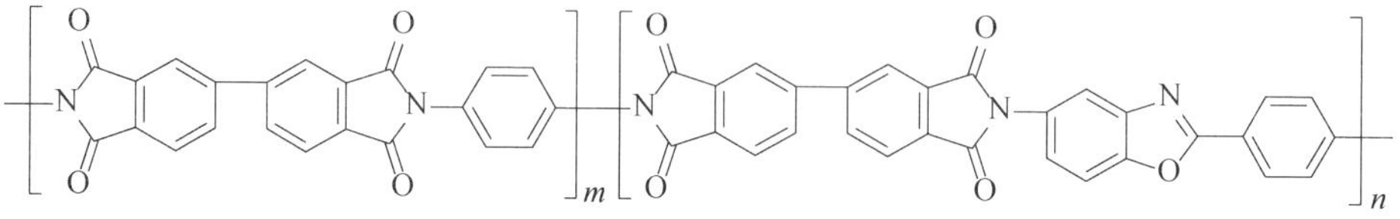

PI-13

图4-30 由 pPDA 和 4,5-PBOA 与 BPDA 共聚制备的聚酰亚胺纤维的化学结构

聚酰亚胺 PI-13 纤维的力学性能随4,5-PBOA 含量变化呈先上升后下降趋势,不同于其他含杂环的聚酰亚胺纤维,这一拐点出现在噁唑杂环含量较低的位置(表4-7)。纤维未经过热拉伸时,力学性能并不突出,随着4,5-PBOA 含量从5%(摩尔分数)增加到20%(摩尔分数),拉伸强度从0.51GPa 提高到0.73GPa,但是,当4,5-PBOA 含量超过20%(摩尔分数),达到25%(摩尔分数)时,纤维的拉伸强度反而下降到0.43GPa,纤维的模量随4,5-PBOA 含量不同变化不显著,但也显示出相同的变化趋势,4,5-PBOA 含量从5%(摩尔分数)增加到20%(摩尔分数),模量从38.0GPa 上升到39.5GPa,4,5-PBOA 含量25%(摩尔分数)时再下降到36.9GPa。在400℃对纤维热进行拉伸,其力学性能得到明显提升,其变化趋势则得到保持,与未拉伸时一致,4,5-PBOA 含量为20%(摩尔分数)时,拉伸强度和模量达到最高,分别为1.00GPa 和92.0GPa。基于4,5-PBOA 的共聚聚酰亚胺 PI-13 纤维在热拉伸过程中的力学性能获得提高,被认为是来源于4,5-PBOA 的非对称结构,这种非对称结构可能会明显改善聚合物分子的移动性能,使得纤维能够在更大的拉伸比下进行热拉伸,消除纤维内部结构缺陷。另外,由于可能存在更多的噁唑环与羰基氧之间的静电排斥作用,降低了聚合物分子的堆积密度。堆积密度的降低对于纤维的力学性能是不利因素,当4,5-PBOA 含量超过20%时,这种负面的不利因素主导了纤维的力学性能,使得高4,5-PBOA 含量的聚酰亚胺纤维力学性能下降[22]。显然,在其他含杂环的聚酰亚胺纤维化学结构中,也存在着非对称的杂环二胺,但是纤维的力学性能提高在多大程度上来源于杂环二胺的非对称性值得商榷。

表 4 - 7　聚酰亚胺 PI - 13 纤维的力学性能[22]

| 序号 | 二胺组成 (pPDA: 4,5 - PBOA) | 纤维拉伸前力学性能 | | | 纤维拉伸后力学性能 | | |
|---|---|---|---|---|---|---|---|
| | | 拉伸强度/GPa | 模量/GPa | 断裂伸长率/% | 拉伸强度/GPa | 模量/GPa | 断裂伸长率/% |
| 1 | 95:5 | 0.51 | 38.0 | 2.3 | 0.85 | 82.2 | 1.4 |
| 2 | 90:10 | 0.46 | 34.6 | 2.1 | 0.65 | 65.8 | 2.0 |
| 3 | 85:15 | 0.57 | 35.6 | 2.2 | 0.98 | 80.3 | 2.1 |
| 4 | 80:20 | 0.73 | 39.5 | 2.6 | 1.00 | 92.0 | 1.9 |
| 5 | 75:25 | 0.43 | 36.9 | 1.7 | 0.52 | 77.6 | 1.7 |

热拉伸对含噁唑杂环的共聚聚酰亚胺 PI - 13 纤维的性能影响不只限于力学性能,在纤维的热膨胀系数、动态热力学分析中均有明显反映。以 4,5 - PBOA 单体含量20%(摩尔分数)的纤维为例,在玻璃化转变温度290℃以下,无论经过热拉伸的纤维还是没有经过热拉伸的纤维均表现为轻微的热膨胀系数($-5.8 \times 10^{-8}℃^{-1}$),而在玻璃化转变温度以上,未经热拉伸的纤维会产生一个快速跃升的正的膨胀系数,而热拉伸过的纤维则体现为快速下降的负的热膨胀系数,但是下降幅度低于跃升幅度,说明热拉伸使纤维尺寸稳定性获得明显提高(图4-31)。在对该纤维的动态热力学分析中(图4-32),热拉伸过的纤维储能模量 $E'$ 值明显高于未经热拉伸的纤维,并且在纤维的 $\tan\delta$ 曲线上,未经热拉伸的纤维显示的两个明显的转变峰在热拉伸后变为一个。上述结果表明,热拉伸过程中纤维微观结构得到明显改善,热拉伸前纤维结构中存在的相分离现象经过热拉伸后消除。

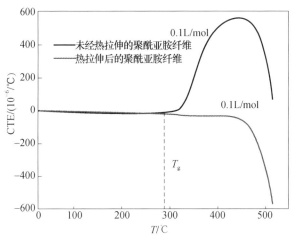

图 4 - 31　聚酰亚胺 PI - 13 纤维(4,5 - PBOA 含量20%(摩尔分数))的热膨胀系数[22]

对 4,5 - PBOA 含量20%(摩尔分数)的 PI - 13 纤维进行二维 WAXD 分析(图4-33),无论是未经热拉伸的纤维还是热拉伸的纤维,都在沿子午线方向显示出清晰的衍射条纹,表明聚合物分子链沿纤维轴方向形成了高度有序的结构。在

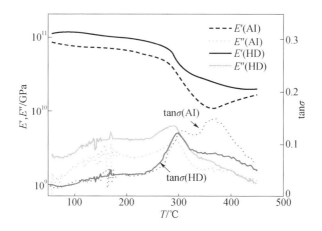

图 4 – 32  聚酰亚胺 PI – 13 纤维(4,5 – PBOA 含量 20%
(摩尔分数))的动态热力学分析曲线[22]

AI—未经热拉伸的纤维;HD—热拉伸后的纤维。

赤道方向,显示出明显的无定形的光晕(图 4 – 33(d)、(h)),表明了较低的侧向堆积有序度。比较热拉伸前后的纤维,子午线方向的条纹增强(图 4 – 33(b)、(f))和赤道方向的光晕减小(图 4 – 33(d)、(h)),意味着热拉伸过程增强了分子链的取向。根据 WAXD 计算,未经热拉伸和经过热拉伸的纤维的取向度分别为 0.78 和 0.87,也表明纤维的取向度在热拉伸过程中得到大幅度提高。一维 WAXD 分析显示(图 4 – 34),纤维沿子午线方向的衍射峰经热拉伸后有所增强,而在赤道方向则变化不大,这说明热拉伸过程有利于聚合物分子在纤维轴方向的堆积改善,而在赤道方向,由于4,5 – PBOA 结构的非对称性,参与晶体堆积时破坏了分子链规整程度[22]。

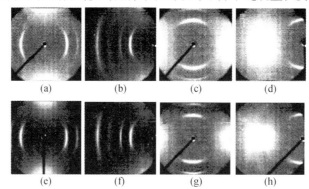

图 4 – 33  聚酰亚胺 PI – 13 纤维(4,5 – PBOA 含量 20%
(摩尔分数))的二维 WAXD 图谱[22]

(a)~(d)未经热拉伸的纤维;(e)~(h)热拉伸后的纤维;(a)、(e)光束阑在0°,纤维子午线方向;
(c)、(g)赤道方向;(b)、(f)光束阑在18°,纤维子午线方向;(d)、(h)赤道方向。

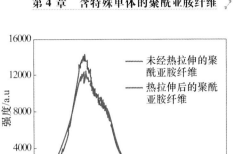

图 4 – 34　聚酰亚胺 PI – 13 纤维(4,5 – PBOA 含量 20%
(摩尔分数))的一维 WAXD 图谱[22]

(a)子午线方向;(b)赤道方向(As – 酰亚胺化的纤维,即未经热拉伸的纤维)。

　　尽管含噁唑杂环的二胺单体引入到聚酰亚胺纤维中,没有像其他杂环单体一样获得特别显著的力学性能,但是以含噁唑杂环的二胺与非杂环二胺共聚制备聚酰亚胺纤维并研究其性能仍然是个有益的探索。不同杂环因其结构差异在影响聚合物分子链聚集结构方面扮演着不同的功能,从而对所制备的纤维的力学性能所产生的影响也不尽相同。虽然有的专利文献报道了多种含噁唑杂环的二胺单体结构(图 4 – 28)[21],却未见针对由这些单体制备的含噁唑杂环的聚酰亚胺纤维的研究和应用报道,相应的聚酰亚胺纤维的性能尚不得而知,相比于含嘧啶杂环和咪唑杂环的聚酰亚胺纤维,含噁唑杂环的聚酰亚胺纤维在结构上仍有很大的探索空间。

## 4.4.3　含噁唑杂环二胺的合成

　　与含咪唑杂环二胺的合成相似,含噁唑杂环二胺的基本合成策略也是选用合适的起始原料构造噁唑环,起始原料中通常含有作为氨基前体的硝基。合成4,5 – PBOA 的经典方法是以 2 – 氨基 – 4 – 硝基苯酚和对硝基苯甲酸或对硝基苯甲酰氯为起始物[23],反应形成酰胺化合物 6,后者经过高温缩合形成含噁唑环的双硝基化合物 7,两步过程的总收率为 75%,双硝基化合物经催化氢化即得到含噁唑杂环的二胺 4,5 – PBOA(图 4 – 35)。这是一种通用的合成方法,对于不同结构的含噁唑杂环二胺,包括含双噁唑杂环的二胺,变换起始原料即可。微波反应技术用于酰胺化合物 6 转化为噁唑环的过程,可以大大提高成环反应的收率(至 90%)[24]。在合成酰胺化合物 6 的过程中,很容易形成双酰基化产物 8(图 4 – 36),即氨基和酚羟基分别转化为酰胺和酯,但是化合物 8 同样可以在酸催化下生成含噁唑杂环的硝基化合物 7,单步反应收为 76%[25]。

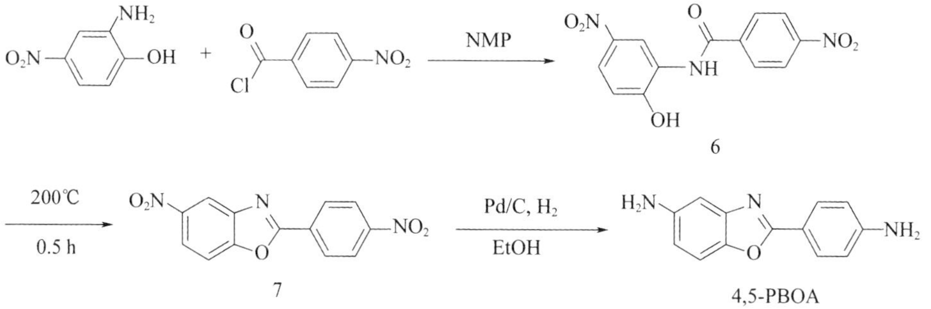

图 4-35 经典的含噁唑杂环二胺的合成方法

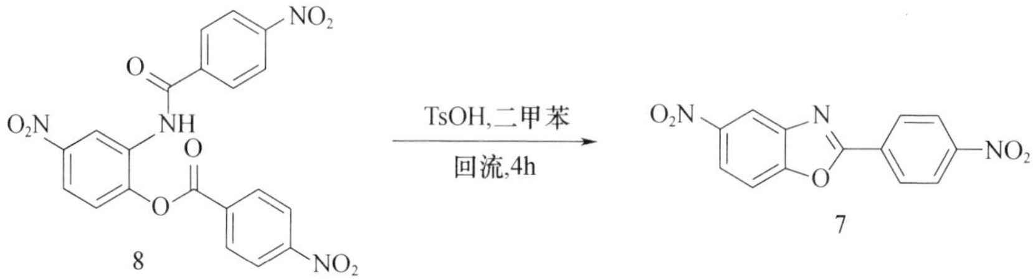

图 4-36 从双酰基化合物合成噁唑杂环

氟代苯胺衍生物同样可以用于构造噁唑杂环(图 4-37)[26],2-氟-5-硝基苯胺和对硝基苯甲酰氯在碳酸钾存在下,无须溶剂直接反应即可一步合成含噁唑杂环的二硝基化合物 7,收率为 90%。使用氟代苯胺的合成过程与使用邻氨基苯酚的方法在反应机理方面有着本质上的区别。尽管使用含氟的原料合成化合物 7 在经济性方面不占优势,但该合成方法可在构造某些特殊结构时作为参考方案。

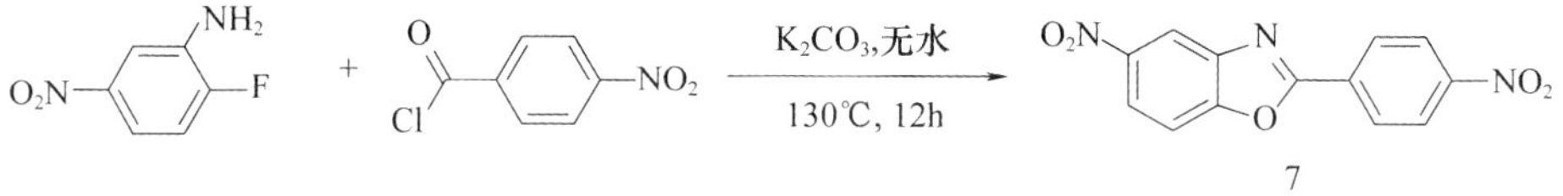

图 4-37 从氟代苯胺合成含噁唑杂环二硝基化合物

一种更为古老的噁唑合成方法起始于芳香醛(图 4-38)[27],对硝基苯甲醛与 2-氨基-4-硝基苯酚缩合制备亚胺 9,收率在 90% 以上,亚胺在乙酸铅(Ⅳ)作用下通过自由基反应成环,得到含噁唑杂环的二硝基化合物 7,收率为 80%,乙酸铅可用四氯苯醌(TCQ)代替,收率为 72%。该反应需要消耗当量的氧化剂,不适用于大量的制备,但是如果能换用合适的催化剂并通过适当的循环过程,实现基于廉价清洁氧化剂的催化反应,其应用价值仍然十分显著。

从肟出发经氧化和缩合同样可以制备含噁唑杂环化合物(图 4-39)[28],对

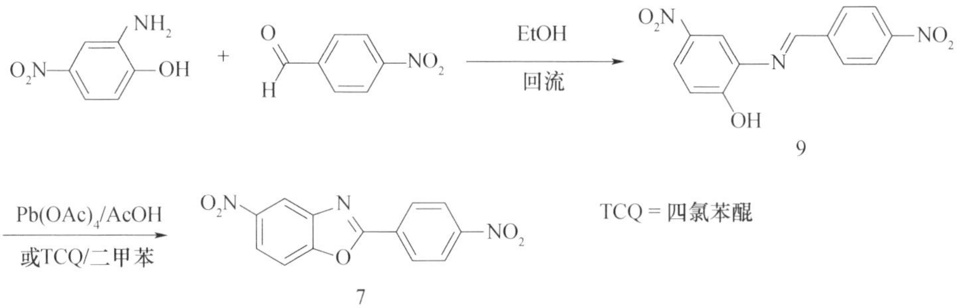

TCQ = 四氯苯醌

图 4 - 38　从亚胺合成噁唑杂环

硝基苯基肟在次氯酸钠氧化下,转化为对硝基苯基氯代肟 10,收率为 80%,后者在 DMAP 催化下与 2 - 氨基 - 4 - 硝基苯酚缩合形成噁唑杂环,即得到含噁唑杂环的二硝基化合物。

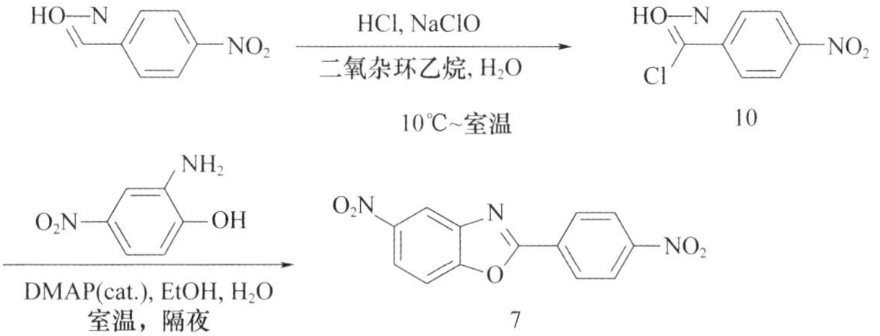

图 4 - 39　从对硝基苯基肟起始合成含噁唑杂环二硝基化合物

　　除了使用芳香硝基化合物作为起始物,合成二硝基的噁唑衍生物,芳香胺也可以直接用于合成含噁唑杂环的二胺,以 2,5 - 二氨基苯酚和对氨基苯甲酸为起始物可一步合成 4,5 - PBOA(图 4 - 40)[29,30],这种方法虽然可以省去硝基还原的过程,但是反应消耗大量的酸,并且存在着产物收率低或杂质多等弊端,尚缺乏实用性。

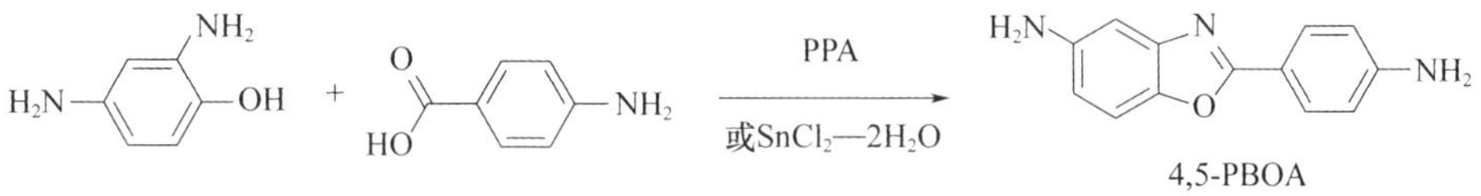

4,5-PBOA

图 4 - 40　使用芳香胺为起始物的含噁唑杂环的二胺合成

　　含噁唑杂环二胺的合成不只限于上述方法,使用 2 - 卤代苯并噁唑衍生物和芳香硼酸衍生物的催化偶联也可以合成各种含噁唑的二胺结构,但是对于聚酰亚胺用单体,这一方法的原料和过程的实用性不高。此外,含噁唑杂环二胺的合成方法明显多于其他杂环单体,这些方法对于合成其他单体也有借鉴意义,通

117

过调整反应条件和试剂,可能用于含咪唑杂环的二胺的合成。

## 4.5 含磷聚酰亚胺纤维

### 4.5.1 含磷聚酰亚胺纤维的结构与阻燃性能

聚酰亚胺是已经工业化的聚合物中耐热性、阻燃性最好的品种之一,具有较高的阻燃性能,且发烟率低,属于自熄性材料,可满足大部分的阻燃要求。纤维的阻燃性能以衡量,一般聚酰亚胺纤维的 LOI 为 35 ~ 38,高于绝大多数有机纤维,属于不燃纤维。据报道,已经有商品化的聚酰亚胺纤维服装面料,能够抵御一般的燃烧(图 4 - 41)。但在一些特殊应用环境,如作为防护服装,仍然需要具有更高阻燃性能的纤维织物,综合聚酰亚胺纤维的优异力学性能,赋予更高的阻燃性能将可以更好地满足特定应用领域的技术需求,研究含磷聚酰亚胺纤维的目标就是为了获得具有更高阻燃性能的聚酰亚胺纤维。虽然在聚合物中引入卤素也可以提高纤维的阻燃性能,但是含卤素的芳香结构可能在使用或灼烧中产生含卤素的多环芳烃,环境生态风险使这种策略逐渐被弃用。一种使用氯代二胺制备的聚酰亚胺纤维,虽然其 LOI 值高达 52[31],但 30 年来未见相关后续研究或应用报道,环境生态风险可能是其原因之一。

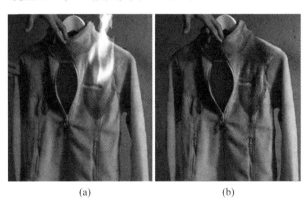

(a)　　　　　　　(b)

图 4 - 41　由聚酰亚胺纤维纺制的服装燃烧实验(新闻视频截图)
(a)局部淋上打火机油后点燃;(b)燃烧结束后。

P 元素引入到聚酰亚胺纤维中主要有两种途径:一种是通过共混的方式在纺丝原液中引入含磷的物质,P 元素的来源可以是无机物磷酸,也可以是含磷的小分子有机物,但是这种方式存在的问题是 P 元素的流失,包括纤维纺制过程中的流失和使用过程中的流失,导致阻燃性能下降。另一种是引入 P 元素的方式是使用含磷单体参与共聚反应将 P 元素引入到聚合物分子骨架中,这种方法可以有效地实现 P 元素引入量的控制,并且最大可能地保证 P 元素的均匀分布,纤维的阻燃性能可以长期保持。通过后一种方法制备的含磷聚酰亚胺纤维也称为本质阻燃能力增强的聚酰亚胺纤维。

制备本质阻燃能力增强的含磷聚酰亚胺纤维的基本方法,是设计合成含磷的二胺作为共聚单体,引入到聚酰亚胺的分子主链中,已报道的含磷单体主要是双(4 - 氨基苯基)苯基磷酸酯(BAPPP)和 3,3′ - 二氨基三苯基氧磷(DATPPO)(图 4 - 42)。将含磷的二胺单体(BAPPP)与 ODA 作为二胺,为保证良好的力学性能,使用 PMDA 和 BPDA 作为二酐(二酐的比例固定为 70∶30)进行共聚,制备含磷的聚酰亚胺纤维(图 4 - 43,PI - 14)[32]。含磷二胺(BAPPP)带有较大侧基,该单体引入聚酰亚胺主链,没有在微观形貌上导致明显的改变(图 4 - 44),对比不含 BAPPP 和不同 BAPPP 含量的纤维断面形貌,没有明显的皮 - 芯结构和孔型缺陷。BAPPP 的引入对聚酰亚胺 PI - 14 纤维的力学性能影响较小(表 4 - 8)。不含 BAPPP 结构单元的聚酰亚胺纤维,断裂伸长率为 11.3%,拉伸强度为 0.83GPa,模量为 7.33GPa,随着 BAPPP 的含量增加,纤维的拉伸强度略有下降,模量基本不变,BAPPP 和 ODA 比例从 1∶99 上升至 10∶90,纤维的拉伸强度分别为 0.82GPa、0.79GPa、0.77GPa 和 0.74GPa,模量分别为 7.56GPa、7.46GPa、7.49GPa 和 7.36GPa。拉伸强度的微小下降可能是因为 BAPPP 的较大侧基影响了聚酰亚胺大分子链的有序堆积。

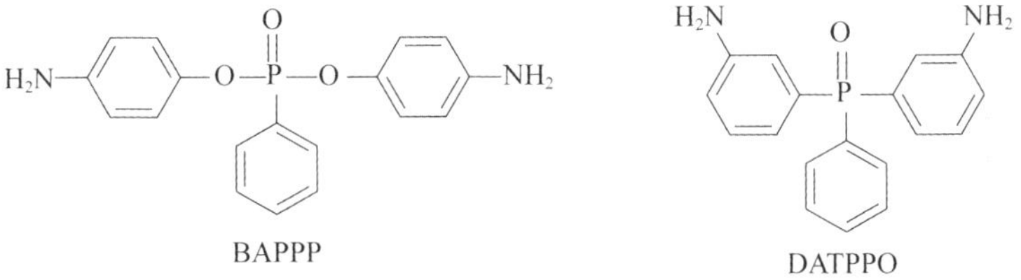

图 4 - 42 用于含磷聚酰亚胺纤维制备的 BAPPP

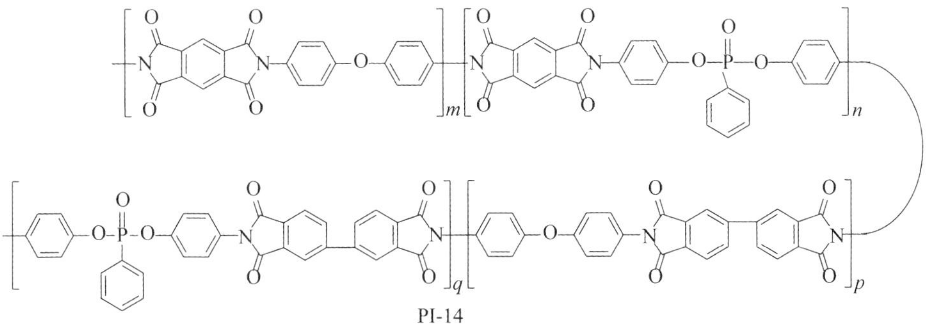

PI-14

图 4 - 43 含磷聚酰亚胺纤维的化学结构

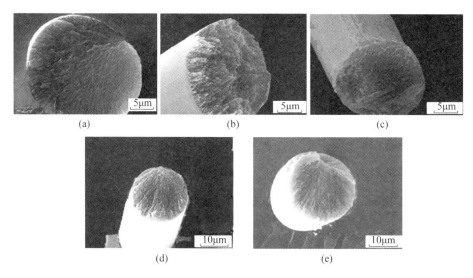

图4-44 含磷聚酰亚胺 PI-14 纤维截面的电镜照片[32]
(a)BAPPP∶ODA=0∶100;(b)1∶99;(c)4∶96;(d)7∶93;(e)10∶90。

含磷聚酰亚胺 PI-14 纤维表现出良好的热稳定性,在氮气气氛下的热失重实验表明(表4-8),不同 BAPPP 含量的纤维在500℃前几乎没有质量损失,而在550℃以上,由于聚合物自身的分解使质量快速下降,BAPPP 含量从1%(摩尔分数)升到10%(摩尔分数),5%热失重温度从550℃上升到563℃,明显高于不含 BAPPP 的聚酰亚胺纤维,其5%热失重温度为538℃。在800℃高温下,不含 BAPPP 的聚酰亚胺纤维,其残碳率为53%,引入 BAPPP 后,残碳率上升到最高60%。热分解温度和高温残碳率的提高,表明 BAPPP 的引入可以显著提高聚酰亚胺纤维的热稳定性。

表4-8 含磷聚酰亚胺 PI-14 纤维的力学性能、耐热性能和阻燃性能

| 序号 | 二胺组成 BAPPP∶ODA | 拉伸强度/GPa | 模量/GPa | 断裂伸长率/% | 5%热失重温度/℃ | 800℃残碳率/% | LOI |
|---|---|---|---|---|---|---|---|
| 1 | 0∶100 | 0.83 | 7.33 | 11.3 | 538 | 53 | 35 |
| 2 | 1∶99 | 0.82 | 7.56 | 10.8 | 550 | 54 | 37 |
| 3 | 4∶96 | 0.79 | 7.46 | 10.6 | 560 | 60 | 40 |
| 4 | 7∶93 | 0.77 | 7.49 | 10.3 | 568 | 59 | 42 |
| 5 | 10∶90 | 0.76 | 7.36 | 10.1 | 563 | 58 | 45 |

BAPPP 的引入目标在于提高聚酰亚胺纤维的阻燃性能。上述结构不含

BAPPP 的聚酰亚胺纤维,其 LOI 值为 35,随着 BAPPP 的含量从 1% 上升到 10%,LOI 值从 37 逐渐上升到 45,在以不同 BAPPP 含量的聚酰亚胺 PI-14 纤维制备的织物进行燃烧实验中,均表现为续燃时间 0s,阴燃时间 0s,无熔融。

　　另外,一种以 DATPPO 和 ODA 作为混合二胺(DATPPO∶ODA = 10∶90),以 BPDA 和 PMDA 作为混合二酐(BPDA∶PMDA = 30∶70)共聚制备的含磷聚酰亚胺纤维[33],虽然其拉伸强度仅为 0.57GPa,模量为 7.79GPa,但 LOI 值达到 45,较不含 DATPPO 的聚酰亚胺纤维显著提高。另一种以 BAPPP 和 pPDA 作为混合二胺(BAPPP∶pPDA = 3∶97),与 BPDA 共聚制备的含磷聚酰亚胺纤维[33],其拉伸强度为 0.85GPa,模量为 12.47GPa,其 LOI 值达到 44,低含量的 BAPPP 就提供了优越的阻燃性能,力学性能也较其他结构略有提高,可能与使用 pPDA 有关。

　　上述结果表明,BAPPP 参与共聚制备的聚酰亚胺纤维,可以显著提高纤维的阻燃性能,并且含磷量越高,阻燃性能越好。含磷聚酰亚胺纤维阻燃性能的提高缘于高温燃烧时,磷化合物分解生成磷酸液态膜,覆盖在纤维表面,同时磷酸又进一步脱水生成偏磷酸,偏磷酸进一步聚合生成聚偏磷酸。在这些过程中,不仅由磷酸生成的覆盖层起到覆盖效应,而且由于生成的聚偏磷酸是强酸,是很强的脱水剂,使聚合物表层脱水而炭化,在其表面形成碳膜以隔绝空气,从而发挥更强的阻燃效果。必须看到,对含磷聚酰亚胺纤维的探索仍然有限,在目前有限的研究中,虽然获得了卓越的阻燃性能的提升,但是含磷聚酰亚胺纤维的力学性能尚需进一步提高,以同时满足应用中对阻燃性能和力学性能的要求。如何在提高阻燃性能的同时,进一步提高力学性能,将是未来研究与应用中重点探索的一个发展方向。

## 4.5.2　含磷二胺单体的合成

　　目前已经报道的用于含磷聚酰亚胺纤维制备的含磷二胺单体只有 BAPPP 和 DATPPO 两种,这两种单体结构的差异采用了两种在不同的合成过程(图 4-45)。BAPPP 的合成从对硝基酚和苯磷酰二氯出发,合成二硝基磷酸苯酯 11,收率为 96%,后者再经催化氢化还原得到二胺基化合物 BAPPP,收率为 95%[32]。在这种合成过程中,硝基(氨基的前体)先行引入,可以方便地用于构造含有磷酯键结构的二胺,且氨基的位置可通过选择合适的硝基化合物确定,便于构造不同的异构体。DATPPO 则从三苯基氧磷的硝化反应开始合成二硝基三苯基氧磷 12,磷酰结构的定位效应使硝化发生在 3,3′-位,硝化产物再经氯化亚锡还原得到含磷的二胺基化合物 DATPPO[34],该方法虽然过程简单,但结构设计受限于起始物,显然不如前一方法灵活。

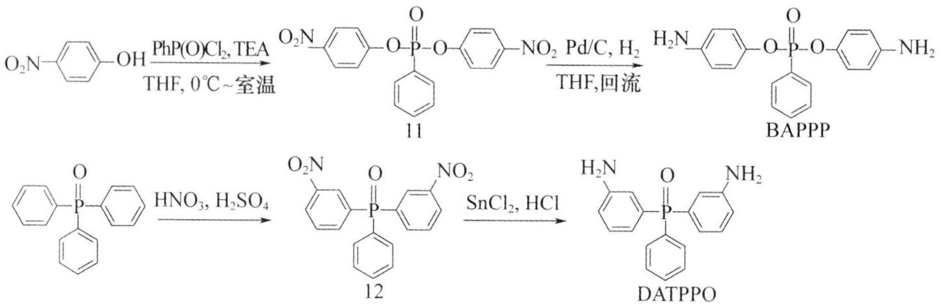

图 4-45　BAPPP 和 DATPPO 的合成

# 参 考 文 献

[1] Mikhhilov G M, Kotov M M, Kudryavtsev V V. Production of Polyamido-Acidic Solution for Thermo-Resistent Fibres-Includes Polycondensation of 4,4′-Diaminophenyl Oxide and Dianhydride of Promellitic Acid in Solvent and Addition of 2,5-Bis(p-aminophenyl)-pyrimidine or 4,4′-p-Terphenyl: SU 1640999[P]. 1988-07.

[2] Михайлов Г М, Коржавин Д Н, Кудрявцев В В. Способ Получения Полиамидокислотного Раствора Для Формования Волокон: RU 2034861[P]. 1991-03.

[3] Михайлов Г М. Способ Получения Полиамидокислотного Раствора Для Формования Волокон: RU 2394947[P]. 2008-12.

[4] Sukhanova T E, Baklagina Y G, Kudryavtsev V V, et al. Morphology, Deformation and Failure Behaviour of Homo and Copolyimide Fibres 1. Fibres From 4,4′-Oxybis(Phthalic Anhydride)(DPhO) and P-Phenylenediamine (PPh) or/and 2,5-Bis(4-Aminophenyl)-Pyrimidine (2,5PRM)[J]. Polymer, 1999, 40: 6265.

[5] Artem'eva V N, Kudryavtsev V V, Nekrasova E M, et al. Investigation of the Role of the Pyrimidine Ring in the Main-Chain of Polyamidoacids and Polyimides 1. Supermolecular Structure of Polypyromellitimides Based on 2,5-Bis(P-Aminophenyl)Pyrimidine and Its Carbocyclic Analog 4,4′-Diaminoterphenyl[J]. Bull. Russ. Acad. Sci. Div. Chem. Sci., 1992, 10: 1790.

[6] Waddon A J, Karasz F E. Crystalline and Amorphous Morphologies of an Aromatic Polyimide Formed on Precipitation from Solution[J]. Polymer, 1992, 33: 3783.

[7] Livingston H K. Bonding in Macromolecular Crystals[J]. J. Polym. Sci. C, 1967, 18: 105.

[8] 夏爱香, 吕光华, 邱雪鹏, 等. 基于 2,5-二(4-氨基苯)嘧啶聚酰亚胺的合成及性能表征[J]. 高分子学报, 2007, 3: 262.

[9] Borovik V P, Sedova V F, Shkurko O P. Catalytic Hydrogenation of 2,5-Bis(p-nitrophenyl)pyrimidine[J]. Chem. Heterocycl. Compds., 1993, 29: 1323.

[10] Fanta P E, Hedman E A. 2-Substituted-5-Nitropyrimidines by the Condensation of Sodium Nitromalonaldehyde with Amidines[J]. J. Am. Chem. Soc., 1956, 78: 1434.

[11] Majumder S, Odom A L. Titanium Catalyzed One-Pot Multicomponent Coupling Reactions for Direct Access to Substituted Pyrimidines[J]. Tetrahedron, 2010, 66: 3152.

[12] Wu P, Cai X M, Wang Q F, et al. Facile Synthesis of Triarylpyrimidines with Microwave-Irradiated Reactions of N-Phenacylpyridinium Chloride[J]. Syn. Commun., 2007, 37: 223.

[13] Borovik V P, Shkurko O P. Synthesis of Isomeric Bis(aminophenyl)pyrimidines from Nitrochalcones[J]. Russ. J. Appl. Chem., 2008, 81: 254.

［14］ Crawford T D, Ndubaku C O, Chen H, et al. Discovery of Selective 4-Amino-pyridopyrimidine Inhibitors of MAP4K4 Using Fragment-Based Lead Identification and Optimization［J］. J. Med. Chem. ,2014,57: 3484.

［15］ Clapham K M, Smith A E, Batsanov A S, et al. New Pyrimidylboronic Acids and Functionalized Heteroarylpyrimidines by Suzuki Cross-Coupling Reactions［J］. Eur. J. Org. Chem. ,2007,34: 5712.

［16］ Liu X, Gao G, Dong L, et al. Correlation between Hydrogen-Bonding Interaction and Mechanical Properties of Polyimide Fibers［J］. Polym. Adv. Technol. ,2009,20: 362.

［17］ Gao G, Dong L, Liu X, et al. Structure and Properties of Novel PMDA/ODA/PABZ Polyimide Fibers［J］. Polym. Engineer. Sci. ,2008,48: 912.

［18］ Dong J, Yin C, Luo W, et al. Synthesis of Organ-Soluble Copolyimides by One-StepPolymerization and Fabrication of High Performance Fibers［J］. J. Mater. Sci. ,2013,48: 7594.

［19］ 刘向阳,顾宜,叶光斗,等. 含苯并咪唑结构的聚酰亚胺纤维及其制备方法:CN 200710050651［P］. 2007 – 11.

［20］ 武德珍,牛鸿庆,齐胜利,等. 一种高强高模聚酰亚胺纤维及其制备方法:CN 201110222300［P］. 2011 – 08.

［21］ 谷口信志,前田郷司. ポリイミドベンゾオキサゾール繊維およびその製造方法:特願 2010031417［P］. 2010 – 02.

［22］ Huang S, Gao Z, Ma X, et al. The Properties, Morphology and Structure of BPDA/ PPD/BOA Polyimide Fibers［J］. e – Polymers,2012,no. 086.

［23］ Seha Z, Weis C D. Facile Method for the Synthesis of Benzoxazoles［J］. Helv. Chim. Acta,1980,63: 413.

［24］ Pottort R S, Chadha N K, Katkevics M, et al. Parallel Synthesis of Benzoxazoles via Microwave-Assisted Dielectric Heating［J］. Tetrahedron Lett. ,2003,44: 175.

［25］ Li Z, Zhan P, Naesens L, et al. Synthesis and Preliminary Biologic Evaluation of 5-Substituted-2-(4-Substituted Phenyl)-1,3-Benzoxazoles as a Novel Class of Influenza Virus A Inhibitors［J］. Chem. Bio. Drug Design,2012,79: 1018.

［26］ Vosooghi M, Arshadi H, Saeedi M, et al. A Novel and Efficient Route for the Synthesis of 5 – Nitrobenzo Oxazole Derivatives［J］. J. Fluorine Chem. ,2014,161: 83.

［27］ Stephens F F, Bower J D. The preparation of benziminazoles and benzoxazoles from Schiff's bases, Part Ⅱ［J］. J. Chem. Soc. ,1950,1722.

［28］ Zenon L. Process for Making 2-Aryl Benz(ox,thi,imid)azoles and 2-Aminoaryl Aminobenz(ox,thi,imid) azoles:US 6222044［P］. 2001 – 04.

［29］ Preston J, Dewinter W F, Hofferbert Jr W L. Heterocyclic Intermediates for Preparation of Thermally Stable Polymers 3. Unsymmetrical Benzoxazole Benzothiazole and Benzimidazole Diamines ［J］. J. Heterocycl. Chem. ,1969,6: 119.

［30］ Goldfinger M B, Pellenbarg T. Process for the Preparation of Aromatic Azole Compounds:US 2014066629［P］. 2014 – 03.

［31］ Jinda T, Matsuda T. High Strength and High Modulus Polyimide Fibers from Chlorinated Rigid Aromatic Diamines and Pyromellitic Dianhydride［J］. Sen-I Gakkaishi,1986,42: T554.

［32］ 丁祥,邱雪鹏,马晓野,等. 含磷聚酰亚胺纤维的制备与性能［J］. 高等学校化学学报,2013,34:2650.

［33］ 丁祥,马晓野,邱雪鹏,等. 一种聚酰亚胺纤维的制备方法:CN 201210288788［P］. 2012 – 08.

［34］ Faghihi K, Hajibeygi M, Shabanian M. Polyimide – Silver Nanocomposite Containing Phosphine Oxide Moieties in the Main Chain: Synthesis and Properties［J］. Chin. Chem. Lett. ,2010,21: 1387.

# 第 5 章

# 聚酰亚胺纤维的改性

差别化纤维通常是指在原有纤维组成的基础上进行物理或化学改性的处理,使某些性能获得一定改善的纤维。纤维的差别化加工处理是化学纤维发展的需要,差别化聚酰亚胺纤维的制备能使其适应各个领域发展的需求。在本书第 3 章和第 4 章中已经系统讨论了聚酰亚胺的化学结构对纤维性能的影响,通过改变聚酰亚胺的二酐和二胺的化学结构,调控聚酰亚胺纤维的性能,制备出系列的差别化纤维,如高强高模、耐紫外线、耐原子氧纤维等。纤维改性也是获得差别化纤维的最直接和有效方法之一,本章介绍通过对聚酰亚胺纤维的改性,实现聚酰亚胺纤维性能的调控,或者赋予聚酰亚胺纤维特殊的功能,以及常用的改性方法和技术。

## 5.1 聚酰亚胺纤维的表面改性

### 5.1.1 聚酰亚胺纤维表面的碱浸蚀处理

聚酰亚胺作为一类杂环高性能聚合物,其耐热及耐化学性质优良,但其耐碱水解性较差。将聚酰亚胺在特定工艺条件下用碱液处理和酸质子化处理后,聚酰亚胺分子结构中的酰亚胺环会发生开环反应,形成羧基和酰胺基,提高了分子的亲水性和活性[1]。同样,聚酰亚胺纤维的耐碱水解性也较差,在碱性水解过程中,纤维表面的酰亚胺基团会发生开环反应,生成带有羧酸盐的高聚物,进一步酸质子化处理能形成酰胺酸结构,该反应的分子结构变化如图 5 – 1 所示[2]。

陕西科技大学的徐强等[3]为了制备性能优异的聚酰亚胺纸,系统地研究了聚酰亚胺纤维在碱液处理作用下的性能变化。

实验方法是在常温下将经过打浆分散处理的聚酰亚胺短切纤维加入 KOH 溶液中进行不同时间的碱处理,用清水洗净纤维表面的 KOH;然后再用乙酸溶

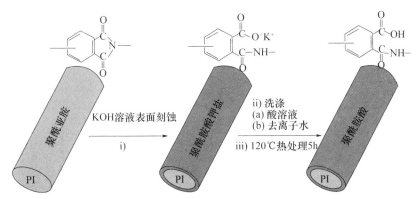

图 5 - 1　聚酰亚胺纤维碱性水解反应的分子结构变化

液对纤维进行质子化处理,用清水洗净后干燥。聚酰亚胺纤维化学改性前后的红外光谱图(图 5 - 2)显示 KOH 处理 60min 后代表酰亚胺基团的 1780cm⁻¹、1370cm⁻¹、1090cm⁻¹ 等处吸收峰的强度减弱甚至消失,而在 1715cm⁻¹、1650cm⁻¹ 和 1550cm⁻¹ 处出现了新的酰胺酸基团特征吸收峰,其中 1650cm⁻¹ 和 1550cm⁻¹ 处的吸收峰为 CONH 基团中的 C =O 振动和 N—H 振动,1715cm⁻¹ 处为羧酸羰基的伸缩振动。结果表明,对聚酰亚胺纤维进行表面化学改性处理能够在分子结构中引入羧基等亲水基团。

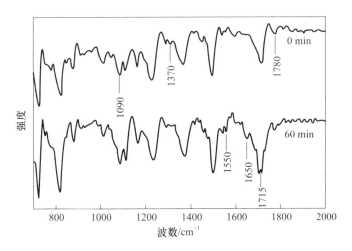

图 5 - 2　聚酰亚胺纤维 FT - IR 谱图[3]

实验测定了不同碱处理时间下聚酰亚胺纤维的结晶度(表 5 - 1),随着碱处理时间的延长,纤维的结晶度呈现出先上升后下降的趋势。原因是碱处理过程中纤维的降解反应是按照由表面到内部、由非结晶区到结晶区的顺序进行的,无定形区的分子链最先发生反应并溶解,随着无定形区分子链的降解和流失,结晶区的比例相应增大,从而纤维的结晶度上升。随着碱处理时间的进一步延长,纤维表面受到微蚀刻、降解等作用而产生结构缺陷,化学试剂逐步渗透到纤维内部及结晶区,引起结晶区内部分子链降解和反应,破坏了结晶区的晶型,使纤维的一部分结晶区向无定形区转变,最终导致纤维结晶度下降。

表 5-1 碱处理时间对纤维结晶度的影响[3]

| 纤维试样编号 | 1# | 2# | 3# | 4# | 5# |
|---|---|---|---|---|---|
| 碱处理时间/min | 0 | 15 | 30 | 45 | 60 |
| 纤维结晶度/% | 3.20 | 3.43 | 7.14 | 12.99 | 3.67 |

在化学改性过程中,纤维表面的酰亚胺基团发生开环反应而使纤维的热稳定性能有所下降。碱液处理后纤维表面产生微蚀刻现象,表面粗糙度增加。改性时间控制在 30min 以内时,纤维的物理强度基本不变,因此,控制一定的化学改性条件,能够在保证纤维强度的情况下提高纤维的表面活性。

北京化工大学的 Han 等[2]对聚酰亚胺纤维进行表面处理,室温下将聚酰亚胺短切纤维在 KOH 水溶液中浸泡,然后用盐酸溶液酸化,用去离子水充分洗涤并真空干燥。图 5-3 的扫描电子显微镜清楚地表明,改性后聚酰亚胺短纤维的表面形态比改性前更粗糙。短纤维的(Brunauer-Emmett-Teller,BET)比表面积测定表明,改性前它的表面太光滑,氮气的吸附很低,其 BET 比表面积为 $0.0051m^2/g$,而改性后聚酰亚胺短纤维的表面变粗糙,吸附能力增强,BET 比表面积达到 $0.1568m^2/g$。

图 5-3 改性前后的聚酰亚胺纤维 SEM 照片[2]
(a)改性前聚酰亚胺纤维;(b)改性后聚酰亚胺纤维。

## 5.1.2 聚酰亚胺纤维的表面金属化

金属包覆型有机纤维是一类非常重要的导电纤维,这种纤维不仅具有良好的导电、导热、屏蔽、吸收电磁波等功能,而且还兼具有机纤维织物所特有的透气和柔软特性。由聚酰亚胺纤维经表面金属化处理,得到的复合导电纤维既保持了聚酰亚胺纤维高强高模、耐高温、耐化学腐蚀、耐辐射等优越性能,同时也具有良好的导电性能,可用于电子、军工、通信、医疗和特种纺织等行业,如电子屏蔽产品、军用屏蔽帐篷、特种纺织抗菌材料、民用保健纺织品以及代替金属丝制成柔性电缆等。

基于前述聚酰亚胺耐碱水解性差的特点,研究工作者采用化学镀的方法制备了系列表面金属包覆的聚酰亚胺纤维[4]。如图 5 – 4 所示,首先采用碱性溶液氢氧化钠或氢氧化钾,室温或适当加热使纤维表面水解,水解后纤维表面变粗糙并含有羧基、氨基等官能团,利用这些官能团的吸附作用进行敏化处理。敏化液通常为氯化亚锡的盐酸水溶液,使纤维表面吸附一层具有还原性的二价锡离子,然后用活化液进行处理。活化液可以为可溶性银盐制备的银氨溶液或者氯化钯的盐酸溶液,浸泡纤维使银离子或钯离子在纤维表面被二价锡还原成具有催化活性的银纳米粒子或钯纳米粒子,然后在催化金属的作用下进行化学镀铜或化学镀镍。活化后得到的钯催化金属层可以催化聚酰亚胺纤维的表面化学镀铜和化学镀镍,而得到的银催化金属层只可以催化聚酰亚胺纤维的表面化学镀铜。图 5 – 5 所示为化学镀铜聚酰亚胺纤维扫描电镜照片,可以看出镀铜层基本连续、致密。表面化学镀铜纤维柔韧,有铜的金属光泽,具有表面导电性能。

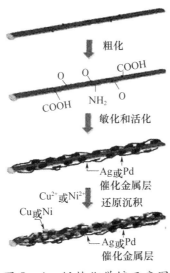

图 5 – 4   纤维化学镀示意图

制备表面银的聚酰亚胺纤维还可以采用如图 5 – 6 所示的方法[5],包括三个步骤:表面碱处理,银离子交换,还原剂还原。首先,聚酰亚胺纤维在 KOH 水溶液中水解一定时间,用大量的去离子水漂洗后,浸入 AgNO₃ 水溶液或银氨溶液进行离子交换反应,最后将银离子掺杂的聚酰亚胺纤维浸入抗坏血酸溶液进行银离子还原。

图 5 – 7 和表 5 – 2 结果显示碱液处理时间 0.5h 得不到连续的表面银层,纤

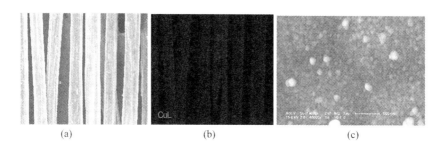

图5-5 化学镀铜聚酰亚胺纤维扫描电镜照片

（a）镀铜纤维的SEM照片；（b）镀铜纤维表面EDX分析；（c）纤维表面放大SEM照片。

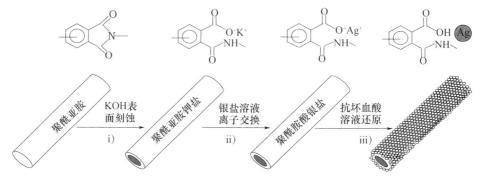

图5-6 经过表面处理方法制备表面银聚酰亚胺纤维的示意图[5]

维表面没有电传导，碱处理时间超过1.5h，纤维变形严重。碱液处理时间为1h和1.5h，可以得到连续的表面银层，银复合纤维表面电阻可以达到102Ω/cm，银复合纤维的强度损失只有30～50MPa，保持了聚酰亚胺纤维的优异力学性能。为了制造表面导电聚酰亚胺纤维，相同碱处理的聚酰亚胺纤维用硝酸银溶液进行离子交换与用银氨溶液离子交换相比需要一个更长的时间和更高的浓度，表明银氨溶液是更有效的聚酰亚胺纤维表面银金属化的银源。

表5-2 聚酰亚胺纤维和表面银聚酰亚胺纤维的力学性能和电性能[5]

| 纤维 | KOH处理时间/h | 离子交换银源和浓度/(mol/L) | 断裂伸长率/% | 拉伸强度/MPa | 模量/GPa | 表面电阻/(Ω/cm) |
|------|------|------|------|------|------|------|
| PI | 0 | — | 8.4 | 583.0 | 15.5 | NC[①] |
| PI/AgF1 | 0.5 | $AgNO_3$ (0.40) | 8.1 | 552.6 | 15.7 | NC |
| PI/AgF2 | 1.0 | $AgNO_3$ (0.40) | 7.6 | 535.3 | 15.9 | 363 |
| PI/AgF3 | 1.5 | $AgNO_3$ - (0.40) | 7.9 | 535.8 | 16.4 | 471 |
| PI/AgF4 | 1.0 | $[Ag(NH_3)_2]^+$ (0.04) | 7.7 | 531.4 | 16.1 | 720 |
| PI/AgF5 | 1.5 | $[Ag(NH_3)_2]^+$ (0.04) | 7.9 | 534.7 | 16.7 | 324 |
| ①NC代表没有导电性 | | | | | | |

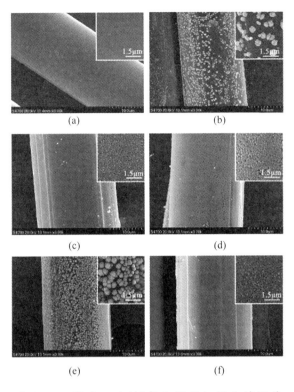

图 5 - 7 聚酰亚胺/银复合纤维扫描电镜照片

（a）聚酰亚胺纤维；（b）~（f）聚酰亚胺/银复合纤维，其离子交换反应采用的银源分别为 $AgNO_3$ （0.40mol/L）、$AgNO_3$（0.40mol/L）、$AgNO_3$（0.40mol/L）、$[Ag(NH_3)_2]^+$（0.02mol/L）、$[Ag(NH_3)_2]^+$ （0.04mol/L），聚酰亚胺纤维在 KOH 溶液中的处理时间分别为 0.5h、1.0h、1.5h、1.0h、1.0h[5]。

此外，作者还报道其他的可溶性银盐也适用于这个方法，如氟化银、乙酸银、碳酸银、硫酸银、高氯酸银等，还原剂还可以是其他的碱性含醛基化合物的水溶液，如甲醛、乙醛、葡萄糖或甲酸的水溶液等[6]。

## 5.1.3 聚酰亚胺纤维的表面氟化处理

聚酰亚胺纤维虽然能以其优异的耐热性能和良好的耐化学性能而成为高温过滤领域最重要的纤维品种之一，但由于作为工厂尾气过滤体系的纤维不仅需要耐高温，而且需要在强腐蚀等条件下工作，如火力发电厂尾气中含有可生成硫酸的三氧化硫等气体，因而要求用于空气过滤器中的纤维还要耐酸蚀。采用聚酰亚胺纤维制备的过滤袋一般使用寿命只有 2 年左右，而采用聚四氟乙烯纤维制备的过滤袋的使用寿命一般大于 5 年。因此，聚酰亚胺纤维的耐硫酸性还有待进一步提高。

四川大学刘向阳等[7]公开了一种采用直接氟化技术制备高耐酸聚酰亚胺纤维的方法。该方法是先将聚酰亚胺纤维置于反应器中，然后在惰性气体氛围下,向反应器中充入氟气与惰性气体的混合气,在一定温度下对其表面进行氟化处理,即获得表面含有碳－氟共价键结构的聚酰亚胺纤维。聚酰亚胺纤维的氟化程度可以通过调节氟气的压力、氟化温度和时间来控制,见表5－3。

表5－3 表面氟化聚酰亚胺纤维的制备条件

| 实施例 | 混合气体组成 | 氟气分压/kPa | 氟化温度/℃ | 氟化时间/min | 拉伸强度保持率/%[①] |
|---|---|---|---|---|---|
| 1 | 氟气/氮气 | 10 | 25 | 20 | 95 |
| 2 | 氟气/氮气 | 50 | 50 | 1 | 95 |
| 3 | 氟气/氮气 | 100 | 5 | 5 | 97 |
| 4 | 氟气/氮气 | 5 | 100 | 10 | 96 |
| 5 | 氟气/氮气 | 30 | 50 | 10 | 96 |
| 6 | 氟气/氩气 | 40 | 60 | 30 | 98 |
| 7 | 氟气/氮气 | 25 | 25 | 30 | 95 |
| 8 | 氟气/氮气 | 30 | 60 | 10 | 98 |
| 9 | 氟气/氮气 | 40 | 60 | 30 | 96 |
| 10 | 氟气/氮气 | 30 | 100 | 1 | 94 |
| 对比例 | — | — | — | — | 76 |
| [①]在浓度为20%(质量分数)硫酸水溶液中浸泡处理240h后测试拉伸性能 | | | | | |

所制得的含氟高耐酸聚酰亚胺纤维的透射红外光谱图(图5－8(a))在1780cm$^{-1}$、1720cm$^{-1}$、1380cm$^{-1}$附近有聚酰亚胺的特征吸收峰,全反射衰减红外光谱图(图5－8(b))在波数为1100～1300cm$^{-1}$有碳－氟共价键的吸收峰。X射线光电子能谱图在688 eV附近有F元素能谱峰。纤维在浓度为20%(质量分数)硫酸水溶液中浸泡处理240h后测试拉伸强度保持率见表5－3,未氟化聚酰亚胺纤维只有76%,而氟化聚酰亚胺纤维为94%～98%,耐酸性明显提高。同时,氟化聚酰亚胺纤维保持了优异的耐高温性能和力学性能,可以作为高端的过滤材料使用。这种方法的氟化速率高、处理时间短,可实现连续在线对纤维进行表面处理。

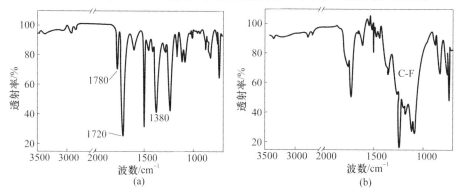

图5－8 表面含氟高耐酸聚酰亚胺纤维的红外光谱图[7]
(a)透射红外光谱图;(b)全反射衰减红外光谱图。

## 5.2　纳米材料掺杂的聚酰亚胺纤维

聚合物纳米复合材料既有聚合物的优点,如质量小、加工性和柔韧性优良,又因无机材料的引入而被赋予高机械强度和优良的电、磁和光学特性等。有时,复合材料甚至具有与本体不同的独特的物理、化学或生物性质,使复合材料在储能设备、电子产品、微波吸收材料和传感器等诸多领域具有潜在应用价值,引起了学术界和工业领域的广泛兴趣。近年来,通过添加纳米粒子对聚合物纤维进行改性的研究十分活跃,并取得了一些具有应用价值的研究成果。通过纳米结构材料的掺杂同样可以赋予聚酰亚胺纤维某些独特的性能,如力学性能的改善、耐热性能的提高,以及赋予其特殊的电学性能等,从而拓展了聚酰亚胺纤维的应用领域。

### 5.2.1　纳米碳材料掺杂

#### 5.2.1.1　单壁碳纳米管/聚酰亚胺纳米复合纤维熔融纺制

碳纳米管是一种新型的无机碳材料,以其独特的结构和优异的力学、电学性能引起了人们的广泛关注。单壁碳纳米管(SWCNT)是具有直径约为 1nm,长度为几微米特征的单层石墨圆筒。以 SWCNT 对聚合物进行掺杂改性,实现了 SWCNT 微观纳米结构到宏观复合材料的飞跃,受其启发 NASA 的 Siochi 等通过熔融纺丝的方法制备了单壁碳纳米管/聚酰亚胺纳米复合纤维[8]。

SWCNT/Ultem 纳米复合纤维的制备是将一定质量比的单壁碳纳米管添加到 Ultem 粒料,在 325℃进行熔融混合后,将得到的材料通过筛网过滤,用单螺杆挤出机挤出,然后通过卷绕拉伸得到直径为 1μm 至几百微米的复合纤维。

图 5-9 是 1%(质量分数)SWCNT/Ultem 复合纤维溶解在氯仿中表面刻蚀后的扫描电镜照片,纤维表面出现在剪切流动方向排列的纤状特征,这些纤状特征与单壁碳纳米管束的尺寸一致,说明在熔融挤出过程中单壁碳纳米管被成功分散,并沿纤维轴方向择优排列,但仍然可见一些单壁碳纳米管的聚集。

研究表明,单壁碳纳米管的加入没有损害纤维的热性能。力学性能测试结果见表 5-4,数据分别由美国航空航天局兰利研究中心(Instron)和佐治亚理工学院(RSA)提供。从两个实验室中得到的拉伸模量的数据表明,通过 1%(质量分数)单壁碳纳米管掺杂的 Ultem,拉伸弹性模量增加高达 50%,拉伸模量和强度随着 SWCNT 含量的增加而增加。增加强度对比实验 SWCNT 无规未定向掺杂薄膜高得多,但比从有序不连续纤维增强的聚合物复合材料预期的理论值小,作者认为这种较低的改善可能是由于单壁碳纳米管分散得并不完善。

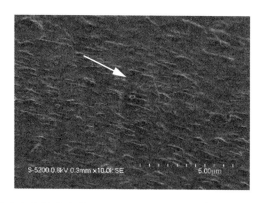

图 5-9  1%（质量分数）SWCNT/Ultem 纳米复合纤维用氯仿刻蚀
约33%后表面的形态,箭头表示纤维方向[8]

表 5-4   SWCNT/Ultem 纳米复合纤维力学性能[8]

| SWCNT/ %（质量分数） | 测试设备 | 拉伸速度 /(mm/min) | 拉伸模量 /GPa | 伸长率/% | 韧度 /(mJ/mm³) | 最大强度 /MPa | 屈服强度 /MPa |
|---|---|---|---|---|---|---|---|
| 0 | Instron | 7.5 | 2.2 | 175 | 123 | 105 | 74 |
| | RSA | 25 | 2.4 | 94 | — | 74 | 87 |
| 0.1 | Instron | 7.5 | 2.6 | 125 | 100 | 105 | 86 |
| 0.3 | Instron | 7.5 | 2.8 | 110 | 92 | 105 | 94 |
| 1.0 | Instron | 7.5 | 3.2 | 20 | 6 | 105 | 100 |
| | RSA | 25 | 3.1 | 60 | | 105 | 97 |
| 1.0① | | 5.0 | 3.2 | 5.5 | 52.5 | 114 | 64 |

①用于对比的 1.0%（质量分数）无规碳纳米管掺杂的 Ultem 薄膜

#### 5.2.1.2  碳纳米管/聚酰亚胺复合纤维湿法纺制

碳纳米管具有巨大的表面能,使管与管之间具有较强的吸附力,不能溶于水和普通有机溶剂,润湿性能差,因此很难与聚合物基形成有效的黏结,并且容易团聚,难以分散,限制了其应用。为了充分发挥碳纳米管在高分子聚合物中的增强作用,在制备碳纳米管/聚合物复合材料时往往对碳纳米管进行表面改性。东华大学的张清华教授等报道了一系列碳纳米管/聚酰亚胺复合纤维湿法纺制的方法。

文献[9]报道的表面酸功能化碳纳米管/聚酰亚胺复合纤维的制备包括如下步骤:①多壁碳纳米管通过 $HNO_3$ 和 $H_2SO_4$（3∶1 V/V）混合溶液处理后,用蒸馏水彻底清洗,得到表面酸功能化的多壁碳纳米管 f-MWNT。②通过原位聚合方法制备 f-MWNT 各种含量的聚酰胺酸溶液。首先通过超声将 f-MWNT 分散在 DMAc 中。然后,在氮气流下加入二胺单体 2-(4-氨基苯基)-5(6)-氨基苯并咪唑(BIA),搅拌超过 30min 后,再加入等摩尔的 BPDA,继续搅拌 12h 得到一定固含量的 f－MWNTs/PAA 溶液。③上述得到的 f－MWNT/PAA 纺丝溶液过滤和脱泡,通过湿法纺丝装置制备聚酰胺酸纤维,真空干燥和亚胺化,然后在 450℃以不同比例拉伸得到不同含量的 f－MWNT/聚酰亚胺复合纤维。

图 5 － 10 所示纤维的透射电镜照片显示酸功能化的碳纳米管保持了结构的完整性,并且与聚合物基体有良好的相互作用,作者认为这可能是由于碳纳米管的羧酸基团与聚酰胺酸 PAA 之间发生了如图 5 － 10(d)所示的氢键相互作用的结果。通过显微镜观察纺丝液遇水凝固的初始凝固层增长速率列于表 5 － 5,结果表明,f－MWNT 的掺入能诱导纺丝原液的凝固速率适当增加,可缩短纺丝线,降低凝结剂的用量。所得 f－MWNT/PI 复合纤维表现出改善的热稳定性和尺寸稳定性。氮气气氛下,所有纤维在 750℃的残余均在 75% 以上。随着 f－MWNT 含量的增加,复合纤维的 5% 质量损失温度 $T_d$ 逐渐增加,热膨胀系数逐渐减小,含 2%(质量分数)的 f－MWNT 的复合纤维的 $T_d$ 值有 16℃ 的显著增加,并且热膨胀系数的值比纯聚酰亚胺纤维减少 30%。f－MWNT 的添加改善了纤维的力学性能,仅含 1%(质量分数) f－MWNT 的纤维力学性能最好,模量增加 50%,拉伸强度增加 15%。

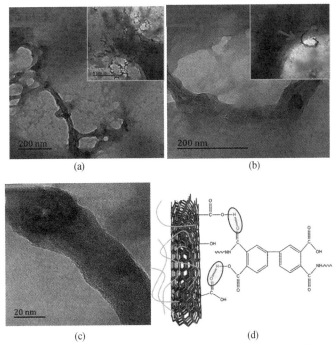

图 5 － 10　f － MWNT 在聚酰亚胺基体中的分散[9]

(a)~(c) 0.5%(质量分数) f－MWNT/PAA 复合物 TEM 照片;

(d)f－MWNT/PAA 复合的相互作用氢键示意图。

表 5 - 5  f - MWNT/PI 复合纤维的性能[9]

| f - MWNTs 含量 /%（质量分数） | 初始凝固层增长速率/ （$10^{-6}$ $cm^2$/s） | CTE/ （$10^{-6}$/℃） | 拉伸强度/GPa | 模量/GPa | 断裂伸长率/% |
|---|---|---|---|---|---|
| 0 | 0.67 | - 8.8 | 1.23 ± 0.10 | 32.3 ± 2.37 | 3.8 ± 0.23 |
| 0.2 | — | — | 1.38 ± 0.11 | 43.1 ± 3.84 | 3.2 ± 0.19 |
| 0.5 | 1.54 | - 7.6 | 1.43 ± 0.11 | 53.0 ± 5.17 | 2.7 ± 0.16 |
| 1 | 2.13 | - 6.4 | 1.52 ± 0.12 | 58.5 ± 5.27 | 2.6 ± 0.16 |
| 1.5 | — | — | 1.19 ± 0.08 | 47.9 ± 4.37 | 2.5 ± 0.14 |
| 2 | 2.51 | - 5.7 | 1.12 ± 0.09 | 48.7 ± 4.77 | 2.3 ± 0.14 |

文献[10]报道了异氰酸酯表面功能化碳纳米管/聚酰亚胺复合纤维的制备,具体步骤如下:①碳纳米管的功能化。碳纳米管(多壁碳纳米管、单壁碳纳米管、双壁碳纳米管或它们的混合物)在浓硝酸和浓硫酸的混酸中反应得到酸官能化的碳纳米管;将酸化的碳纳米管与等摩尔的异氰酸酯在室温下超声反应得到异氰酸酯功能化的碳纳米管。其中异氰酸酯可以为十八烷基异氰酸酯、对氯苯基异氰酸酯、3,4 - 二氯苯异氰酸酯、环己基异氰酸酯或叔丁基异氰酸酯。②聚酰胺酸溶液的制备,得到固含量为15%～35%的溶液。③复合纤维的制备。将异氰酸酯功能化的碳纳米管按比例加入到上述合成的聚酰胺酸溶液中,机械搅拌、超声分散,得碳纳米管/聚酰胺酸纺丝浆液;将纺丝溶液进行湿法纺丝,经计量泵、喷丝头、凝固浴、拉伸得到聚酰胺酸纤维,再经热或化学酰亚胺化和拉伸工序得到碳纳米管/聚酰亚胺复合纤维。这个方法通过采用异氰酸酯表面功能化的碳纳米管为聚酰亚胺纤维的添加材料,解决了碳纳米管在基体中的分散不均匀和界面黏合性问题,有利于改善纤维性能,从而制备出性能优异的聚酰亚胺纤维。

### 5.2.1.3  碳纳米管掺杂聚酰亚胺纳米纤维膜

Delozier 等[11]采用如图 5 - 11 所示结构的聚酰亚胺与单壁碳纳米管的DMAc悬浮溶液进行静电纺丝,制备了聚酰亚胺纳米纤维膜。但是作者对膜的性能评价较少,研究显示 SWNT 成功引入到聚酰亚胺纳米纤维中,但 SWNT 并未完全沿着纤维轴排列。

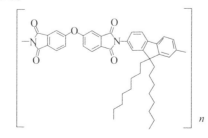

图 5 - 11  纺丝用聚酰亚胺的结构[11]

江西师范大学的候豪情教授等[12]通过静电纺丝制备了多壁碳纳米管(MWNTs)/聚酰亚胺纳米复合纤维膜。为了提高 MWNT 与基体之间的界面交互性和兼容性,MWNT 与浓硝酸进行处理,得到酸官能化碳纳米管(f – MWNT)。

纳米纤维膜的制备:首先多壁碳纳米管在浓 HNO₃ 中回流,以除去碳纳米管中的杂质,并在碳纳米管上引入多种羧酸和羟基基团得到官能化的多壁碳纳米管(f – MWNT)。然后,f – MWNT 通过超声处理分散在 DMAc 中,聚酰亚胺单体 ODPA 和 ODA 加入 f – MWNT/DMAc 溶液原位合成 f – MWNT/ PAA 液。最后,采用如图 5 – 12 所示的静电纺丝装置纺制 f – MWNT/PI 复合纳米纤维膜。通常,静电纺丝得到的纳米纤维纺丝到一个固定的板状收集器上,从而导致无规排列的纤维排列,纳米纤维之间的相互作用非常弱,很容易滑落或彼此拉出,因此用这种方法收集的纳米纤维膜通常具有较差的力学性能。在这项研究中,作者采用了一个高速旋转的收集装置,得到了纳米纤维整齐排列的纳米纤维膜,纳米纤维表面平滑,几乎没有如珠缺陷,但有一些纳米纤维缠结不能分开。

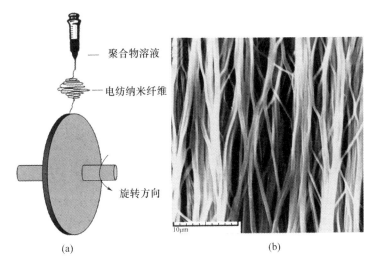

图 5 – 12   装备了旋转收集屏的静电纺丝装置示意图(a)和
采用该装置得到的排列整齐的纳米纤维的扫描电镜照片(b)[12]

纳米纤维的 TEM 照片显示未处理的 MWNT(P – MWNT)掺杂后纺丝聚集在纳米纤维的表面(图 5 – 13(a)),官能化碳纳米管(f – MWNT)可以很容易地分散,在 2%(质量分数)的低的掺杂浓度下,f – MWNT 在整个纳米纤维均匀地分布,并沿纤维轴高度排列(图 5 – 13(b))。随着掺杂浓度的增加,f – MWNT 逐渐出现了在纳米纤维表面的聚集(图 5 – 13(c)、(d))。所有电纺纳米纤维膜具有优异的热稳定性,高温残碳量随着 f – MWNT 含量的增加而增加。由于静电纺纳米纤维膜的高取向,其拉伸强度和断裂伸长率比流延膜高许多。从表 5 – 6 可以看出,随着 f-MWNT 含量的增加,膜的弹性模量增加,10%(质量分数)的 f-MWNT/PI 膜具有最高的拉伸模量。然而,含有 3.5%(质量分数)的 f-MWNT 的膜有最高的拉伸强度和断裂伸长率,断裂伸长率可达到近 100%,当进一步增加 f-MWNT 的浓度时,强度和断裂伸长率开始逐渐降低。作者通过 2D-WAXD 研究发现,原位聚合制备的 f-MWNT/PAA 电纺丝纤维比 f-MWNT/PAA 共混制备的电纺纤维可以达到更好的聚合物链取向,因此所制备的膜有较好的力学性能。高性能聚酰亚胺/碳纳米管纳米纤维膜的制造是通过碳纳米管改性聚合物得到超强、坚韧、轻便的纳米复合材料的重要一步,可以在国防或航空航天领域中使用。

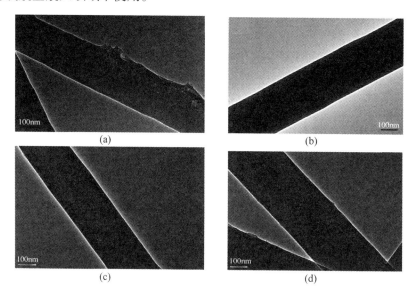

图 5-13　PAA 纳米纤维的 TEM 显微照片[12]

(a) 1%(质量分数)p-MWNTs;(b) 2%(质量分数)f-MWNTs;
(c) 7.5%(质量分数)f-MWNTs;(d) 10%(质量分数)f-MWNTs。

表 5-6　含官能化碳纳米管 f-MWNT 电纺丝纳米纤维膜的力学性能[12]

| 纳米纤维膜样品 | 屈服强度/MPa | 拉伸强度/MPa | 拉伸模量/GPa | 断裂伸长率/% |
|---|---|---|---|---|
| Neat PI | 128.2 ± 15 | 186.8 ± 20 | 2.47 ± 0.34 | 64.1 ± 10 |
| f-MWNT(1.0%)/PI | 170.7 ± 20 | 206.1 ± 30 | 2.67 ± 0.23 | 73.1 ± 16 |
| f-MWNT(2.0%)/PI | 175.3 ± 20 | 214.7 ± 15 | 2.78 ± 0.13 | 73.8 ± 8.0 |
| f-MWNT(3.5%)/PI | 200.9 ± 16 | 239.7 ± 21 | 2.56 ± 0.15 | 90.5 ± 11 |
| f-MWNT(5.0%)/PI | 176.5 ± 31 | 223.4 ± 17 | 2.99 ± 0.31 | 89.9 ± 24 |
| f-MWNT(7.5%)/PI | 164.6 ± 25 | 199.5 ± 16 | 2.71 ± 0.30 | 86.9 ± 14 |
| f-MWNT(10.%)/PI | 144.3 ± 30 | 168.4 ± 30 | 3.12 ± 0.21 | 71.2 ± 30 |

5.2.1.4　一种石墨烯/聚酰亚胺复合纤维的制备

石墨烯是碳原子间 $SP^2$ 杂化成键,排列成二维蜂窝状晶格的单原子层平面晶体,它具有大比表面积,优异的电学、热学和力学性能,石墨烯是人类已知强度最高的物质,比钻石还坚硬,强度比世界上最好的钢铁还要高 100 倍。使用石墨烯与基体聚合物复合制备复合材料或纤维,能够明显改善材料的性能,如提高力学性能,改善电学、耐热性能等。东华大学的张清华教授等首次报道了一种利用石墨烯增强聚酰亚胺纤维制备石墨烯/聚酰亚胺复合纤维的方法[13]。

以天然石墨或人造石墨为原料,采用 Hummer 法、Staudenmaier 法或 Brodie 法制备氧化石墨,将氧化石墨分散于水中,经超声处理后离心、洗涤、真空干燥,得到氧化石墨烯。在常温下将氧化石墨烯超声分散于 DMF、DMAc、NMP、DMSO 等有机溶剂中,得到氧化石墨烯悬浮液。

纺丝溶液的制备有两种方法:一是用二酐和二胺制备聚酰胺酸溶液,然后将分散在相同溶剂中的石墨烯或氧化石墨烯加入聚酰胺酸溶液中,得石墨烯/聚酰胺酸纺丝原液;二是采用原位聚合方法,在有机溶剂中将二胺、二酐和上述石墨烯或氧化石墨烯混合均匀,在脱氧条件下缩聚,得石墨烯/聚酰胺酸纺丝原液。将上述纺丝原液通过湿法或干喷 – 湿法纺丝纺得石墨烯/聚酰胺酸初生纤维,真空干燥后,再经酰亚胺化和拉伸制得石墨烯/聚酰亚胺复合纤维。

从表 5 – 7 可见,所制备的石墨烯/聚酰亚胺复合纤维有优异的力学性能。这种方法采用剥离的石墨烯片层作为聚酰亚胺纤维的添加材料,解决了石墨烯在基体聚合物中的分散不均匀和界面黏合性问题,同时改善了 PAA 溶液的可纺性,提高了 PAA 纤维的稳定性,有利于改善纤维性能,从而制备性能优异的石墨烯/聚酰亚胺复合纤维,可以用于材料增强、导电、抗静电、导热等多个领域。

表 5 – 7　石墨烯/聚酰亚胺复合纤维纺丝条件和力学性能

| 实施例 | 聚酰亚胺组成 | 石墨源 | 氧化方法 | 添加形式 | 添加比例/%(质量分数) | 拉伸倍率 | 拉伸强度/GPa | 断裂延长/% |
|---|---|---|---|---|---|---|---|---|
| 1 | ODA,PMDA | 天然 | Hummer | 氧化石墨烯 | 1 | 3 | 1.5 | — |
| 2 | ODA,BTDA | 人工 | Staudenmaier | 氧化石墨烯 | 2.08 | 3 | 1.8 | 1.8 |
| 3 | BIA,ODPA | 人工 | Brodie | 氧化石墨烯 | 4 | 3 | 2.5 | 1.68 |
| 4 | PDA,BPDA | 人工 | Hummer | 氧化石墨烯 | 3.8 | 3 | 3.4 | 1.26 |
| 5 | ODA,BPDA | 人工 | — | 石墨烯 | 2.1 | 8 | 2.9 | 1.38 |
| 6 | BIA,BPDA | 人工 | — | 石墨烯 | 2.93 | 2 | 2.9 | 1.18 |

此外,他们还采用如图 5 – 14 所示的一步原位聚合的方法制备了氧化石墨烯增强的聚酰亚胺纤维[14]。将天然石墨采用 Hummer 方法进行氧化处理得到氧化石墨烯 GO。通过溶剂交换方法制备 GO/ NMP 胶体溶液,在氮气气氛下将 ODA 加入上述溶液后 80℃搅拌 24h,将混合物过滤并用 NMP 洗涤数次以除去

过量的 ODA,最后真空干燥得 GO – ODA 纳米片。采用原位聚合方法合成可溶性聚酰亚胺 / GO – ODA 纺丝溶液以及与之对照的聚酰亚胺/GO 纺丝溶液。将纺丝溶液进行过滤和脱泡,采用湿法纺丝技术纺制纤维,然后以不同的比率拉伸得到复合纤维。

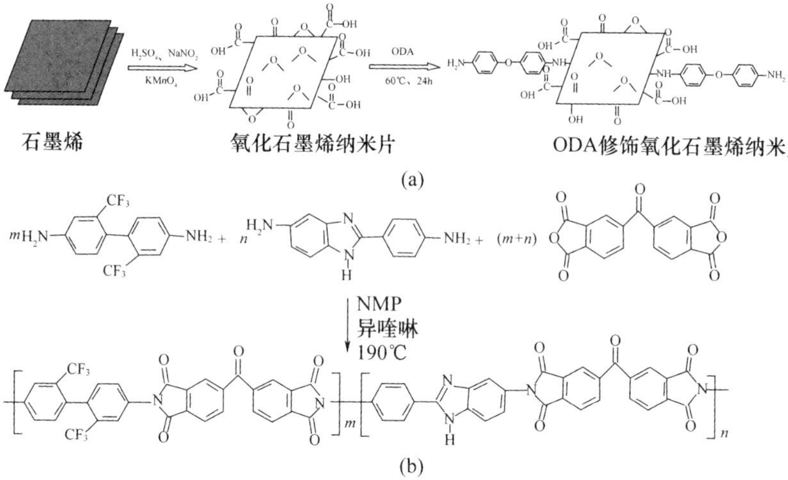

图 5 – 14　GO 和 GO – ODA 可溶聚酰亚胺的制备路线[14]

对 GO、GO – ODA 分散稳定性研究结果显示,超声分散后放置两个月,GO 的溶液出现明显聚集,而 GO – ODA 则可以稳定地分散在常规有机溶剂如 DMF、DMAc、NMP、DMSO 中。通过原位聚合能确保 GO – ODA 在聚合物基质中的优良分散性和良好相容性。广角 X 射线研究结果表明,这些二维纳米片对聚合物链的结晶、聚集或组装行为产生显著影响,见图 5 – 15。纯聚酰亚胺纤维沿纤维轴方向的 WAXD 在 12.9°和 17.1°有两个强衍射峰,随着 GO – ODA 添加含量的增加,在 $2\theta$ 为 17.1°的峰的衍射强度降低,峰位也降低,表明纤维的结晶度下降,晶粒尺寸和晶面间距增加,见表 5 – 8。作者认为这可能是由于 GO – ODA 纳米片可以作为交联剂,限制链段运动的结果。对纤维的力学性能研究(图 5 – 16)显示开始随着 GO – ODA 添加含量的增加,纤维的拉伸强度和拉伸模量均增加,然而当添加量达到 1.0%(质量分数)时纤维的拉伸强度略微下降。含有 0.8%(质量分数)GO – ODA 的复合纤维有最好的力学性能,拉伸强度为 2.5GPa(是纯聚酰亚胺纤维的 1.6 倍),拉伸模量为 126GPa(是纯聚酰亚胺纤维的 223%)。另外,石墨烯的引入显著提高了复合纤维的玻璃化转变温度和热稳定性。由于石墨烯优良的疏水性,乙醇和异丙醇的接触角为 140°,该复合纤维的疏水特性随着 GO – ODA 添加量的增加而增加(图 5 – 17),当 GO – ODA 添加 1.0%(质量分数)时,接触角由纯聚酰亚胺纤维的 63.6°增加到了 100.3°。

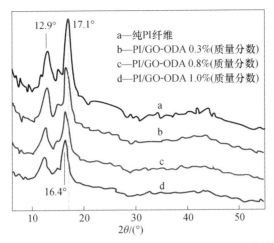

图 5-15 沿纤维轴向的 WAXD 衍射谱图[14]

（所有样品的拉伸比率为 2.5 倍）

表 5-8 纯聚酰亚胺纤维和 PI/GO-ODA 复合纤维的性能[14]

| GO-ODA 含量 /%（质量分数） | 结晶度/% | 晶粒尺寸/nm | 晶间距/Å | $T_g$/℃（DMA 测试） | $T_{5d}$/℃（TGA 测试） | $T_{max}$/℃（TGA 测试） |
|---|---|---|---|---|---|---|
| pure PI | 35 | 6.4 | 5.18 | 356 | 585 | 638 |
| 0.3 | 31 | 6.53 | — | 360 | 593 | 650 |
| 0.5 | — | — | — | 369 | 602 | 651 |
| 0.8 | 30 | 6.62 | — | 374 | 604 | 653 |
| 1.0 | 28 | 6.63 | 5.40 | 378 | 606 | 654 |

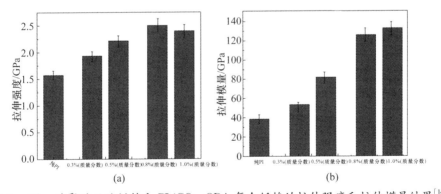

图 5-16 纯聚酰亚胺纤维和 PI/GO-ODA 复合纤维的拉伸强度和拉伸模量结果[14]

## 5.2.2 无机盐纳米粒子掺杂

### 5.2.2.1 凹凸棒土纳米粒子/聚酰亚胺复合纤维

凹凸棒土又名坡缕石,是一种层链状结构的含水富镁铝硅酸盐黏土矿物,它长径比高,具有广泛的应用领域,作为一种填料,在材料中可以起到增强作用,同

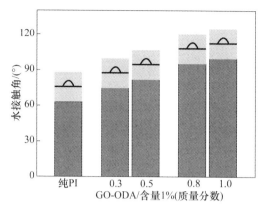

图 5－17　纯聚酰亚胺纤维和 PI/GO－ODA 复合纤维的接触角结果[14]

时也能提高复合材料的热稳定性。东华大学的张清华教授等报道了一种凹凸棒土纳米粒子聚酰亚胺复合纤维的制备方法[15]。

　　首先将凹凸棒土在水中超声、清洗、过滤、干燥。然后采用原位聚合的方法，将凹凸棒土和二胺单体加入到非质子极性溶剂中，如 DMF、DMAc、NMP 等，搅拌使二胺溶解且凹凸棒土均匀分散，加入二酐单体，搅拌聚合得到凹凸棒土纳米粒子聚酰胺酸纺丝浆液。最后进行湿法或干－湿法纺丝得到凹凸棒土聚酰亚胺复合纤维。该方法普遍适用于可以进行湿法和干－湿法纺丝的聚酰亚胺纤维。从表 5－9 所得的凹凸棒土纳米粒子聚酰亚胺复合纤维的力学性能可见，凹凸棒土纳米粒子的加入能改善聚酰亚胺纤维的力学性能，并显著提高聚酰亚胺纤维的耐热稳定性。这种制备工艺简单易行，对环境无污染，有良好的应用前景。

表 5－9　凹凸棒土纳米粒子聚酰亚胺复合纤维纺丝条件和力学性能

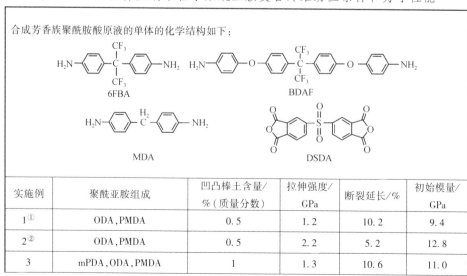

合成芳香族聚酰胺酸原液的单体的化学结构如下：

| 实施例 | 聚酰亚胺组成 | 凹凸棒土含量/<br>%（质量分数） | 拉伸强度/<br>GPa | 断裂延长/% | 初始模量/<br>GPa |
|---|---|---|---|---|---|
| 1① | ODA，PMDA | 0.5 | 1.2 | 10.2 | 9.4 |
| 2② | ODA，PMDA | 0.5 | 2.2 | 5.2 | 12.8 |
| 3 | mPDA，ODA，PMDA | 1 | 1.3 | 10.6 | 11.0 |

（续）

| 实施例 | 聚酰亚胺组成 | 凹凸棒土含量/%（质量分数） | 拉伸强度/GPa | 断裂延长/% | 初始模量/GPa |
|---|---|---|---|---|---|
| 4 | MDA，BPDA | 3.5 | 1.1 | 7.8 | 12.7 |
| 5 | 6FBA，BDAF，BTDA，DSDA | 0.5 | 3.4 | 2.9 | 17.4 |
| 6 | pPDA，MDA，BPDA，OPDA | 0.5 | 2.7 | 4.6 | 15.4 |
| 对比 | ODA，PMDA | 0 | 0.7 | 32.5 | 5.6 |
| ① 400℃热拉伸倍率3.0倍得到的复合纤维; | | | | | |
| ② 400℃热拉伸倍率4.5倍得到的复合纤维 | | | | | |

### 5.2.2.2　非织造聚酰亚胺/二氧化硅杂化纳米纤维织物

苏州大学范丽娟等为了制备成分简单并具有良好综合性能的过滤和分离材料,通过结合静电纺丝和原位溶胶 – 凝胶技术制备了非织造聚酰亚胺/二氧化硅杂化纳米纤维织物[16]。

聚酰亚胺/二氧化硅杂化纳米纤维的制备过程包括以下步骤:PAA 的合成,二氧化硅溶胶的制备,混合上述 PAA 和二氧化硅溶液得到纺丝液,PAA/二氧化硅杂化溶液的静电纺丝,热处理完成 PAA 的酰亚胺化和 SiO₂ 的凝胶化。扫描电镜(图 5 – 18)显示获得的所有样品均为连续纤维,二氧化硅的加入对纳米纤维的形态并无很大的影响,只是导致纤维的直径存在差异。

(a)　　　　　(b)

(c)　　　　　(d)

(e)

图 5 – 18　不同二氧化硅含量的各种 PI/SiO₂ 纳米纤维织物的扫描电镜[16]

（a）PI；（b）PI – SiO₂ – 1；（c）PI – SiO₂ – 2；（d）PI – SiO₂ – 3；（e）PI – SiO₂ – 4。

结果表明,二氧化硅的加入能改善纳米纤维织物的热性能和力学性能。见表 5 - 10,无纺织物的热稳定性随着材料中二氧化硅含量的增加而大大增加,并且在一定范围内拉伸强度和模量也增加。其中 $SiO_2$ 含量为 6.58% 的纳米纤维织物有最优的性能,与纯聚酰亚胺织物相比 10%(质量分数)热分解温度增加 133℃,拉伸强度增加了近 4 倍。

表 5 - 10　聚酰亚胺/二氧化硅无纺纳米纤维织物的热性能和力学性能

| 力学性能 ＼ 纤维织物 | PI | PI – $SiO_2$ – 1 | PI – $SiO_2$ – 2 | PI – $SiO_2$ – 3 | PI – $SiO_2$ – 4 |
|---|---|---|---|---|---|
| $SiO_2$ 含量/%(质量分数)① | 0 | 2.39 | 3.82 | 6.58 | 12.67 |
| $T_d$②/℃ | 468 | 571 | 577 | 601 | 630 |
| 残余③/%(质量分数) | 36 | 47 | 50 | 64 | 68 |
| 拉伸强度/MPa | 3.83 | 5.73 | 7.87 | 15.73 | 9.02 |
| 模量/MPa | 125.6 | 369.5 | 437 | 818.7 | 790.3 |
| 断裂伸长率/% | 7.2 | 6.69 | 6.07 | 4.38 | 1.87 |

①10%(质量分数)质量损失温度;
②TGA 测试得到的 900℃残余量;
③EDX 表面元素分析计算得到的 $SiO_2$ 含量

### 5.2.2.3　一种具有荧光效应的聚酰亚胺纳米纤维

苏州大学范丽娟等还制备了一种具有荧光效应的聚酰亚胺纳米纤维[17]。其制备方法:首先,以 4,4′ – 二氨基二苯醚(ODA)和均苯四甲酸酐(PMDA)为缩聚单体,加入未改性或偶联剂表面改性氧化铕,经原位合成反应得到聚酰胺酸(PAA)溶液;然后,将上述 PAA 溶液进行高压静电纺丝,制备聚酰胺酸/氧化铕纳米纤维;最后,经程序升温高温亚胺化处理得到聚酰亚胺/氧化铕纳米纤维。其中偶联剂改性氧化铕的制备过程为,将氧化铕粉末加入到偶联剂(有机硅烷偶联剂或钛酸酯偶联剂中的一种或它们的组合)溶液中进行表面处理,氧化铕与偶联剂的比例为 1:(1~5),反应完全后得到偶联剂表面改性氧化铕颗粒。

研究结果表明,通过控制聚酰胺酸的黏度,可控制聚酰亚胺纳米纤维的直径,扫描电镜显示本方法可控制纳米纤维直径在 50~200nm 之间。图 5 - 19 所得 PI/氧化铕纳米纤维表面元素分析 EDX 谱图显示纳米纤维表面有铕的存在。图 5 - 20 所得聚酰亚胺/氧化铕纳米纤维荧光谱图显示了铕的特征发射峰,纤维有较强的荧光效应。这种方法采用了较高热稳定性的稀土氧化物制备荧光聚酰亚胺/氧化铕纳米纤维,克服了普通有机小分子荧光粉在亚胺化过程中易分解,导致荧光性能下降的缺点,所得纳米纤维具有优异的荧光效应及耐热稳定性,大大扩展了聚酰亚胺在防伪证件、票据、航空航天、微电子领域等高技术领域方面的应用。

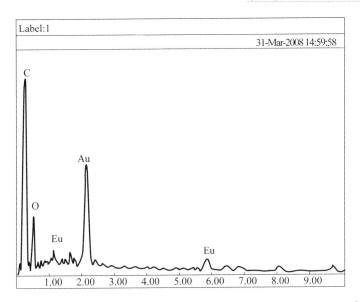

图 5-19　聚酰亚胺/氧化铕纳米纤维表面元素分析 EDX 谱图[17]

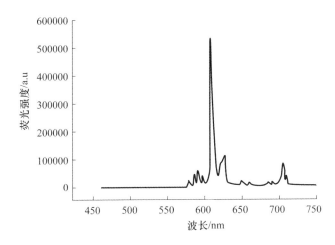

图 5-20　聚酰亚胺/氧化铕纳米纤维的荧光光谱[17]

### 5.2.2.4　一种聚酰亚胺/二氧化钛复合亚微米纤维膜

二氧化钛是迄今为止最有应用潜力的无机质光催化剂,亚微米二氧化钛因其具有特殊的表面效应、小尺寸效应和久保效应等,可以有效应用于液相中有机污染物的处理,降解大气中的有机污染物,除菌、降解水面石油污染物,去除空气中氮氧化物和除臭等。浙江大学的张溪文等利用静电纺丝技术制成聚酰亚胺/二氧化钛复合亚微米纤维膜,使聚酰亚胺优越的热性能、电性能和力学性能与二氧化钛的光催化性能可以得到综合利用[18]。

其制备方法是将钛酸丁酯溶于 $N,N$ – 二甲基甲酰胺中,并加入乙酰丙酮作为分散剂,搅拌成为均一溶液;在氮气保护下,将上述制得的溶液滴加到聚酰胺酸溶液中,得到前驱体溶液;利用静电纺丝装置,将前驱体溶液制成聚酰胺酸/钛酸丁酯复合亚微米纤维膜,80℃ 干燥后再进行热处理,使其亚胺化形成聚酰亚胺/二氧化钛复合亚微米纤维膜。所得电纺丝直径在 300 ~ 600nm,如图 5 – 21 (实施例1)所示。

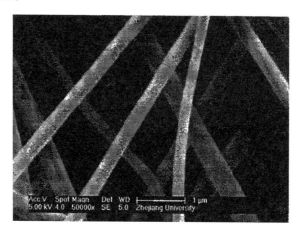

图 5 – 21　实施例 1 电纺丝纤维扫描电镜照片[18]

表 5 – 11 列出了不同二氧化钛含量的纤维膜的制备条件和光催化性能,罗丹明 B 原始浓度为 20mg/L,纤维膜宏观面积为 20cm²,在紫外灯照射下光催化降解结果表明,由于电纺丝形成的纤维膜比表面积较大,从而可大大提高其光催化活性。制得的聚酰亚胺/二氧化肽复合亚微米纤维膜,克服了纯二氧化钛纳米纤维脆性高、易断裂的缺陷,可广泛用于光催化和过滤领域。

表 5 – 11　聚酰亚胺/二氧化钛复合纤维膜的制备条件和光催化性能

| 实施例 | 电纺丝液组成 | | | 罗丹明 B 光催化降解率/% | | | | | |
|---|---|---|---|---|---|---|---|---|---|
| | 钛酸丁酯/g | 乙酰丙酮/g | PAA/g | 紫外灯照射时间/min | | | | | |
| | | | | 30 | 60 | 90 | 120 | 150 | 180 |
| 例 1 | 0.3 | 0.2 | 5 | — | 53.6 | 72 | 73.8 | 90.2 | 93.2 |
| 例 2 | 0.5 | 0.2 | 5 | — | 55.7 | 76.2 | 77.2 | 92.6 | 94.7 |
| 例 3 | 0.75 | 0.2 | 5 | 3.6 | 37.8 | 75.6 | 94.9 | — | 96.3 |
| 例 4 | 1 | 0.2 | 5 | 59 | 81 | 89 | 96.3 | — | 97.4 |

**5.2.2.5　核 – 壳结构 Fe – FeO 纳米粒子掺杂静电纺丝聚酰亚胺纳米纤维**

在聚酰亚胺中装载磁性材料制备聚合物磁性复合材料,可用于存储设备、磁流体、高温磁传感和微波吸收等。核 – 壳结构的 Fe – Fe(Fe – FeO)纳米颗粒在空气中有相对高的稳定性,同时保持优异的磁性能。美国拉玛尔大学的 Zhu 等制备了一类结构如图 5 - 22 所示的纯聚酰亚胺纳米纤维和核 - 壳结构 Fe - FeO 的纳米颗粒负载量分别为 5%(质量分数)、10%(质量分数)、20%(质量分数)和 30%(质量分数)的该类聚酰亚胺纳米复合纤维[19]。

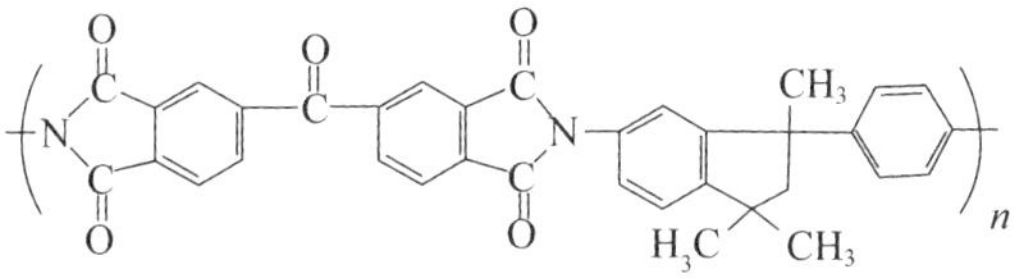

图 5 - 22　聚酰亚胺的分子结构(Matrimid 5218 US)

　　Fe - FeO/聚酰亚胺纳米复合纤维的制备方法是 Matrimid 5218 聚酰亚胺粉末与 DMF 分别配置成固含量为 10% 和 20% 的黏稠溶液。按 Fe - FeO 纳米粒子与聚酰亚胺的质量比分别为 5% 、10% 、20% 和 30% 称重,然后按比例加入固含量为 20% 的聚酰亚胺溶液,机械搅拌和超声使纳米粒子分散到聚酰亚胺溶液中。然后将上述溶液进行静电纺丝,通过调节电压和喷嘴到接收电极的距离来控制纳米纤维的性能。热重分析(TGA)和差示扫描量热(DSC )结果显示,引入Fe - FeO 纳米颗粒后聚酰亚胺纳米复合纤维的热稳定性增强。

　　10%(质量分数)固含量的低黏稠溶液在电场下形成液滴,20%(质量分数)固含量的聚酰亚胺溶液由于高黏度在喷嘴处无破裂,形成黏性的射流,最终在接地电极上形成纤维,纤维的表面光滑无任何孔隙,如图 5 - 23 所示。由于聚酰亚胺溶液的黏度随着 Fe - FeO 纳米粒子负载量的增加而增加,Fe - FeO/PI 纳米复合纤维的纺制电压也随着 Fe - FeO 纳米粒子负载量的增加而增加,如图 5 - 23 所示,复合纤维直径几乎恒定在约 $2\mu m$。由于纳米粒子的引入阻碍聚合物链的运动,纳米复合纤维的表面比纯聚酰亚胺纤维的粗糙。纳米颗粒良好地分散在聚合物纤维上,颗粒负载增大到 30%(质量分数)时纳米颗粒才出现轻微结块,如图 5 - 24 所示。

(a)　　　　　　　　　　　　(b)

图 5 - 23　Fe - FeO/PI 复合纳米纤维的 SEM 显微结构

(a)10%(质量分数)PI/DMF 溶液;(b)20%(质量分数)PI/DMF 溶液[19]。

图 5 – 24  Fe – FeO/PI 纳米复合纤维的 SEM 照片

(a)、(b)5%（质量分数）Fe – FeO/PI,15cm,12kV；(c)、(d)10%（质量分数）Fe – FeO/PI,15cm,17kV；
(e)20%（质量分数）Fe – FeO/PI,20cm,22kV；(f)30%（质量分数）Fe – FeO/PI, 20cm, 25kV[19]。

在聚合物纳米复合纤维中的 Fe – FeO 纳米颗粒与纳米颗粒本身的磁性不同，图 5 – 25 显示 Fe – FeO 纳米颗粒和纳米颗粒负载30%（质量分数）的 Fe – FeO/PI 复合纤维的室温磁滞回线。Fe – FeO 纳米颗粒和 Fe – FeO/PI 纳米复合纤维的饱和磁化强度（$M_s$）出现在相对高的磁场，分别是 108.1emu/g（1emu = 10A）和 30.6 emu/g。Fe – FeO 纳米粒子的矫顽力（$H_c$）为 62.30e（1Oe ≈ 79.6A/m），分散到 Fe – FeO/PI 复合纤维后矫顽力增加到 188.20e。这表明,Fe – FeO 纳米粒子被分散到聚酰亚胺纳米复合纤维后磁化更难。这是因为纳米粒子间距离增大,减少了颗粒间的偶极相互作用。

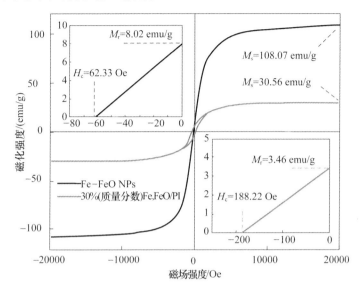

图 5 - 25　Fe - FeO 纳米粒子和负载量 30%(质量分数)的 Fe - FeO/PI
纳米复合纤维的室温磁滞回线[19]

此外,计算得到了初始核 - 壳结构 Fe - FeO 纳米粒子的核、壳厚度分别为
13.2nm 和 6.8nm,在添加量 30%(质量分数)的 Fe - FeO/PI 纳米复合纤维中
Fe - FeO 纳米粒子的核、壳厚度分别为 12.7nm 和 7.3nm,Fe - FeO 纳米粒子经
过高压静电纺丝后壳厚增加 7.4%。

5.2.2.6　原位生成氧化铁修饰的聚酰亚胺复合纳米纤维膜

Nasim[20] 等采用如图 5 - 26 所示的溶胶 - 凝胶方法和无针静电纺丝技术,
制备了系列氧化铁掺杂的超细聚酰亚胺纳米纤维,氨丙基三乙氧基硅烷
(APTES)和硅酸四乙氧基酯(TEOS)用作偶联剂和二氧化硅前体,分别增强有
机聚合物基质和无机部分之间的兼容性。

首先,用二酐 ODPA 和 二胺 ODA 制备聚酰胺酸溶液,在惰性条件下滴加
APTES,搅拌均匀。然后,加入二氧化硅前体 TEOS、水、HCl,室温下继续搅
拌完成二氧化硅的水解。在室温惰性气氛下,将氧化铁前体乙酰丙酮铁
按不同质量百分比加入到称量的 PAA 中,充分搅拌得到纺丝溶液。最后
在无针静电纺丝机上静电纺丝得聚酰胺酸复合纳米纤维,真空干燥后热
酰亚胺化同时完成氧化铁的原位生成,得到氧化铁掺杂的聚酰亚胺复合
纳米纤维膜。

扫描电镜研究显示纳米纤维有平滑、无缺陷的表面形貌,纯聚酰亚胺纤维的

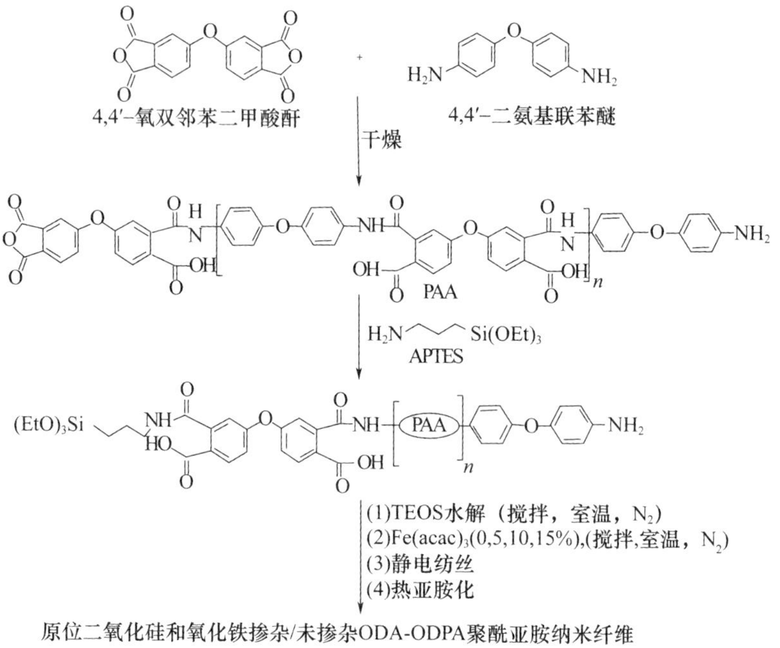

图 5 - 26　氧化铁和二氧化硅掺杂的聚酰亚胺纳米纤维的制备路线[20]

直径在 30 ~ 60nm,随着无机组分引入的增加,纤维直径逐渐增加,掺杂 5%(质量分数)的 PAA 溶液制备的纤维平均直径约为 75nm,掺杂 10%(质量分数)和 15%(质量分数)的溶液制备的纤维的平均直径分别是 156nm 和 220nm,作者认为这可能是掺杂使 PAA 溶液黏度增加的结果。在 25℃不同剪切速率下,纯净和掺杂 5%(质量分数)、10%(质量分数)、15%(质量分数)的 PAA 溶液的动态黏度分别为 0.131Pa·s、0.153Pa·s、0.342Pa·s 和 0.395Pa·s。EDXA 分析研究表明,热酰亚胺化反应后原位形成的 $SiO_2$ 和氧化铁粒子呈纳米级均匀分布在聚酰亚胺纳米纤维中,并未形成集群或大的聚集体,氧化铁纳米粒子被聚酰亚胺基体树脂所包裹。热重分析结果显示,随着氧化铁掺杂量的增加,纳米纤维膜的热稳定性呈下降的趋势,见表 5 - 12,这是因为氧化分解过程中过渡金属氧化物的催化降解作用的结果。纳米纤维的玻璃化转变温度从纯聚酰亚胺纤维的 263℃增加到 277℃(PI - 4),表现出优异的热稳定性。XRD 分析结果显示聚酰亚胺纳米纤维在 300℃干燥的空气中热酰亚胺化 2h 后在原位产生的氧化铁相主要为 $\gamma - Fe_2O_3$(磁赤铁矿)颗粒,估算平均晶粒尺寸在 24.7nm。铁氧化物含量对磁性影响的研究表明该纳米纤维表现出典型的超顺磁性行为,即剩磁和矫顽力趋向于 0(图 5 - 27),只有纳米二氧化硅掺杂的 PI - 1 并没有表现出任何的磁特性,随着乙酰丙酮铁的含量从 5% 增加到 15%,纳米纤维的饱和磁化强度值从 4emu/g 增加到 16emu/g。

表 5 - 12　FeO 掺杂/非掺杂聚酰亚胺纳米纤维的热稳定性[20]

| 纤维 | Fe(acac)₃含量/% （质量分数） | 5%重量损失 温度/℃ | 10%重量损失 温度/℃ | 800℃ 残碳率/% | $T_{max}$/℃ | $T_g$/℃ （DSC 测试） |
|---|---|---|---|---|---|---|
| PI - 1 | 0 | 478 | 526 | 24 | 584 | 263 |
| PI - 2 | 5 | 446 | 506 | 26 | 571 | 270 |
| PI - 3 | 10 | 424 | 494 | 31 | 558 | 272 |
| PI - 4 | 15 | 382 | 486 | 35 | 553 | 277 |

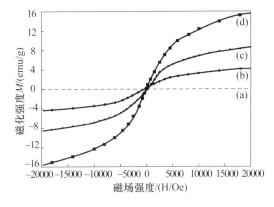

图 5 - 27　聚酰亚胺纳米纤维的磁化强度曲线

(a)PI - 1;(b)PI - 2;(c)PI - 3;(d) PI - 4[20]。

5.2.2.7　一种无机/有机复合聚酰亚胺基纳米纤维膜的制法和应用

崔光磊等为了制备更安全的锂离子二次电池用隔膜,报道了一种无机/有机复合聚酰亚胺纳米纤维膜[21]。其制备方法是取适量的聚酰胺酸溶液,在搅拌下,缓慢添加相应质量比的无机纳米粒子,直到分散均匀,真空脱泡静电纺丝,得到杂化聚酰胺酸纳米纤维膜。将该膜在压强为 2MPa 的辊压机中停留 10min,然后梯度升温热亚胺化,这个方法适合大规模生产。几个纺丝实例的纺丝条件列于表 5 - 13。

表 5 - 13　无机/有机复合聚酰亚胺基纳米纤维膜纺制条件

| 实施例 | 聚酰胺酸组成 | 无机填料种类 | 无机填料用量/%（质量分数） |
|---|---|---|---|
| 1 | ODA,PMDA | 纳米氧化锆 | 5 |
| 2 | DDS,BPDA | 纳米二氧化硅 | 5 |
| 3 | P - PDA,BPDA | 纳米三氧化二铝 | 5 |
| 4 | ODA,BPDA | 纳米氧化锆 | 10 |
| 5 | DDS,PMDA | 纳米二氧化硅 | 10 |
| 6 | P - PDA,PMDA | 纳米三氧化二铝 | 10 |

从表 5 - 14 的结果可以看出,由于采用耐高温的无机纳米粒子和聚酰亚胺作为基材,因而制备的无机/有机复合聚酰亚胺纳米纤维无纺布隔膜具有优异的化学稳定性、耐高温性能,高的拉伸强度。获得的电池隔膜加热到 350℃ 高温也不会发生破裂,高温收缩率远小于现有技术的 150℃ 热收缩率 3%。膜表面和内部孔分布均匀,孔径小于 300nm,孔径和孔隙率均满足导电率的要求,具有高的孔隙率和合适优良的透气性,符合锂离子电池隔膜对孔径的要求。用该聚酰亚胺纳米纤维膜作为电池隔膜制备的锂离子电池,即使在 150℃ 和 180℃ 高温下也不会发生短路现象,将电池进行循环充放电 250 次,剩余电量均大于 70%,说明该电池隔膜具有很好的安全性能和使用寿命。

表 5 - 14　无机/有机复合聚酰亚胺基纳米纤维膜的性能

| 实施例 | 厚度/μm | 最大孔径/nm | 孔隙率/% | 透气率/s | 强度/MPa | 收缩率/%(250℃) | 耐高温测试(有无短路) | | 剩余电量/% |
| --- | --- | --- | --- | --- | --- | --- | --- | --- | --- |
| | | | | | | | 150℃ | 180℃ | |
| 1 | 32 | 300 | 66 | 14 | 151 | 0.9 | 无 | 无 | 73 |
| 2 | 32 | 300 | 68 | 9 | 164 | 0.7 | 无 | 无 | 72 |
| 3 | 29 | 300 | 60 | 7 | 163 | 1.0 | 无 | 无 | 79 |
| 4 | 34 | 300 | 58 | 16 | 175 | 0.9 | 无 | 无 | 74 |
| 5 | 30 | 300 | 66 | 12 | 192 | 0.9 | 无 | 无 | 76 |
| 6 | 29 | 300 | 57 | 10 | 189 | 0.7 | 无 | 无 | 77 |

## 5.2.3　贵金属纳米粒子掺杂

银纳米粒子由于其优异的光、电、催化和抗微生物等性能而被广泛使用,聚合物/纳米银复合材料,结合了银纳米粒子的性能与聚合物加工性能的优势,为发展改性的纳米复合系统开辟了新的途径。北京化工大学的武德珍教授等采用多种方法制备了系列的聚酰亚胺/银纳米粒子复合纤维。

### 5.2.3.1　银盐掺杂,原位自金属化方法[22]

通过将乙酸银溶解在含有 3 倍当量的三氟乙酰丙酮(TFAH)的尽量小体积的 DMF 中制备银离子络合物(AgTFA)。用单体 PMDA 和 ODA 制备固含量为 10% 的聚酰胺酸溶液,在 PAA 溶液中掺入不同量的 AgTFA,将溶液用静电纺丝装置静电纺丝。在通风烘箱中进行热固化,同时完成 PAA 纤维的亚胺化,以及银离子的原位自金属化生成银纳米粒子。

结果表明,Ag 含量分别为 0、1%(质量分数)、2%(质量分数)和 7%(质量分数)的超细纤维的平均直径分别为 200nm、190nm、180nm 和 60nm,纤维直径随着 AgTFA 添加量的增加而下降,作者认为银盐的加入能增加聚合物溶液的电荷密度,导致在相同电场下的喷出射流的伸长力增加,从而形成更细的纤维。纳米纤维的 TEM 照片(图 5 - 28)显示,Ag 掺杂分别为 1%(质量分数)、2%(质量分数)和 7%(质量分数)时,纤维表面银纳米颗粒的平均直径分别为 10nm、12nm 和 14~20nm,因为银的高表面自由能更趋向于产生热力学稳定的大尺寸粒子,所以随着添加量增加到 7%(质量分数),银原子向纤维表面迁移和聚集形成不规则的银粒子。

|   (a)   |   (b)   |   (c)   |

图 5-28　静电纺丝聚酰亚胺/银纳米复合纤维 TEM 照片[22]

(a)1%(质量分数);(b)2%(质量分数);(c)7%(质量分数)。

### 5.2.3.2　银离子交换,原位自金属化方法

基于 4.1 节所阐述的聚酰亚胺纤维表面改性离子交换金属化的方法效率不高,吴德珍教授等又开发了聚酰胺酸纤维离子交换原位自金属化的方法制备聚酰亚胺/银复合纤维。

聚酰胺酸银离子交换原位自金属化方法制备聚酰亚胺/银纳米纤维[23]:首先用单体 PMDA 和 ODA 制备聚酰胺酸溶液,然后用静电纺丝装置静电纺丝得聚酰胺酸纳米纤维膜,蒸发溶剂后,纳米纤维膜浸渍在 0.01mol/L 的 $[Ag(NH_3)_2]^+$ 水溶液中,时间不超过 20s,通过离子交换使银离子加载到超细 PAA 纤维上。由于聚酰胺酸在碱性溶液中降解,银氨溶液浓度增加或离子交换时间增长,都会造成纤维的严重破坏。然后,用去离子水彻底漂洗后,将银(Ⅰ)掺杂膜氮气气氛下进行热处理,完成亚胺化和银还原金属化。研究结果表明,热处理时采用空气气氛,银(Ⅰ)掺杂的母体纤维发生严重分解,该实验只有在惰性气体条件下热处理才能成功。图 5-29 的 TEM 照片显示银纳米粒子直径在 5~20nm,均匀分布在纤维表面。所得聚酰亚胺/银纳米复合纤维有较高的热稳定性,10% 重量损失温度为 378℃。

聚酰胺酸银离子交换原位自金属化方法制备聚酰亚胺/银复合纤维[24]:首先用单体 PMDA 和 ODA 制备聚酰胺酸溶液,然后黏性的 PAA 溶液过滤,真空脱泡,在湿法纺丝生产线上纺制聚酰胺酸纤维,经过凝固浴后所得的聚酰胺酸纤维再经过银氨水溶液的洗槽进行离子交换,时间 30s,然后去离子水洗,整个离子交换和水洗过程无拉伸。最后,银(Ⅰ)掺杂的 PAA 的前体纤维连续地通过一系列的三个加热炉热处理,在 80℃ 保留时间 2min,在 240℃ 下 5min,在 300℃ 下

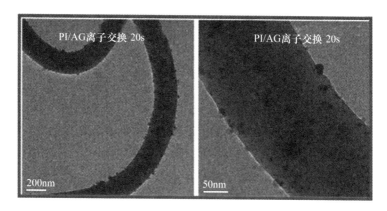

图 5 – 29　聚酰亚胺/银纳米纤维的 TEM 照片[23]

5min,完成 PAA 的亚胺化和银(Ⅰ)的还原及随后的聚集,产生表面银纳米粒子嵌入的聚酰亚胺纤维。整个热处理工艺过程中没有进行任何拉伸,最后的聚酰亚胺/银复合纤维收集在纺丝卷取机上。

　　图 5 – 30 纤维透射电镜照片显示,采用 0.01mol/L 银氨水溶液离子交换得到的聚酰亚胺/银纤维,银负载 1.43%(质量分数),银纳米粒子直径约为 5nm,主要分布在纤维的表面附近,复合纤维的内部没有银纳米粒子。增加银氨溶液为 0.025mol/L,聚酰亚胺/银纤维银负载量 2.79%(质量分数),聚酰亚胺纤维中的银纳米颗粒的密度明显增加,分布在整个纤维内,银纳米粒子的大小无显著变化。继续增加银氨溶液的浓度为 0.050mol/L 和 0.100mol/L,银负载量也随之增加为 4.38%(质量分数)和 5.41%(质量分数),聚酰亚胺纤维中有更多的银纳米粒子,银纳米颗粒的尺寸同时增加至约 10nm。特别地,银氨溶液的浓度为 0.100mol/L 时,聚酰亚胺/银纤维表面出现了紧凑的银纳米层。

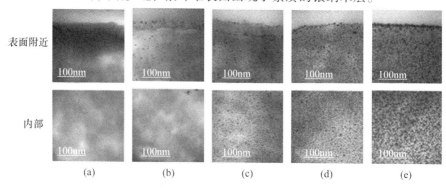

图 5 – 30　聚酰亚胺/银复合纤维 TEM 图像[24]

(a)纯聚酰亚胺纤维;(b)~(e)与 PAA 前体离子交换的银氨溶液的浓度分别为 0.01mol/L、
0.025mol/L、0.050mol/L、0.100mol/L 制备的聚酰亚胺/银复合纤维。

从表 5 – 15 可见，0.01mol/L 银氨溶液离子交换制备的纤维的拉伸强度为 267.4 MPa，仅为纯聚酰亚胺纤维的 50%，随着银氨溶液的浓度增加，力学性能损失严重，当银氨溶液浓度为 0.1mol/L 时，所得聚酰亚胺/Ag 复合纤维变得非常脆，几乎没有力学性能，作者认为这是银氨溶液的碱性降解和银的催化降解作用所致。银氨溶液的浓度必须严格限制在 0.025mol/L 以内，PI/Ag 复合纤维才具有良好的力学性能。经过上述生产线连续生产的 PI/Ag 复合纤维没有电传导，优良的导电性能可以通过对复合纤维的进一步高温热处理来实现，见表 5 – 16，然而作者强调这总是会导致力学性能的灾难性损失。即使银纳米粒子的加入大大影响了亚胺化结构和聚酰亚胺纤维的热稳定性，但 PI/Ag 复合纤维仍然表现出 10% 重量损失温度在氮气下超过 570℃ 和在空气下超过 366℃，这可能仍然适合许多高温应用。生物评价表明，PI/Ag 复合纤维对大肠杆菌菌群有优异的抗菌活性（以 24h 抗菌为 99.99%），这意味着它是一个很有前途的抗菌材料。

表 5 – 15　PI/Ag 复合纤维的力学性能[24]

| [Ag(NH₃)₂]⁺ 浓度/(mol/L) | 银负载量/% （质量分数） | 拉伸强度/MPa | 初始模量/GPa | 断裂伸长率/% |
|---|---|---|---|---|
| 0.000 | 0.00 | 524.8 ± 28.0 | 8.27 ± 0.39 | 34.76 ± 5.00 |
| 0.010 | 1.43 | 267.4 ± 21.0 | 5.93 ± 0.43 | 14.10 ± 3.00 |
| 0.025 | 2.79 | 156.3 ± 20.0 | 4.38 ± 0.37 | 2.73 ± 0.50 |
| 0.050 | 4.38 | 81.7 ± 10.0 | 3.26 ± 0.30 | 1.74 ± 0.30 |
| 0.100 | 5.41 | ① | | |
| ①纤维不能测试 | | | | |

表 5 – 16　PI/Ag 复合纤维的电性能[24]

| [Ag(NH₃)₂]⁺ 浓度/(mol/L) | 银负载量/%（质量分数） | 300℃热处理后表面阻抗/(Ω/cm) | | | |
|---|---|---|---|---|---|
| | | 0.5h | 1h | 1.5h | 2h |
| 0.100 | 5.41 | 1.3 | 0.5 | 0.3 | 0.2 |
| 0.050 | 4.38 | NC | NC | 30.0 | 15.0 |
| 0.025 | 2.79 | NC | NC | NC | NC |
| 0.010 | 1.43 | NC | NC | NC | NC |
| 注:NC 为没有电传导 | | | | | |

作者认为这种方法适合于大部分的可溶性银盐，如用于离子交换的溶液可以为乙酸银、硝酸银、碳酸银、氟化银、苯甲酸银、三氟甲基磺酸银、硫酸银、硼酸银、银氨溶液、高氯酸银或四氟硼酸银的水溶液[25]。表 5 – 17 列出了作者制备的系列 PI/Ag 复合纤维的制备条件和电性能，可见，所制备的银复合聚酰亚胺纤

维都有很好的导电性能。

表 5－17　系列 PI/Ag 复合纤维的制备条件和电性能

| 实例 | 银盐来源 | 银盐浓度/（mol/L） | 离子交换时间 | 亚胺化温度/℃ | 亚胺化时间/h | 电导率/（S/cm） |
|---|---|---|---|---|---|---|
| 1 | 银氨溶液 | 0.01 | 5min | 220 | 2 | $3.3 \times 10^3$ |
| 2 | 硝酸银 | 0.001 | 10min | 350 | 1 | $2.6 \times 10^3$ |
| 3 | 硝酸银 | 0.0001 | 20min | 400 | 1 | $7.4 \times 10^2$ |
| 4 | 硝酸银 | 0.1 | 1h | 300 | 1.5 | $1.7 \times 10$ |
| 5 | 氟化银 | 2 | 1.5h | 350 | 1 | $8.5 \times 10$ |

# 5.3 共混改性的聚酰亚胺纤维

目前，在聚酰亚胺材料的改性方面，主要包括在分子主链上引入特征结构单元进行共聚改性，引入功能性侧基进行结构与功能的改性以及与其他高聚物进行共混改性或填充纤维、矿物粉末或其他无机填料进行复合改性等。相对于共聚、结构改性而言，对聚酰亚胺进行共混和复合改性是既经济又有效的方法，聚酰亚胺共混纤维的研究有重要的意义。

## 5.3.1　聚酰亚胺/聚丙烯腈共混纤维

聚丙烯腈（PAN）纤维与聚酰亚胺纤维的制备方法相似，也可采用湿法纺丝、干－湿法纺丝和熔融纺丝等方法进行制备。这种原丝经一定温度的预氧化处理后，能够形成分子尺度上的梯形稳定结构并提升材料的耐燃性能。此后，纤维再经高温碳化处理，即可制成高弹性模量的碳纤维。基于聚酰胺酸及 PAN 初生纤维在制备方法上的相通之处，两者在材料共混、纤维制备过程及其相互作用与纤维材料的性能关系等方面的研究空间相对广阔。市场上，聚酰亚胺纤维造价较高，而 PAN 纤维相对价格低廉，利用聚酰胺酸与 PAN 按优化比例进行共混改性，再经纤维制备及热处理获得共混纤维，能够达到一定的性能要求，有利于降低纤维材料在使用中的成本，获得更大的经济效益。

北京化工大学的武德珍教授等[26]公布了一种聚酰亚胺/聚丙烯腈共混纤维及其制备方法，如图 5－31 所示。首先利用二酐和二胺制备聚酰胺酸（PAA）溶液，然后用与聚酰胺酸相同的溶剂溶解聚丙烯腈聚合物粉体。所采用溶剂可以为 N－甲基吡咯烷酮、N,N－二甲基甲酰胺、N,N－二甲基乙酰胺。将上述聚酰胺酸和聚丙烯腈聚合物溶液在氮气保护下按 PAA/PAN 不同比例混合均匀，获得纺丝前驱体，真空脱泡，湿法纺丝，获得 PAA/PAN 初生共混纤维。初生共混纤维进行热处理，完成共混纤维中 PAN 组分的预氧化过程及聚酰胺酸的酰亚胺环化过程,获得 PI/PAN 纤维。

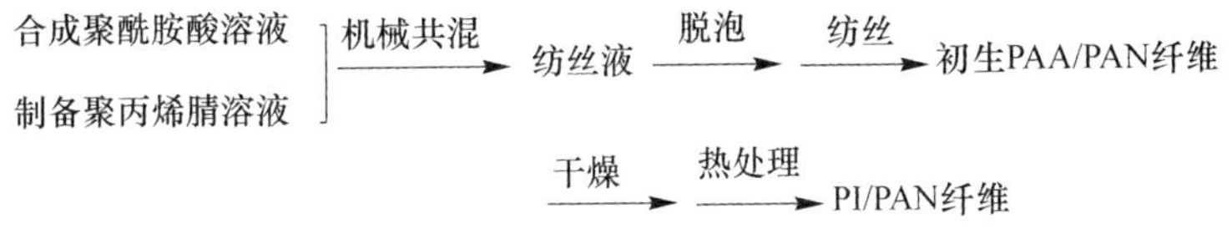

合成聚酰胺酸溶液
制备聚丙烯腈溶液 ├ 机械共混 → 纺丝液 → 脱泡 → 纺丝 → 初生PAA/PAN纤维

干燥 → 热处理 → PI/PAN纤维

图 5 – 31　聚酰亚胺/聚丙烯腈共混纤维制备流程示意图

通过对不同温度处理的共混纤维红外光谱研究结果表明,PAA 组分的热亚胺化与 PAN 组分预氧化成环过程各自进行。不同 PAN 含量下共混 PAA 初生纤维的力学性能变化趋势说明 PAN 质量分数在 3% ~21% 范围内(图 5 – 32(a)),PAN 组分对于 PAA 初生纤维有增韧作用。不同 PAN 含量下 PI/PAN 共混纤维的力学性能变化趋势说明 PAN 质量分数在 3% ~21% 范围内(图 5 – 32(b)),热处理后共混纤维力学性能相比于纯聚酰亚胺纤维损失不大,基本能够保持相当水平。

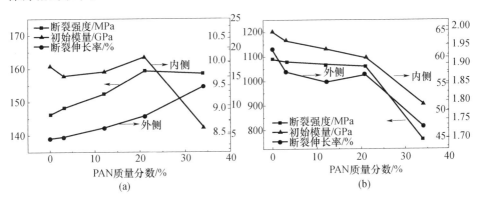

图 5 – 32　不同 PAN 含量下 PAA/PAN 共混初生纤维和 PI/PAN 共混纤维的力学性能[26]
(a)PAA/PAN 共混初生纤维;(b)PI/PAN 共混纤维。

## 5.3.2　聚酰亚胺/聚酰胺共混纤维

芳香族聚酰胺纤维虽然有很高的强度和模量,但芳香族聚酰胺纤维耐紫外性能差的问题一直没有得到改善,在户外自然光照射时间一年的条件下,其纤维拉伸强度会下降20% ~40%,使其在航空航天、原子能工业等特殊领域,尤其是在臭氧浓度高、紫外辐射严重的近空间领域等复杂环境的相关应用,以及户外的缆绳等方面的应用受到明显限制。芳香族聚酰亚胺纤维虽然有高的耐热性和优异的耐紫外性能,但其拉伸强度一般情况下还不够高。

四川大学的刘向阳等报道了一种制备芳香族聚酰胺/芳香族聚酰亚胺共混纤维的方法,如图 5 – 33 所示[27]。通过改变聚酰胺和聚酰胺酸组成以及其在纺丝液中的比例、纺丝方法及纺丝工艺来调控所制备聚酰胺和聚酰亚胺共混纤维的性能,具体纺丝条件见表 5 – 18。由于使用了相似的分子结构设计和相同的溶剂体系,保障了共混聚合物纺丝原液的相容性,更有利于后期制备的共混纤维的芳香族聚酰胺和芳香族聚酰亚胺大分子链的相容性分散。表 5 – 19 列出了所制备的聚酰胺/聚酰亚胺共混纤维的力学性能和耐紫外性能,其拉伸强度为 4.5 ~ 5.0GPa,拉伸模量为 142 ~ 160GPa,且在紫外灯照射 100h 后拉伸强度保持率大于 95%,获得了一种兼备芳香族聚酰胺纤维的高力学强度和聚酰亚胺纤维高耐紫外性能的高强高模高耐紫外性纤维。

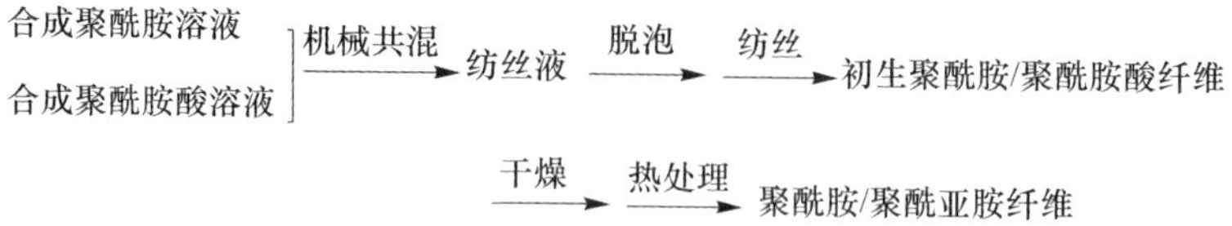

图 5 – 33 聚酰胺/聚酰亚胺共混纤维制备流程示意图

表 5 – 18 聚酰胺和聚酰亚胺共混纤维纺丝条件

单体的化学结构:

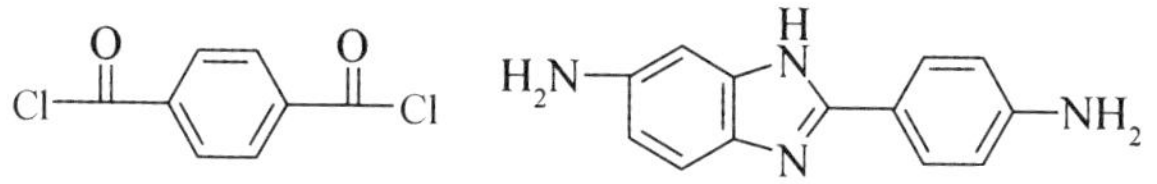

TPC　　　　　　　　　　　PABZ 或 BIA

| 实例 | 溶剂体系 | 聚酰胺组成 | 聚酰胺酸组成 | 聚酰胺/聚酰胺酸质量比 | 热拉伸/热亚胺化温度/℃ | 纺丝方法 |
|---|---|---|---|---|---|---|
| 1 | NMP/氯化锂 (4%(质量分数)) | TPC:PABZ:PDA 100:50:50 | BPDA:PABZ:PDA 100:50:50 | 60:40 | 400 | 湿法 |
| 2 | NMP/氯化锂 (4%(质量分数)) | TPC:PABZ:PDA 100:50:50 | BPDA:PABZ:PDA 100:50:50 | 70:30 | 450 | 湿法 |
| 3 | NMP/氯化锂 (4%(质量分数)) | TPC:PABZ:PDA 100:40:60 | BPDA:PABZ:PDA 100:70:30 | 50:50 | 380 | 湿法 |
| 4 | DMAc/氯化锂 (5%(质量分数)) | TPC:PABZ:PDA 100:100:0 | BPDA:PABZ:PDA 100:80:20 | 40:60 | 350 | 湿法 |
| 5 | DMAc/氯化锂 (3%(质量分数)) | TPC:PABZ:PDA 100:50:50 | BPDA:PABZ:PDA 100:20:80 | 60:40 | 400 | 湿法 |
| 6 | NMP/氯化锂 (4%(质量分数)) | TPC:PABZ:PDA 100:50:50 | PMDA:PABZ:PDA 100:50:50 | 60:40 | 500 | 湿法 |
| 7 | NMP/氯化锂 (4%(质量分数)) | TPC:PABZ:PDA 100:50:50 | BPDA:PABZ:PDA 100:50:50 | 60:40 | 400 | 干 – 湿法 |

（续）

| 实例 | 溶剂体系 | 聚酰胺组成 | 聚酰胺酸组成 | 聚酰胺/聚酰胺酸质量比 | 热拉伸/热亚胺化温度/℃ | 纺丝方法 |
|---|---|---|---|---|---|---|
| 8 | NMP/氯化锂(4%（质量分数）) | TPC：PABZ：PDA 100：50：50 | BPDA：PABZ：PDA 100：50：50 | 80：20 | 400 | 湿法 |
| 9 | NMP/氯化锂(4%（质量分数）) | TPC：PABZ：PDA 100：50：50 | BPDA：PABZ：PDA 100：50：50 | 90：10 | 400 | 湿法 |
| 10 | NMP/氯化锂(4%（质量分数）) | TPC：PABZ：PDA 100：40：60 | BPDA：PABZ：PDA 100：70：30 | 20：80 | 400 | 湿法 |
| 11 | NMP/氯化锂(4%（质量分数）) | TPC：PABZ：PDA 100：50：50 | PMDA：BPDA：PABZ：PDA 30：70：50：50 | 60：40 | 400 | 湿法 |
| 对比例1 | NMP/氯化锂(4%（质量分数）) | TPC：PABZ：PDA 100：50：50 | | 100：0 | 400 | 湿法 |
| 对比例2 | NMP/氯化锂(4%（质量分数）) | | BPDA：PABZ：PDA 100：50：50 | 0：100 | 400 | 湿法 |

表5-19 聚酰胺和聚酰亚胺共混纤维的力学性能和耐紫外性能

| 实例 | 拉伸强度/GPa | 拉伸模量/GPa | 强度保持率/%[①] |
|---|---|---|---|
| 1 | 4.9 | 150 | 95 |
| 2 | 5.0 | 155 | 95 |
| 3 | 4.8 | 146 | 96 |
| 4 | 4.5 | 142 | 97 |
| 5 | 4.6 | 160 | 95 |
| 6 | 4.5 | 156 | 96 |
| 7 | 5.0 | 157 | 95 |
| 8 | 4.8 | 142 | 96 |
| 9 | 4.9 | 148 | 95 |
| 10 | 4.8 | 153 | 97 |
| 11 | 4.9 | 154 | 96 |
| 对比例1 | 4.5 | 138 | 65 |
| 对比例2 | 2.2 | 100 | 97 |
| ①纤维经过紫外灯照射100h后测试的拉伸强度与紫外灯照射前拉伸强度的比值 | | | |

# 参 考 文 献

［1］ Huang X D,Bhangale S M,Moran P M,et al. Surface Modification Studies of Kapton(R)HN Polyimide Films ［J］. Polym. Int. ,2003,52:1064 – 1069.

［2］ Han Z,Qi S,Liu W,et al. Surface-Modified Polyimide Fiber-Filled Ethylenepropylenediene Monomer Insulations for a Solid Rocket Motor:Processing,Morphology,and Properties［J］. Ind. Eng. Chem. Res. ,2013,52: 1284 – 1290.

［3］ 徐强. 聚酰亚胺纤维纸基材料的研究［D］. 西安:陕西科技大学,2013.

［4］ 马晓野,高连勋,邱雪鹏,等. 一种导电聚酰亚胺纤维的制备方法:CN 200810051689［P］. 2008 – 12.

［5］ Mu S,Wu Z,Qi S,et al. Preparation of Electrically Conductive Polyimide/Silver Composite Fibers via In – Situ Surface Treatment［J］. Mater. Lett. , 2010,64:1668 – 1671.

［6］ 武德珍,牟书香,吴战鹏,等. 一种制备聚酰亚胺/银复合导电纤维的方法:CN 200910092350［P］. 2009 – 09.

［7］ 刘向阳,侯庆华,王旭,等. 一种高耐酸聚酰亚胺纤维及其制备方法:CN 201110172472［P］. 2011 – 06.

［8］ Siochi E J,Working D C,Park C,et al. Melt Processing of SWCNT-Polyimide Nanocomposite Fibers［J］. Compos. Part B:Eng. ,2004,35:439 – 446.

［9］ Yin C,Dong J,Li Z,et al. Large – scale Fabrication of Polyimide Fibers Containing Functionalized Multi-walled Carbon Nanotubes via Wet Spinning［J］. Composites:Part B,2014, 58:430 – 437.

［10］ 张清华,李静,罗伟强,等. 一种碳纳米管/聚酰亚胺复合纤维的制备方法:CN 200710172249［P］. 2007 – 12.

［11］ Delozier D M,Watson K A,Smith J G,et al. Investigation of Aromatic/Aliphatic Polyimides as Dispersants for Single Wall Carbon Nanotubes［J］. Macromolecules, 2006, 39:1731 – 1739.

［12］ Chen D,Liu T. Hou H Q,et al. Electrospinning Fabrication of High Strength and Toughness Polyimide Nanofiber Membranes Containing Multiwalled Carbon Nanotubes［J］. J. Phys. Chem. B,2009,113:9741 – 9748.

［13］ 张清华,尹朝清,王亚平,等. 一种石墨烯/聚酰亚胺复合纤维的制备方法:CN 201210005146［P］. 2012 – 01.

［14］ Dong J,Yin C,Zhao X,et al. HighStrength Polyimide Fibers with Functionalized Graphene［J］. Polymer, 2013,54:6415 – 6424.

［15］ 张清华,徐圆,夏清明,等. 一种凹凸棒土纳米粒子聚酰亚胺复合纤维的制备方法:CN 201110355260 ［P］. 2011 – 11.

［16］ Cheng S,Shen D,Fan L J,et al. Preparation of Nonwoven Polyimide/Silica Hybrid Nanofiberous Fabrics by Combining Electrospinning and Controlled In Situ Sol – Gel Techniques［J］. Eur. Polym. J. ,2009,45:2767 – 2778.

［17］ 范丽娟,程丝,田新光,等. 聚酰亚胺纳米纤维及其制备方法:CN 200810236027［P］. 2008 – 11.

［18］ 张溪文,陈莹莹,韩高荣. 一种聚酰亚胺/二氧化钛复合亚微米纤维膜的制备方法:CN 200810059139 ［P］. 2008 – 01.

［19］ Zhu J,Wei S,Chen X,et al. Electrospun Polyimide Nanocomposite Fibers Reinforced with Core-Shell Fe-FeO Nanoparticles［J］. J. Phys. Chem. C,2010,114:8844 – 8850.

［20］ Jain N,Chakraborty J,Tripathi S K,et al. Fabrication and Characterization of In Situ Synthesized Iron Oxide-Modified Polyimide Nanoweb by Needleless Electrospinning［J］. J. Appl. Polym. Sci. ,2014,131:40432.

［21］ 崔光磊,刘志宏,江文,等. 无机/有机复合聚酰亚胺纳米纤维膜及制法和应用:CN 201110147732 ［P］. 2011 – 05.

［22］ Zhang Q,Wu D,Qi S,et al. Preparation of Ultra-Fine Polyimide Fibers Containing Silver Nanoparticles via In Situ Technique［J］. Mater. Lett. ,2007,61:4027 – 4030.

[23] Han E,Wu D,Qi S,et al. Incorporation of Silver Nanoparticles into the Bulk of the Electrospun Ultrafine Poly-imide Nanofibers via a Direct Ion Exchange Self – Metallization Process[J]. ACS Appl. Mater. Interfaces, 2012,4:2583 – 2590.

[24] Han E,Wang Y,Chen X,et al. Consecutive Large – Scale Fabrication of Surface – Silvered Polyimide Fibers via an Integrated Direct Ion – Exchange Self – Metallization Strategy[J]. ACS Appl. Mater. Interfaces, 2013,5:4293 – 4301.

[25] 武德珍,韩恩林,王月,等. 一种制备聚酰亚胺/银复合导电性纤维的方法:CN 201010108689[P]. 2010 – 02.

[26] 武德珍,赵昕,齐胜利,等. 一种聚酰亚胺/聚丙烯腈共混纤维及其制备方法:CN 201210105596[P]. 2012 – 04.

[27] 刘向阳,黄杰阳,王旭,等. 芳香族聚酰胺/芳香族聚酰亚胺共混纤维及其制备方法:CN 201210167235[P]. 2012 – 05.

# 第6章

# 聚酰亚胺纤维的产业化

聚酰亚胺由于其优越的性能,早在20世纪60年代杜邦公司和苏联的研究所就开始了其纤维的研究,后来杜邦公司中途停止了聚酰亚胺纤维的研发。苏联在70年代开始聚酰亚胺纤维的试生产,但至今仍停留在小规模上。聚酰亚胺纤维世界总产量不过2000~3000t,所以与其他纤维比较,聚酰亚胺纤维的产业化过程是缓慢的。但聚酰亚胺纤维毕竟还是具有显著特点,所以今后发展趋势决定于成本。

对于聚酰亚胺产业化情况,能够收集到的资料不多,下面只能对几个已经具有一定生产规模的聚酰亚胺纤维作有限的介绍。

## 6.1 聚酰胺酰亚胺纤维

聚酰胺酰亚胺(kermel)纤维(图6-1)[1,2],20世纪1971年由Rhone Poulenc公司开发出来,1984年前只供应法国军队和警察使用,后来逐渐向全球防护服市场供应。主要用作军服、沙漠战斗服及防护手套等,如英国、法国军服,阿尔及利亚特种部队服装。它与阻燃黏胶纤维混纺,用于军服、消防服及其他石化等特种工种的工作服;与羊毛混纺用于军用内衣,瑞士和荷兰的消防服;与Kevlar混纺(64/36)用于英国、法国套头消防夹克和意大利的消防服,后者称为Kermel HTA。总之,Kermel纤维在欧洲消防服中占有60%。

1992年7月,由Rhone Poulenc和Amoco织物和纤维公司共同出资成立Kermel公司,1996年8月Rhone Poulenc买断Amoco的股份,Kermel公司成为Rhone Poulenc的子公司,Kermel公司使kermel纤维的产量从300t提高到700t,1997年又增加到750t。1998年Kermel公司加入Rhodia集团,2002年9月Kermel公司被Argos Soditic公司收购,又开发了超细纤维,能够反射红外线。可以进行染色,色牢度好。

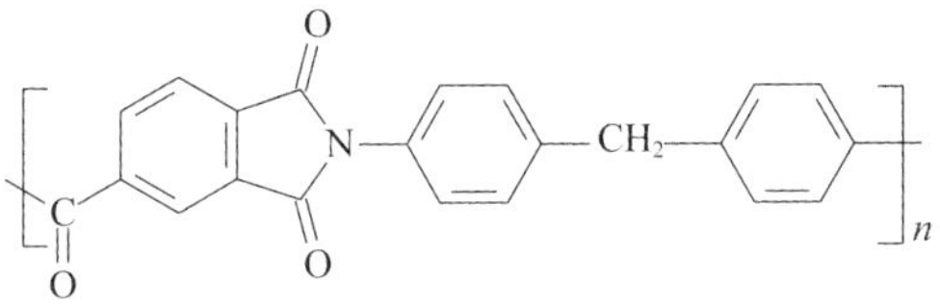

图 6 - 1　Kermel 纤维的结构

Kermel 公司的芳香族聚酰胺酰亚胺纤维在欧洲防护服市场处于领先地位,主要生产防护服用 Kermel 纤维和 Kermel Tech 纤维两大类产品(表 6 - 1 和表 6 - 2),有 234AGF 和 235AGF。前者强度为 0.5GPa,适合在棉纺和精梳毛纺系统上加工;后者强度为前者的 1/2,适用于无纺布。

234AGF 主要用于高温防火服、消防服、警服和军用防护服;还用于恶劣环境下的工作服,如特种飞行服、军事保护和工程用服装等。Kermel 纤维在欧洲应用普遍,如法国陆军的连衣裤防护服外套由 100% Kermel 制成,内衣裤由 Kermel 和羊毛制成,这两层可以抵御 10s 火焰燃烧,而这个时间就可以让士兵从着火的装甲车中撤出。空军驾驶员和海军甲板上的消防员及特种部队都采用由 Kermel 纤维和阻燃黏胶混纺织物。意大利、日本、南非及法国的消防服还在此基础上再覆以 PTFE 膜,以提高防风、防水透湿效果。

235AGF 主要用于高温气体过滤材料,2008 年 Kermel 纤维生产了 275t,大部分用于热气体过滤。Kermel 纤维可以溶于 DMF 等溶剂,加入间苯二甲酸,可以提高对碱性染料的亲和性。

表 6 - 1　Kermel 纤维的性能

| | |
|---|---|
| 强度/GPa | 0.35 ~ 0.84 |
| 断裂伸长率/% | 8 ~ 20 |
| 初始模量/GPa | 7 ~ 13.4 |
| 沸水收缩率/% | < 0.5 |
| 热收缩率/% , 200℃ | < 0.5 |
| 密度/(g/cm³) | 1.34 |
| 回潮率/% | 3 ~ 5 |
| 玻璃化转变温度/℃ | 315 |
| 分解温度/℃ | 380 |
| LOI | 32 |

表 6 - 2　Kermel Tech 纤维的性能

| 强度/GPa | 0.36 ~ 0.5 |
|---|---|
| 断裂伸长率/% | 30 ~ 35 |
| 弹性模量/GPa | 28.6 ~ 42.9 |
| 连续使用温度/℃ | 200 |
| 最高使用温度/℃ | 240 |
| 玻璃化转变温度/℃ | 340 |
| 分解温度/℃ | >450 |
| LOI | 32 |

## 6.2　聚醚酰亚胺纤维

Ultem 纤维是一种热塑性纤维,可以用熔融法纺丝。2003 年 GE 公司与 Fiber Innovation Technology 公司合作对 GE 公司的 Ultem 树脂进行熔融纺丝,得到聚醚酰亚胺(Ultem, PEI)纤维。这种纤维原来打算利用其阻燃性用于床上用品,可以满足加利福尼亚技术通报(TB)603 标准关于床上用品阻燃的要求(图 6 - 2)。

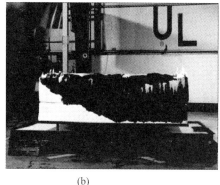

(a)　　　　　　　　　　(b)

图 6 - 2　聚酰亚胺纤维阻燃性试验
(a)采用普通织物,未保护的床垫在点火 3min50s 后;
(b)用聚酰亚胺纤维织物保护的床垫点火 30min 后。

2007 年 GE 公司将塑料部分以 116 亿美元出售给了 SABIC 公司,这种纤维就由 SABIC Innovative Plastics 公司继续开发。他们在 2011 年 6 月 30 日宣布由 NIKKE 集团的子公司日本毛织株式会社(Japan Wool Textile Company)将这种纤维与羊毛和其他纤维混纺,用在高端工作服和防护服装上。这种服装将舒适和防护两种功能结合起来,具有无卤阻燃并耐紫外线照射的性能。与传统的芳纶不同,Ultem 纤维可以采用聚酯纤维的通用方法染成各种颜色。

2012 年 10 月 2 日,SABIC 公司的 Innovative Plastics 公司在飞机内饰展览会上展出了与 National Nonwovens 共同开发的第一个适用于所有飞机座椅套的防火垫,商品名为 Ultra – Protechtor™ fire blocker。该产品不仅具有高阻燃性,而且具有耐久性和柔软性,成为代替芳纶的换代产品。Ultra – Protechtor™ fire blocker 具有较高的 LOI、低发热量、低密度、低吸水率,可以减轻飞机质量和燃料消耗,这是飞机制造工业一直关心的主要目标(表 6 – 3)。这种新产品可以与皮革、合成皮革及各种织物共用开发下一代创新产品来满足工业安全的新要求,向飞机制造商提供出色的防火垫。Ultem 纤维能够满足 Federal Aviation Administration (FAA) FAR 25. 853 规则,天然阻燃产品不含可以产生挥发有机物的填料。

表 6 – 3　纤度为 10dtex 的 Ultem 单丝纤维主要性能指标

| 密度/(g/cm³) | 1. 27 |
| --- | --- |
| 吸水率/% | 0. 25 |
| 强度/GPa | 0. 35 |
| 断裂伸长/% | 40 |
| 模量/GPa | 4. 76 |
| LOI | 44 |

# 6.3　P84 纤维

P84 纤维是由二苯酮二酐与甲苯二异氰酸酯及二苯甲烷二异氰酸酯在 DMAc 等溶剂中聚合(图 6 – 3),得到聚酰亚胺溶液,再由此溶液用湿纺,得到不规则截面的纤维[2]。P84 纤维在 1984 年首次由兰精公司实现商品化,生产能力为 300 ~ 400t/ 年。1996 年 P84 纤维由英国 Ispec 公司接手,1998 年转入英国的 Laporte 公司旗下,2001 年又为 Degussa 公司所收购。P84 纤维在 2005 年的产量为 800t,2010 年产量为 1200t。该纤维的主要特点是密度低、抱合性好、耐热、耐化学性能好,适用于高温滤袋、军服、消防服等(表 6 – 4)。美国在 2006 年使用 P84 纤维 225t,我国在 2011 年左右每年使用 300t P84 纤维用于除尘滤袋。

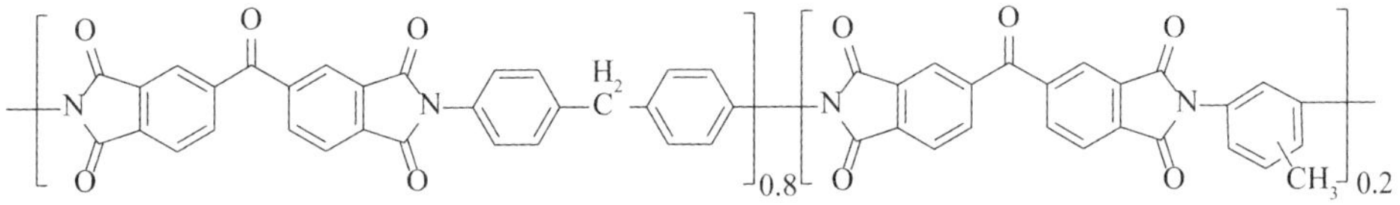

图 6 – 3　P84 纤维的化学结构

表 6 - 4　P84 纤维的性能

| 密度/(g/cm³) | 1.41 |
|---|---|
| 强度/GPa | 0.5 ~ 0.54 |
| 伸长率/% | 33 ~ 38 |
| 模量/GPa | 4.29 ~ 5.71 |
| 沸水收缩率/% | <5 |
| 热收缩率/% (250℃,30min) | <1 |
| 吸水率/% (20%,65% RH) | 3 |
| 玻璃化转变温度/℃ | 315 |
| 长期使用温度/℃ | 160 |
| 分解温度/℃ | 450 |
| LOI | 36 ~ 38 |

# 6.4　俄罗斯的聚酰亚胺纤维

苏联早在 20 世纪六七十年代就开展聚酰亚胺纤维的研究,而且一直坚持下来,并且有产品供应军工需求但没有推向国际市场。他们对多种聚酰亚胺纤维结构进行了比较系统的研究,在 1968 年就开始了试生产。半商品化的纤维有 Arimid T( Arimid PM),结构为均苯二酐/二苯醚二胺,还有一种由"Khimivolokno" Scientifi - Industial Association, Mytishchi 生产的高强度的 Arimid VM,和圣彼得堡高分子化合物研究所开发的 Ivasan(图 6 -4,表 6 -5)。

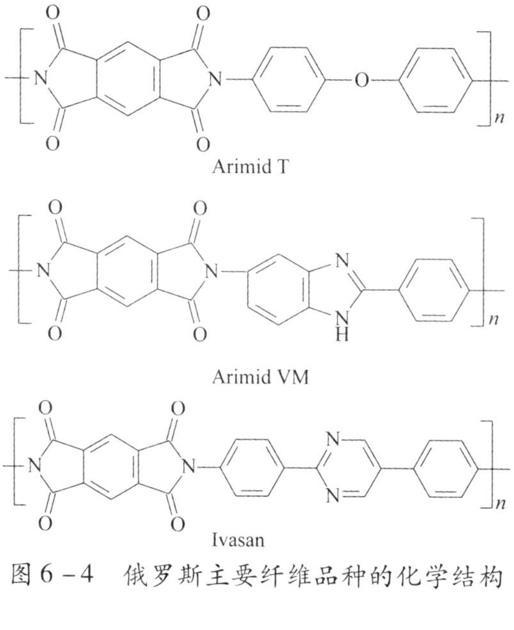

图 6 -4　俄罗斯主要纤维品种的化学结构

表 6 - 5 俄罗斯聚酰亚胺纤维的性能

| 纤维 | 强度/GPa | 伸长率/% | 模量/GPa |
|---|---|---|---|
| Arimid T | 1.1 | 15 | 12 |
| Arimid VM | 1.8 | 2.3 | 85 |
| Ivsan | 2.6 | 2.3 | 155 |

另外,位于莫斯科的利尔索特公司(Lirsot Scientific Production Co. 建立于 1992 年),以 PMDA/ODA 聚酰胺酸溶液湿法纺丝得到聚酰亚胺长丝(表 6 - 6),其主要衍生产品为电缆屏蔽护套,用于苏 - 系列战机和图 - 系列运输机,起到减重作用。其纤维规模在数吨到 20t。

表 6 - 6 利尔索特公司生产的聚酰亚胺纤维

| 性能 | 普通 | 高强高模 | 高强超高模 |
|---|---|---|---|
| 强度/GPa | 0.71 ~ 1.14 | 2.14 ~ 2.29 | 2.29 ~ 2.43 |
| 伸长率/% | 6 ~ 10 | 2.5 ~ 3.5 | 1.7 ~ 2.0 |
| 模量/GPa | 15 ~ 25 | 100 ~ 120 | 170 ~ 230 |
| LOI | 50 ~ 65 | 70 ~ 75 | 50 ~ 55 |
| 密度/(g/cm$^3$) | 1.43 ~ 1.45 | 1.54 | 1.48 |
| 热导率/(W/(m·℃)) | 0.077 | 0.067 | 0.060 |
| 在 65% 相对湿度下的平衡吸水率/% | 1.0 ~ 1.5 | 1.20 | 1.20 |
| 沸水中的收缩率/% | 0 | 0 | 0.2 |
| 300℃ 空气中的收缩率/% | 0.2 | 0.2 ~ 0.5 | 0.6 |
| 火焰中发烟率/% | < 1.0 | < 1.0 | < 1.0 |

## 6.5 轶纶纤维

轶纶(Yilun)纤维是全芳香的聚酰亚胺纤维[4],分普通耐热型和高强型两类,前者用于除尘过滤袋和服装。这类聚酰亚胺纤维是在 20 世纪末在吉林省科技厅和科学院军工项目的支持下由中国科学院长春应用化学研究所开始研究的（图6-5）。

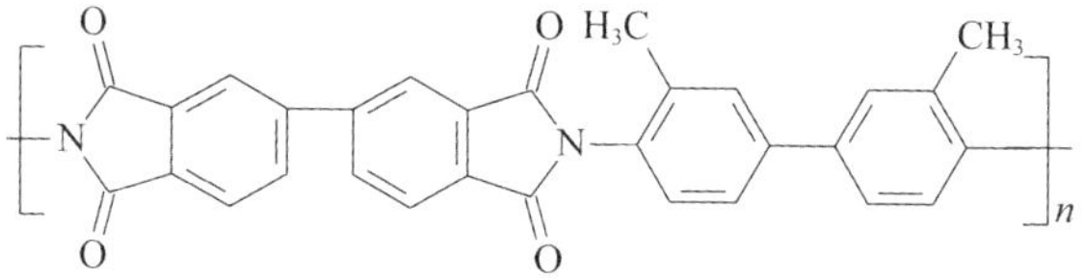

图6-5　轶纶纤维的化学结构

最初长春应用化学研究所与吉林省纺织工业设计研究院合作，在长春应用化学研究所建立了试验线，以聚酰亚胺溶液直接进行干-湿纺得到强度为2GPa左右的纤维。由于在纤维纺制过程中所用的溶剂体系毒性较大，纺丝液在高温下黏度不稳定，难以实现规模化生产。所以在完成了指定的任务后，便终止了该纺丝方法的继续研究，进而开始了由聚酰胺酸溶液进行纺丝的研究工作。

2008年，深圳惠程电气股份有限公司开始与长春应用化学研究所合作，成立了长春高琦聚酰亚胺材料有限公司（简称高琦公司），开始了聚酰亚胺纤维的产业化研究工作。考虑到市场对普通耐热纤维的需求，首先开始了均苯二酐/二苯醚二胺体系的研究，纺丝液采用DMAc的聚酰胺酸体系，得到的原丝（聚酰胺酸纤维）采用低温干燥后在烘箱中缓慢升温进行酰亚胺化的方法。为了适应企业迅速形成生产能力的要求，曾经与俄罗斯利尔索特公司商谈技术合作，并参观了部分设备，发现他们的生产能力只有数吨规模，过程未能做到连续化，而且20t规模的技术转让和部分设备费用高达850万欧元，按当时汇率，相当于8500万人民币。于是决定由公司重新聘请技术人员，订购具有生产能力的设备，改用湿法纺丝。在克服了聚合、干燥、酰亚胺化、拉伸等关键的技术问题后，在2009年底实现了由聚酰胺酸溶液出发纺制聚酰亚胺纤维的全连续化过程，纤维强度达到0.57~0.71GPa。但这种纤维由于刚性高，不适于纺织要求。于是又着手解决纤维的结构、工艺和卷曲问题，在2010年以加入第三单体等方法解决了纤维的可纺性问题，完成了300t规模标准生产线的设计和制造，2011年在长春高琦聚酰亚胺材料有限公司建起了长达160m的聚酰亚胺纤维全连续的生产线，规模达到千吨级。

2012年，高琦公司又开始高强聚酰亚胺纤维的研制，得到了强度为2.5~3GPa，模量为70~120GPa的聚酰亚胺纤维，并开始小规模生产。对于上述由于溶剂毒性等原因未能产业化的聚酰亚胺纤维，高琦公司改用以DMAc为溶剂的聚酰胺酸溶液，以湿法纺丝，同样可以得到强度为2.3~2.5GPa，模量为120~140GPa的纤维。

2012年，高琦公司又开发了服装用聚酰亚胺纤维轶纶95（表6-7~表6-9），这种纤维除了具有良好的可纺性,更具有与羊绒相当的保暖性,自身固有的阻燃性,与镀银纤维相当的抑菌性能,经 Oeko – Tex Standard 100 测试认为具有婴儿级人体亲和性等特点,可以代替羽绒,已经在户外服装、特种服装及被服、毯子等方面得到应用(图 6 – 6)。

表 6 – 7　轶纶 95 与羊绒、涤纶的性能比较

| 性能 | 轶纶 95 | 羊绒 | 涤纶 |
|---|---|---|---|
| 纤度/dtex | 2.2 | 纤度不均匀 | 2.29 |
| 长度/mm | 38/51 | 38 | 51 |
| 克罗值/($123g/m^2$) | 1.41 | 1.39 | 1.07 |
| 热阻 | 0.219 | 0.216 | 0.166 |
| 热导率/(W/($m^2 \cdot K$)) | 4.58 | 4.66 | 6.03 |
| 折算保温率/% | 70.5 | 70.1 | 64.9 |

表 6 – 8　轶纶纤维与 P84 性能比较

| 性能 | | 轶纶 | P84 |
|---|---|---|---|
| 纤度/dtex | | 2.2/1.67/0.89 | 2.2 |
| 强度/GPa | | >0.57 | 0.54 |
| $T_g$/℃ | | 360 | 315 |
| $T_{5\%}$/℃ | | 573 | 458 |
| 收缩率/%(280℃空气中 30min) | | <0.3 | 3 |
| LOI/% | | 38 | 38 |
| 强度保持率/% | 280℃ 100h | 82 | 62 |
| | 300℃ 100h | 70 | 41 |
| | 350℃ 50h | 50 | 已破坏 |

表 6 – 9　各种纤维耐紫外辐射性能

| 纤维 | 60℃ 100h 光照,50h 加湿 | | 60℃ 200h 光照,50h 加湿 | |
|---|---|---|---|---|
| | 强度保持率/% | 伸长率保持率/% | 强度保持率/% | 伸长率保持率/% |
| 轶纶 | 82 | 79 | 68 | 76 |
| Nomex | 56 | 31 | 48 | 35 |
| PPS | 43 | 44 | 破坏 | 破坏 |
| 芳砜纶 | 63 | 59 | 59 | 63 |
| P84 | 36 | 20 | 破坏 | 破坏 |
| Kermel | 63 | 73 | 31 | 23 |

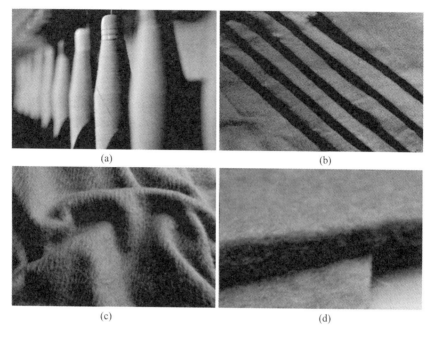

图 6 – 6　轶纶纤维织物

（a）纱线；（b）机织布、针织布；（c）抓绒；（d）絮片。

# 参 考 文 献

［1］邹振高,王西亭,施楣梧.芳族聚酰胺 – 酰亚胺纤维技术现状与进展[J].纺织导报, 2006,6:50 – 52.

［2］罗益峰.新型高性能纤维的开发与应用[J].纺织导报,2009,3:50 – 54.

［3］Yudin V E,Sukhanova T E,Vylegzhanina M É,et al. Effect of the Morphology of the Organic Fibers on the Mechanical Behavior of Composites[J]. Mechan. Comp. Mater. ,1997,33:465 – 474.

［4］杨军杰,孙飞,张国慧,等.轶纶聚酰亚胺短纤维的性能及其应用[J].高技术纤维与应用,2012,37:57 – 60.

# 第7章

# 聚酰亚胺纤维的应用

## 7.1 引　言

近年来,高性能有机高分子纤维得到了快速的发展以及广泛的应用,如第5章所述,聚酰亚胺纤维作为高性能有机高分子纤维的重要品种之一,具有优异的耐高低温性能,具有高强度、高模量、尺寸稳定性好、抗蠕变、热膨胀系数低、电绝缘性好、介电常数与介电损耗低、耐射线辐射、耐腐蚀、自熄阻燃、吸水率低等优越的特点,同时还具有真空挥发份低、挥发可凝物少等空间材料的优点,所以虽然其产业化起步较晚,但却发展迅速,广泛应用于原子能工业、航空航天、新能源、高速交通、建筑以及防护工具等领域。本章主要从高温过滤材料、隔热防火材料、造纸材料、电池隔膜材料、碳纤维制备原料等方面具体介绍聚酰亚胺纤维的应用。

## 7.2 高温过滤材料

目前,环境污染问题是全世界高度重视的问题之一,关系到人类以及动植物的生存。随着全球工业快速发展,工业粉尘污染日益严重,其中,水泥、钢铁、化工、垃圾焚烧等行业在作业过程中会产生粉尘并伴有高温而且腐蚀性的气体,需要及时加以控制。然而,一般的滤材无法满足对上述行业产生的高温、腐蚀性气体以及高温粉尘的过滤。目前,耐高温过滤材料主要采用无机纤维、耐高温合成纤维。无机纤维韧性、耐磨、耐折以及耐化学腐蚀性相对较差,使用受到限制,因此国内外研究机构及企业致力于高性能耐高温合成纤维的研制与开发。聚酰亚胺纤维具有突出的耐高温、耐腐蚀阻燃特性,由此制成的滤料可以满足对高温粉尘、高温及腐蚀性气体的过滤,并充分保障滤料的过滤效率,延长使用寿命,降低成本。此外,聚酰亚胺纤维具有高强、高模的特点,其力学性能优异,粉尘浓度加大后能够承受较大阻力。Evonik（赢创）公司生产的耐热型聚酰亚胺短纤维，即 P84 纤维，已经形成规模化生产能力，具有优异的耐高温、耐腐蚀以及阻燃性能，此外，该纤维经过特殊纺制可以制成三叶型截面结构，做成滤材之后，这种不规则结构可以提高捕集尘粒的能力和过滤效率，粉尘大多集中到滤料的表面，难以渗透到滤料的内部堵塞孔隙，对粉尘的捕集能力高于一般纤维。因此 P84 纤维广泛用作高温过滤材料，适用于温度不超过 260℃ 的烟气除尘。可以满足多数工作温度范围在 100~260℃ 之间相关工业除尘过程（如垃圾焚烧厂、水泥厂、燃煤锅炉等）。专利 CN 201171942Y[1] 发明了一种混合过滤针刺毡，由 P84 纤维和聚四氟乙烯（PTEF）混合附着层附着在 PTEF 基布内外两侧合刺而成，该混合针刺过滤毡具有耐高温、耐高湿、耐腐蚀、过滤精度高等优点。CN 201101921Y[2] 公开了一种聚酰亚胺纤维面层针刺过滤毡，由 P84 纤维构成迎尘层、聚苯硫醚（PPS）纤维构成第一附着层、PPS 短纱基布或 PTEF 长丝基布构成基布层、PPS 构成第二附着层。该滤毡将致密的 P84 纤维层作为最外层，直接与粉尘接触，提高滤料的过滤精度、降低滤料压差、提高滤料的使用寿命，控制烟气排放浓度小于 $30\text{mg/N} \cdot \text{m}^3$，降低了除尘器的能耗和运行成本。但是上述两种针刺过滤毡的耐磨性较差，专利 CN 102350131A[3] 将玻璃纤维基布上下表面覆上玻璃纤维、Kevlar 纤维和 P84 纤维的混合针刺毡，基布与基布上下表面的复合纤维层经针刺结合在一起后经 PTFE 乳液渗透式覆膜处理，得到的玻璃纤维聚酰亚胺复合滤料持续耐受温度为 280℃，耐磨性得到改善。此外，水刺毡也是一种制备高温滤材的有效方法，与传统的针刺工艺相比，水刺工艺的柔性缠结使得复合过滤材料中基布和纤维的强度提高，最终提高了产品的强力。专利 CN 202096830U[4] 公开了一种 P84 复合水刺毡，即在玻璃纤维基布的上下两面对称地用高压水流射入黏贴的混合纤维层，在面层的混合纤维层上再高压水流射入黏贴的 P84 超细纤维层，该毡料强力以及过滤精度高。专利 CN 201899938U[5] 发明了一种 PTEF 和聚酰亚胺纤维水刺复合过滤毡，即在玄武岩纤维基布上下两面，对称地用高压水流射入黏贴 PTEF 和 P84 混合短纤维层，并在短纤维层上覆有 PTEF 乳胶浸渍层，该滤毡适用于各种温湿度、含水量的发电机组除尘。在此基础上，专利 CN 201969432U[6] 利用水刺和针刺两种工艺制备了聚酰亚胺纤维混合覆膜过滤毡，即在 PTEF 纤维和聚酰亚胺纤维混合水刺毡的迎风面针刺复合一层 PTEF 微孔膜，该聚酰亚胺混合滤毡具有良好的抗水性。专利 CN 202860286U[7] 公开了一种皮-芯结构的聚酰亚胺玻璃纤维复合过滤滤材，其中，玻璃纤维为芯层，聚酰亚胺纤维为皮层，该滤材综合了玻璃纤维和聚酰亚胺材料的优点，具有一定轻度和韧性、耐高温、耐化学腐蚀，而且价格低廉，具有良好的过滤效果。

长春高琦聚酰亚胺材料有限公司将中国科学院长春应用化学研究所的研究成果实现了产业化，生产的轶纶纤维具有优异的热稳定性、耐化学腐蚀性，因而可作为高效的高温过滤材料过滤工业燃烧过程中产生的有害气体及粉尘,抵抗烟雾的化学腐蚀,并可回收贵重物质。广泛应用于水泥、燃煤热电、钢铁冶炼、垃圾焚烧以及汽车涂装等行业。图 7 – 1 ~图 7 – 3 所示分别为聚酰亚胺纤维制成的滤袋、汽车滤网以及滤毡。

图 7 – 1　滤袋

图 7 – 2　汽车滤网

图 7 – 3　滤毡

## 7.3 隔热防火材料

隔热材料是指能阻滞热流传递的材料,又称热绝缘材料。隔热材料分为多孔材料和热反射材料两类。前者利用材料本身所含的孔隙隔热,因为孔隙内的空气或惰性气体的导热系数很低,如泡沫材料、纤维材料等。聚酰亚胺纤维具有耐高低温特性、突出的防火阻燃性、不熔滴、离火自熄以及极佳的隔温性,与其他纤维相比,导热系数低,是绝佳的隔热材料,可以应用于航天器的防护罩及特种防火材料、原子能设施中的结构材料等[8]。另外,聚酰亚胺纤维具有良好的可纺性,可以制成各类特殊场合使用的纺织品。聚酰亚胺纤维织物穿着舒适、永久阻燃、尺寸稳定、使用寿命长,是制作装甲部队的防护服、赛车防燃服、飞行服等防火阻燃服装最为理想的纤维材料(图7-4和图7-5)。法国赛车协会已经将聚酰亚胺纤维作为赛车员的防燃服,西欧各国和美国正在考虑用聚酰亚胺纤维作为装甲部队的防护服和飞行服[8]。聚酰亚胺纳米纤维非织造布还可用来制造其他功能性服装,如图7-6所示的军用防弹衣内衬,图7-7所示的防爆服复合面料。如第5章所述,由于聚酰亚胺纤维具有良好的抗菌特性,因此在医用卫生服、消除不良体味的休闲服、防生化武器特种服装等方面也具有广泛的应用可能[9]。利用其阻燃特性,可用作高效烟雾防护面罩、防火及建筑内饰材料、民用高级服装混纺面料等。在劳动防护方面,聚酰亚胺纤维可以用作防护服的面料,图7-8为炼钢服。据统计,我国冶金部门每年需隔热、透气、柔软的阻燃工作服5万套,水电、核工业、地矿、石化、油田等部门年需30万套防护用服,年需耐高温阻燃特种防护服用纤维300t左右[9]。

图7-4　太空服　　　　图7-5　防燃服　　　　图7-6　防弹衣

图7-7　防爆服　　　　图7-8　炼钢服

聚酰亚胺纤维可以用作户外冲锋衣的内胆面料,图7-9所示为长春高崎聚酰亚胺材料有限公司生产的轶纶聚酰亚胺纤维制成的套绒户外冲锋衣的内胆——抓绒衣,该抓绒衣具有以下优点:①不需要印染保留聚酰亚胺纤维的本色——金黄色;②聚酰亚胺纤维具有生物相容性,因此内胆柔软舒适对皮肤无刺激;③保温效果良好,即使在潮湿情况下或衣物沾湿时,也可有效保温;④聚酰亚胺纤维的阻燃性赋予抓绒衣遇火不燃烧的特性;⑤抗菌防臭,由于聚酰亚胺化学结构稳定,不会被细菌、霉菌分解,所以即使在户外条件下长期穿着,也能有效防止细菌滋生。

图7-9　Orwonderils 轶纶抓绒衣

此外,聚酰亚胺纤维制品还可以用作:

(1)超高温工作区域(如铝型材挤压机出口,玻璃钢化炉出口等)高温型材运输(图7-10和图7-11)。

(2)带式压烫黏合衬布的机械配套。

(3)汽车零件的防锈黏结剂涂履运输,带有酸、碱及其腐蚀物品的运输。

(4)化工涂料、原料、其他颗粒塑料制品的烘干传送。

图7-10　耐高温隔热滚筒　　　图7-11　耐高温隔热传送带

# 7.4　造纸材料

绝缘纸是一种用于变压器、电动机和发电机等电气设备的绝缘材料,也是层压制品、复合材料和预浸材料等绝缘材料的主要组成材料。通常各类电气设备的使用环境大不相同,如湿热、腐蚀性、放射性环境等。因此绝缘纸需要具备不同于其他纸种的特性,如优异的力学性能、电气性能、热稳定性、尺寸稳定性、耐辐射性能、阻燃性能以及较小的吸湿率[10]。长期以来,芳纶纸作为综合性能优良的耐高温绝缘材料,是特种纸领域研究的热点,其良好的介电强度和耐高温性能在一定程度上满足了行业对耐高温绝缘纸的应用需求。但是,随着现代产业技术的发展,各行业对耐高温绝缘纸的应用性能提出了更严苛的要求。美国、日本等一些国家于20世纪90年代将研发重点转向了比芳纶纤维强度高、模量高、耐热性能好、吸湿率小的聚酰亚胺纤维纸的开发应用中,并对其纸基材料的开发开展了相应的研究。

美国专利[11]发明了一种聚酰亚胺纤维纸的制造方法,首先通过湿法纺丝工艺制备聚酰胺酸纤维,将聚酰胺酸纤维分散在水中制成聚酰胺酸纤维纸浆,进而得到聚酰胺酸纤维纸,最后经过化学亚胺化或者热亚胺化得到聚酰亚胺纤维纸,其中经化学亚胺化得到的纤维纸断裂长度为 1.5~5.0km,经热亚胺化得到的聚酰亚胺纤维纸断裂强度为 3.5~6.0km。日本发明专利 JP 200396698[12]首先将聚酰亚胺纤维切成短纤维分散在水中制成纸浆,然后采用湿法造纸技术制得聚酰亚胺纤维前体纸,最后将前体纸加热、加压得到聚酰亚胺纤维耐热绝缘纸。美国专利 US 20070084575A1[13]将熔融纺丝制备的聚酰亚胺纤维切成短纤维,分散在聚四氟乙烯粉末的悬浮液中,利用湿法造纸机得到聚酰亚胺纤维湿纸,然后加压干燥,最后加热加压处理,得到了聚酰亚胺纤维纸,该纤维纸厚度为 154~274μm,断裂强度为 2.1~5.6km,介电常数为 2.10~2.36,吸水率 0.1%~0.3%,性能优异。美国专利 US 20120241115A1[14]公开了一种高耐热聚酰亚胺纤维纸的制备方法。该方法利用聚酰亚胺泡沫作为前驱体制备聚酰亚胺短纤维。具体为将聚酰亚胺泡沫在研磨机中研成尺寸约为 1mm 的样品,然后分散于水中高速搅拌形成聚酰亚胺短纤维浆液,之后除水制成聚酰亚胺纤维湿纸,最后干燥热压得到聚酰亚胺纤维纸,该方法的优点是利用聚酰亚胺泡沫为前驱体制备的聚酰亚胺短纤维具有许多分支,有利于无纺布及纤维纸的制备,并且为高耐热产品。该纤维纸的玻璃化转变温度大于或等于 300℃,断裂强度为 117~708g/mm。长春高琦聚酰亚胺材料有限公司[15]公开了一种聚酰亚胺纤维纸的制备方法,先制备聚酰胺酸短切纤维浆液,经加压干燥之后得到聚酰胺酸纤维纸,最后经酰亚胺化制备聚酰亚胺纤维纸,该纤维纸的抗张指数在 40N·cm/g 以上。图 7-12 为该公司小试制备的聚酰亚胺纤维纸。

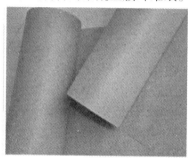

图 7-12    长春高琦聚酰亚胺材料有限公司制备的聚酰亚胺纤维纸

## 7.5　聚酰亚胺纳米纤维膜在电池材料中的应用

近年来,锂离子二次电池发展迅速,它具有比容量高、电压高、体积小、质量小、无记忆性等优点,但是锂离子二次电池在使用过程中易发烟,甚至爆炸,使其应用受到了阻碍,因此急需提高锂离子二次电池的使用安全性[16]。锂离子电池在工作时,电池隔膜是分隔正负电极避免电池短路的关键材料。根据专利[17]目前通常采用的电池隔膜为聚乙烯(PE)和聚丙烯(PP)等聚烯烃类多孔膜,当温度高于90℃时,这些分离膜发生热收缩,当温度继续升高时,聚合物隔膜发生熔化,多孔结构关闭,体系内阻抗迅速增加电流被遮断,此温度为遮断温度,即自闭温度。PE 隔膜的自闭温度为 140℃左右,PP 隔膜的自闭温度为 170℃左右。如果温度继续升高超过隔膜的耐热温度,隔膜被溶解破坏失去阻隔作用,电池正负极接触发生短路,该温度为膜破坏温度。在电池实际使用过程中,如果外部温度过高、放电电流过大或受热过程产生热惯性,即使电流被遮断,电池温度也会持续升高,最终造成电池短路,发生着火或者爆炸。此外,单向拉伸的 PE 隔膜和PP 隔膜,横向的拉伸强度比纵向的拉伸强度低,当电池叠片或受到意外冲击时,存在膜破裂的隐患。因此对于高动力、高容量的锂离子电池来说,采用 PE 隔膜和 PP 隔膜的安全性较低,研发耐高温、机械强度优异的聚合物电池隔膜是该领域亟待解决的问题之一。

聚酰亚胺纤维具有突出的耐高温特性,使用温度可达 300℃,短时耐温可达400℃,此外,该纤维还具有高强高模、耐化学腐蚀、阻燃、尺寸稳定性的特点,所以聚酰亚胺纤维膜是理想的锂离子电池隔膜。美国杜邦公司利用聚酰亚胺纤维制备了电池隔膜,使电池的安全性能提高,电池容量提高了 15% ~ 30%,电池寿命延长了 20%,该纤维隔膜的出现推进了锂离子电池向高性能、高安全方向发展[18]。近 10 年,纳米技术的快速发展推动了静电纺丝技术的发展,该技术逐渐成为生产纳米纤维最普遍的方法。采用聚酰亚胺前驱体进行静电纺丝制备聚酰亚胺纤维膜不仅工艺简单可行、成本低,而且和传统多孔膜相比,静电纺丝技术通过调节工艺参数实现对纤维膜纤维直径、孔隙率等性能的调控,制备的纤维膜耐热性能、尺寸稳定性能均有所提高,并具有各向同性的优点。众多研究机构在该领域开展了大量研究工作,并将其用作锂离子电池中的电池分隔体,图 7 - 13所示为聚酰亚胺纳米纤维膜的扫描电镜图[19]。

专利 CN 102251307B[20]利用静电纺丝技术制备了一种聚酰亚胺纳米纤维膜,聚酰亚胺纳米纤维的直径为 20 ~ 500nm,膜厚度为 15 ~ 100μm,膜透气率为10 ~ 500s。膜上下表面及内部孔分布对称、均匀,平均孔径为 100nm,该纤维膜可以用于锂离子二次电池隔膜。为了提高聚酰亚胺纳米纤维膜的强度、韧性和

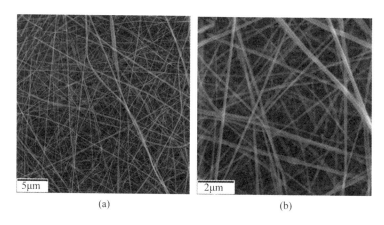

|  |  |
|:---:|:---:|
| 5μm | 2μm |
| (a) | (b) |

图 7-13　聚酰亚胺纳米纤维膜的扫描电镜图[19]

热稳定性,专利 CN 102277648[21]公开了一种无机/有机复合聚酰亚胺纳米纤维膜的制备方法,即将无机纳米粒子掺杂到聚酰亚胺纳米纤维膜中,提高了纤维膜的耐热性,用作电池隔膜在 150℃不会发生电池短路。专利 CN 102383222[22]公开了一种共混聚酰亚胺纳米纤维膜制备方法及其在电池隔膜中的应用,该共混聚酰亚胺纳米纤维是由一种高温下不熔融的聚酰亚胺前体和一种在 300～400℃可熔融的聚酰亚胺前体双组分经静电混纺和高温亚胺化处理而成。其关键在于高温下不熔融的组分起到纳米纤维结构支撑作用,在高温下保持了纳米纤维所形成的高孔隙率网络结构。可熔组分则由于在高温下熔融起到了黏结作用,使大部分纳米纤维交错处形成了良好的黏结,从而赋予所形成的共混聚酰亚胺纳米纤维膜或非织造布具有良好的耐摩擦、耐高温、高孔隙率和一定的机械强度等特性,克服了电纺纳米纤维膜摩擦起毛、易分层和机械强度小等致命弱点。为了进一步提高聚酰亚胺纳米纤维膜的机械强度,专利 CN 103147253[18]从分子结构设计角度出发,通过调节柔性链段(引入含醚键或羰基或醚键和羰基同时存在),及刚性链段(引入苯并咪唑结构)的比例,来平衡材料的耐热性能、力学性能、尺寸稳定性能以及其加工性能。所制备的纳米纤维膜的机械强度在可以达到 8～70MPa,孔隙率大于 70%,玻璃化转变温度大于 270℃,200℃加热 1h 后尺寸变化率小于 0.3%。该类多孔膜的强度较其他结构无取向的多孔膜提高了几十兆帕,孔隙率从传统多孔膜的 30%～40% 提高到了 70%,高温尺寸稳定性能更是较现有技术中多孔膜的收缩率 3% 有大幅度较低。

如前所述,具有热闭孔功能的隔膜是确保电池安全性的最重要的手段。电池在使用过程中,由于热惯性的作用,电池内部的温度在热闭孔后仍然有可能继续上升并超过隔膜成分的熔点,使得隔膜熔化导致锂离子电池正负电极的直接接触,电池内部迅速升温产生热失控,并最终有可能引发爆炸。专利 CN

103208604[23] 在前人研究的基础上,公开了一种可实现二次热闭孔功能,避免因热惯性的作用导致锂离子电池正负电极的直接接触,显著提高锂离子电池安全性的电纺复合隔膜。该隔膜由聚酰亚胺纳米纤维和含双马来酰亚胺(BMI)及偶氮二异丁腈(AIBN)的低熔点聚合物纳米纤维组成。工作时利用低熔点纳米纤维的熔化实现隔膜的第一次热闭孔功能,第一次热闭孔后形成聚合物绝缘层,温度继续升高后,该聚合物绝缘层熔化,BMI 与 AIBN 则完全释放于锂离子电池电解液中,形成新的均相电解液体系。低熔点聚合物绝缘层熔化后剩下的聚酰亚胺纤维和 BMI 在 AIBN 的诱导下可发生原位聚合,形成固态绝缘体,从而实现隔膜的第二次热闭孔功能。此外,聚酰亚胺纳米纤维和 BMI 单体原位聚合后所得到的聚酰亚胺高聚物均为高温稳定性物质,是实现电池安全性的重要保证。电池内部温度上升将会使得 BMI 单体原位聚合后所得到的聚酰亚胺高聚物更加稳定,因此即使存在热惯性也不会破坏由新均相电解液体系固化后形成的固态绝缘体。

# 7.6 由聚酰亚胺纤维制备碳纤维

碳纤维是一种主要由 C 元素组成的高强度特种纤维,其分子结构界于石墨与金刚石之间,近年来以其优异的综合性能成为材料学科研究的重点。碳纤维主要由前驱体有机纤维在惰性气氛中经高温碳化而成,前驱体纤维基体的化学组成和制备工艺决定了碳纤维的结构与性能。目前,碳纤维工业化产品为聚丙烯腈(PAN)基和沥青基碳纤维。

聚酰亚胺纤维作为高性能纤维的一个重要品种,除了前述突出的优良性能,还具有分子结构设计多样化、含碳量高的特点。在制备过程中,严格控制二酐和二胺聚合比例可以得到高分子量的纤维,纤维在纺制过程中需要经过热拉伸,取向度较高(即大多数高分子链排列规整沿纤维轴取向)。这种分子结构的纤维经过高温碳化后生成的石墨晶格尺寸大、缺陷少,能够得到高性能碳纤维。

专利 CN 102605477[24] 首先制备了聚酰胺酸溶液,之后纺制成聚酰亚胺纤维。将聚酰亚胺纤维固定于真空管式炉中,沿其轴向方向施加力,使纤维在热处理过程中处于拉伸状态,在氮气保护下梯度升温,进行碳化处理,最终制得了致密性良好、缺陷少、含碳量高、可导电的聚酰亚胺基碳纤维。专利 CN 102766990[25] 将聚酰亚胺纤维进行气相或液相稳定化处理,聚酰亚胺高分子链交联固化,然后在氮气气氛中将稳定化的纤维进行低温约束条件下的碳化,最后进行高温石墨化处理,制得了高结晶度、高取向度的高导热碳纤维。

此外,静电纺丝制备的聚酰亚胺纳米纤维也可以制成纳米碳纤维。Choi 等[26] 首先利用静电纺丝制备了聚酰亚胺纳米纤维,将该纤维高温碳化之后制得纳米碳纤维,研究表明,1000℃碳化之后残碳率为53%,随着碳化温度升高,纳米碳纤维的电导率增加,2200℃处理之后的电导率为5.3S/cm,拉伸强度为5.0MPa,拉伸模量为73.9 MPa。Lee 等[27]利用静电纺丝制备了聚酰亚胺纳米纤维,经过高温碳化进一步制备了纳米碳纤维。制备过程中通过调节聚酰亚胺纳米纤维前驱体聚酰胺酸的分子量、静电纺丝的偏压、纺丝速率控制最终聚酰亚胺纳米纤维的形貌及直径,达到控制纳米碳纤维的直径及形貌的目的。研究结果表明,由聚酰亚胺纳米纤维制备的纳米碳纤维电导率高于一般纳米碳纤维,主要原因是该方法制备的纳米碳纤维之间有相互交叉现象,并且随着纳米纤维直径的减小,纳米碳纤维的电导率增加。图 7 – 14 所示为由聚酰亚胺纳米纤维高温碳化时施加不同压力制备的纳米碳纤维形貌图。

(a)        (b)        (c)

图 7 – 14   聚酰亚胺纳米纤维碳化过程中施加不同压力的纳米碳纤维扫描电镜图片[27]

(a)未施加压力;(b)施加 4400Pa 压力;(c)施加 22000Pa 压力。

Endo 等[28]将 PAN 和聚酰胺酸混合物经过静电纺丝之后高温碳化制备了纳米碳纤维,研究结果表明,PAN 的加入降低了聚合物溶液的黏度,增加了聚合物的可纺性;调节纳米碳纤维的直径可以控制纳米碳纤维的性质,随着纳米碳纤维直径的减小,单根纳米碳纤维的结晶度提高,导致纳米碳纤维的电导率和力学性能增加。

# 7.7 其他应用领域

聚酰亚胺纤维在国防、航空航天工业、高端武器装备方面,也发挥着不可替代的作用。在国防和航天工业,高性能聚酰亚胺纤维可用作先进复合材料的增强剂,用于制造雷达罩、固体火箭发动机壳体、航天器的机身、燃料罐等部件(图 7 – 15)。另外,聚酰亚胺纤维突出的耐辐射性能以及聚酰亚胺纤维与广泛用作先进复合材料基体树脂的聚酰亚胺有更好的界面相容性,导致聚酰亚胺纤维更加广泛地用于空间飞行器。

同时,聚酰亚胺纤维对于解决地面武器系统、舰船等海、陆、空战斗武器的减重问题也发挥了重要作用。俄罗斯利尔索特公司,采用聚酰亚胺纤维与镀锡铜扁线混编,制备了轻质耐热电缆屏蔽护套,并将其成功应用于苏 – 系列战机和

图 7 - 15　雷达罩和无人机

图 - 系列机型,实现了飞行器减重的目的。聚酰亚胺纤维也可以用作空间飞行器用天线绳索、空间飞行器囊体材料的增强编织材料[8,9,29,30]。

# 7.8 展　望

　　鉴于聚酰亚胺纤维所具有的优良性能,其应用领域正在不断扩大,国内外需求不断增加,未来市场前景非常广阔。由于高强高模聚酰亚胺纤维的应用领域多与国防军工相关,因此公开报道较少。随着有关聚酰亚胺研究的不断深入,我国聚酰亚胺纤维工业化生产技术大幅提高,纤维生产成本将会逐渐降低,为其民用市场的开拓奠定了良好的基础。今后在应用市场开发方面,应加大聚酰亚胺纤维在高温滤材领域应用的推广力度,进一步拓展其在高强度、高负荷、高温领域内的应用,在一些关键应用领域取代其他的高性能纤维,使其成为最具有发展潜力、高附加值和广阔应用前景的高技术纤维品种之一。

## 参 考 文 献

[1] 罗祥波,罗章生,丘国强. 一种混合针刺过滤毡:CN 201171942Y[P]. 2008 - 12.

[2] 罗祥波,罗章生,丘国强. 一种聚酰亚胺纤维面层针刺过滤毡:CN 201101921Y[P]. 2008 - 08.

[3] 杜秀禹,弓巍. 玻纤聚酰亚胺 P84 复合滤料及其制备方法:CN 102350131A[P]. 2012 - 02.

[4] 刘书平. P84 复合水刺毡:CN 202096830U[P]. 2012 - 01.

[5] 刘书平. 聚四氟乙烯和聚酰亚胺纤维水刺复合过滤毡:CN 201899938U[P]. 2011 - 07.

[6] 刘书平. 聚四氟乙烯纤维和聚酰亚胺纤维混合覆膜水刺过滤毡:CN 201969432U[P]. 2011 - 09.

[7] 周丕严. 一种聚酰亚胺玻璃纤维复合过滤滤材:CN 202860286U[P]. 2013 - 04.

[8] 杨东洁. 聚酰亚胺纤维及其应用[J]. 合成纤维,2000,29:17 - 19.

[9] 汪家铭. 聚酰亚胺纤维发展概况与应用前景[J]. 石油化工技术与经济,2011,27:58 - 62.

[10] 焦晓宁,程博闻,李书干,等. 一种聚酰亚胺纤维绝缘纸的制备方法:CN 102587217[P]. 2012 - 03.

[11] Tomioka I, Nakano T, Furukawa M, et al. Paper - making a Polyamic Acid Paper From a Polyamic Acid

Fibrid, and Imidizing Resulting Polyamic Acid Paper, Contain Aprotic Polar Organic Solvents, and Further to Polyimide Paper Products, Polyimide Composite Paper Products and Polyimide: US 6294049[P]. 1995 – 04.

[12] ユニチカ株式会社. 耐熱性絶縁紙及びその製造方法: JP 200396698[P]. 2003 – 09.

[13] Furukawa M, Ito A, Miki N, et al. Composite Papyraceous Material: US 20070084575[P]. 2004 – 10.

[14] Ozawa H, Aoki F. Polyimide Short Fibers and Heat – Resistant Paper Comprising Same: US 20120241115A1 [P]. 2012 – 09.

[15] 丁孟贤,谭洪艳,吕晓义,等. 聚酰亚胺纤维纸的制备方法: CN 102839560A[P]. 2012 – 12.

[16] 崔光磊,刘志宏,江文,等. 聚酰亚胺基纳米纤维膜及制法和应用: CN 102251307[P]. 2011 – 05.

[17] 宫清,杨卫国,江林. 一种锂离子二次电池用聚酰亚胺隔膜以及锂离子电池: CN 101752540 A[P]. 2010 – 06.

[18] 于晓慧,吴大勇,梁卫华,等. 一种高强度聚酰亚胺纳米纤维多孔膜及其制备方法和应用: CN 103147253[P]. 2013 – 03.

[19] Miao Y E, Zhu G N, Hou H Q, et al. Electrospun Polyimide Nanofiber – Based Nonwoven Separators for Lithium – Ion Batteries[J]. J. Power Sources, 2013, 226:82 – 86.

[20] 崔光磊,刘志宏,江文,等. 聚酰亚胺基纳米纤维膜及制法和应用: CN 102251307[P]. 2011 – 05.

[21] 崔光磊,刘志宏,江文,等. 无机/有机复合聚酰亚胺基纳米纤维膜及制法和应用: CN 102277648[P]. 2011 – 05.

[22] 侯豪情,程楚云,陈水亮,等. 共混聚酰亚胺纳米纤维及其在电池隔膜中的应用: CN 102383222[P]. 2010 – 09.

[23] 孙道恒,邱小椿,吴德志,等. 一种具有热闭孔功能的电纺复合隔膜: CN 103208604[P]. 2013 – 03.

[24] 武德珍,张梦颖,宋景达,等. 聚酰亚胺基碳纤维及其制备方法: CN 102605477[P]. 2012 – 02.

[25] 马兆昆,宋怀河,李卓. 一种高导热炭纤维的制备方法: CN 102766990[P]. 2012 – 07.

[26] Yang K S, Edie Dan D, Choi Y O, et al. Preparation of Carbon Fiber Web from Electrostatic Spinning of PMDA – ODA Poly(Amic acid)Solution[J]. Carbon 2003, 41:2039 – 2046.

[27] Xuyen N T, Ra E J, Lee Y H, et al. Enhancement of Conductivity by Diameter Control of Polyimide – Based Electrospun Carbon Nanofibers[J]. J. Phys. Chem. B, 2007, 111:11350 – 11353.

[28] Kim C, Cho Y J, Endo M, et al. Fabrications and Structural Characterization of Ultra – Fine Carbon Fibres by Electrospinning of Polymer Blends[J]. Solid State Communications 2007, 142:20 – 23.

[29] 董杰,王士华,徐圆,等. 聚酰亚胺纤维制备及应用[J]. 中国材料进展, 2012, 31:14 – 20.

[30] 张树钧. 改性纤维与特种纤维. 北京:中国石化工业出版社, 1995.

图 2 - 10　聚酰胺酸/聚酰亚胺纤维凝固浴设备

图 2 - 16　聚酰胺酸/聚酰亚胺纤维水洗设备

图 2 - 17　聚酰胺酸/聚酰亚胺纤维干燥设备

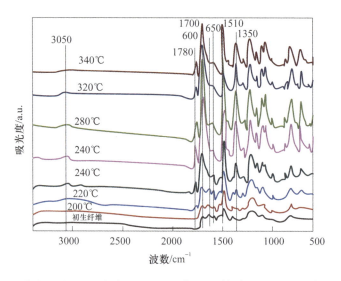

图 2-19  不同酰亚胺化温度下纤维的 ATR-IR 图

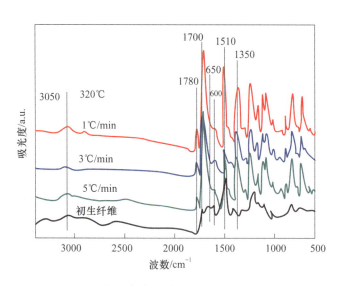

图 2-20  不同升温速率下聚酰亚胺纤维的 ATR-IR 图

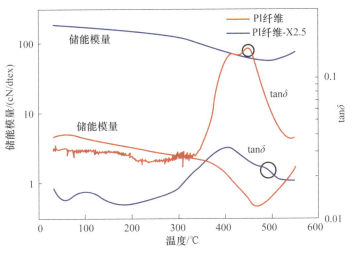

图 3-3   未拉伸和拉伸 2.5 倍聚酰亚胺纤维 DMA 曲线

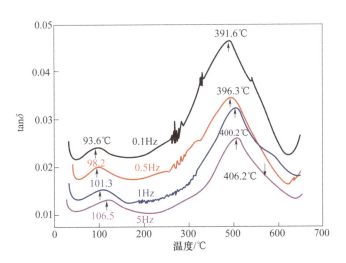

图 3-4   拉伸 2.5 倍聚酰亚胺纤维不同频率下 tanδ 曲线

图 3-29　聚酰亚胺纤维 P84 截面 SEM

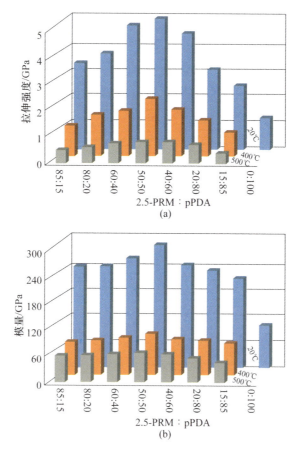

图 4-4　含嘧啶的 PI-2 纤维的拉伸强度(a)和
模量(b)与二胺共聚组成及温度的关系

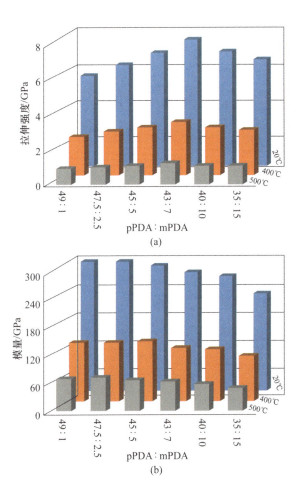

图 4-6　含嘧啶的 PI-3 纤维的拉伸强度(a)和
模量(b)与二胺共聚组成及温度的关系
(共聚组成中 2,5-PRM 为 50%(摩尔分数),图示为 pPDA 和 mPDA 的组成比例)

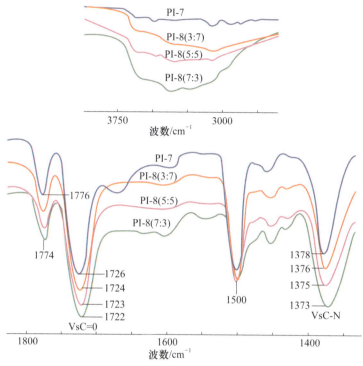

图 4-22　含咪唑杂环聚酰亚胺 PI-8 纤维的红外光谱分析

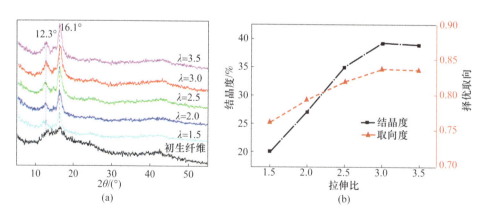

图 4-25　含咪唑杂环的共聚聚酰亚胺 PI-9 纤维在不同拉伸比下的
XRD 谱图(a)和结晶度、取向度与拉伸比关系(b)

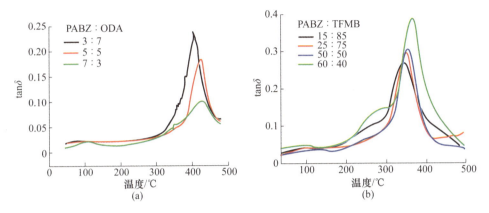

图 4 - 26 含咪唑杂环的共聚聚酰亚胺 PI - 8 纤维(a)

和 PI - 9 纤维(b)的 DMA 曲线

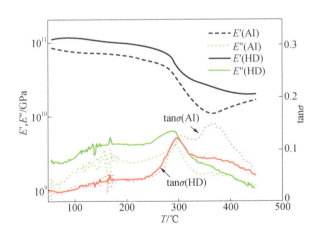

图 4 - 32 聚酰亚胺 PI - 13 纤维(4,5 - PBOA 含量 20%

(摩尔分数))的动态热力学分析曲线

AI—未经热拉伸的纤维;HD—热拉伸后的纤维。

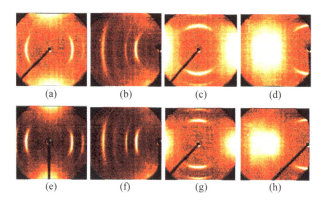

图 4 - 33　聚酰亚胺 PI - 13 纤维(4,5 - PBOA 含量 20%
(摩尔分数))的二维 WAXD 图谱

（a）～（d）未经热拉伸的纤维；（e）～（h）热拉伸后的纤维；（a）、（e）光束阑在 0°,纤维子午线方向；
（c）、（g）赤道方向；（b）、（f）光束阑在 18°,纤维子午线方向；（d）、（h）赤道方向。

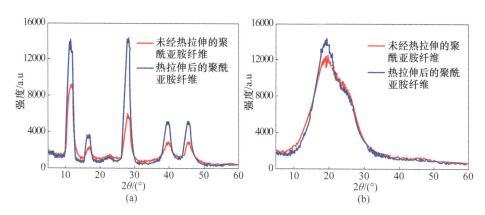

图 4 - 34　聚酰亚胺 PI - 13 纤维(4,5 - PBOA 含量 20%
(摩尔分数))的一维 WAXD 图谱

（a）子午线方向；（b）赤道方向(As - 酰亚胺化的纤维,即未经热拉伸的纤维)。

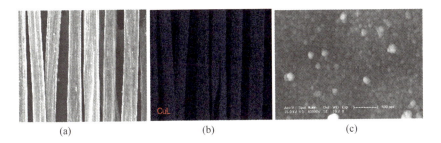

(a)　　　　　　　　　(b)　　　　　　　　　(c)

图 5 – 5　化学镀铜聚酰亚胺纤维扫描电镜照片

(a)镀铜纤维的 SEM 照片;(b)镀铜纤维表面 EDX 分析;(c)纤维表面放大 SEM 照片。

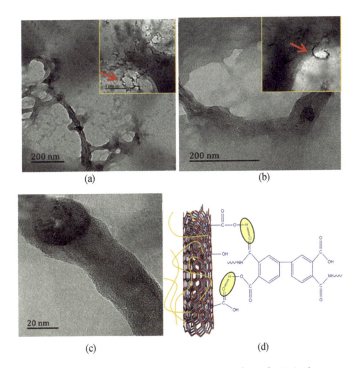

(a)　　　　　　　　　　　　　(b)

(c)　　　　　　　　　　　　　(d)

图 5 – 10　f – MWNT 在聚酰亚胺基体中的分散

(a) ~ (c) 0.5% (质量分数) f – MWNT/PAA 复合物 TEM 照片;
(d)f – MWNT/PAA 复合的相互作用氢键示意图。

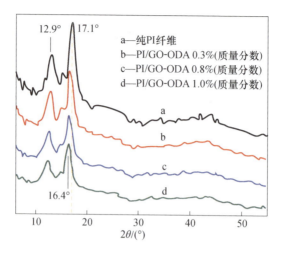

图 5-15　沿纤维轴向的 WAXD 衍射谱图
（所有样品的拉伸比率为 2.5 倍）

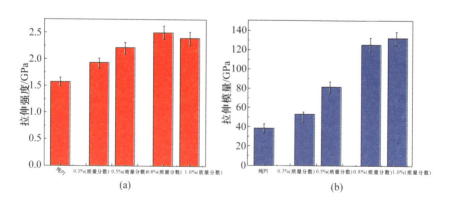

图 5-16　纯聚酰亚胺纤维和 PI/GO-ODA
复合纤维的拉伸强度和拉伸模量结果

(a)            (b)

图 6－2   聚酰亚胺纤维阻燃性试验

（a）采用普通织物，未保护的床垫在点火 3min50s 后；

（b）用聚酰亚胺纤维织物保护的床垫点火 30min 后。

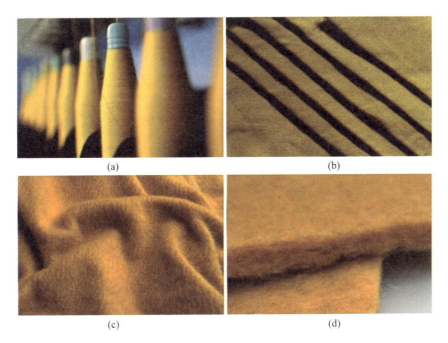

(a)            (b)

(c)            (d)

图 6－6   轶纶纤维织物

（a）纱线；（b）机织布、针织布；（c）抓绒；（d）絮片。

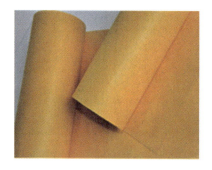

图 7-12 长春高琦聚酰亚胺材料有限
公司制备的聚酰亚胺纤维纸

图 7-15 雷达罩和无人机